U0384145

计算机科学与技术（服务外包）国家级特色专业系列规划教材

编审委员会

计算机科学与技术（服务外包）国家级
特色专业系列规划教材

ASP.NET程序设计与项目实训教程

郑玉　段江　刘联欢　李斌　编著

化学工业出版社
·北京·

本书既有理论介绍又有实战演练，通过本书，读者不仅可以掌握 ASP.NET 的开发技术，还可以了解企业级项目的开发流程，尤其是团队合作开发项目的规范。

全书分为两个部分共 12 章。第 1 部分 ASP.NET 程序设计，以 C#为开发语言，详细介绍了 ASP.NET 的网站开发技术。内容包括 ASP.NET 的基础知识、ASP.NET 的运行环境和开发环境、ASP.NET 的程序结构、C#语言开发基础、ASP.NET 常用控件和站点导航控件、ASP.NET 常用对象、ADO.NET 数据库开发技术以及 ASP.NET 的网站配置等。第 2 部分项目实训，首先介绍了项目实训的目标和要求，然后介绍了项目实训的流程、规划、形式和实训考评，最后以一个真实的项目——系一级教学管理软件的开发作为实例，全面介绍了企业级项目开发的工作流程：从需求分析、结构设计、功能设计、项目开发准备到编码和测试等都一一作了详细介绍。

本书既可作为高等院校计算机专业和相关专业学生的教材，也可作为项目实训的培训教材，还可供计算机爱好者自学 ASP.NET 使用。

图书在版编目（CIP）数据

ASP.NET 程序设计与项目实训教程 / 郑玉等编著.
北京：化学工业出版社，2013.1
计算机科学与技术（服务外包）国家级特色专业系列规划教材
ISBN 978-7-122-15824-6

Ⅰ. ①A…　Ⅱ. ①郑…　Ⅲ. ①网页制作工具-程序设计-高等学校-教材　Ⅳ. ①TP393.092

中国版本图书馆 CIP 数据核字（2012）第 266976 号

责任编辑：郝英华　　装帧设计：刘丽华
责任校对：蒋　宇

出版发行：化学工业出版社（北京市东城区青年湖南街 13 号　邮政编码 100011）
印　　装：三河市延风印装厂
787mm×1092mm　1/16　印张 17½　字数 445 千字　2013 年 5 月北京第 1 版第 1 次印刷

购书咨询：010-64518888（传真：010-64519686）　售后服务：010-64518899
网　　址：http: // www. cip. com. cn
凡购买本书，如有缺损质量问题，本社销售中心负责调换。

定　　价：36.00 元

编写说明

软件服务外包产业是智力密集型的现代服务业，具有信息技术承载度高、附加值大、资源消耗低、环境污染少、吸纳大学生就业能力强、国际化水平高等优点，对拉动经济增长、调整产业结构、转变发展方式、促进社会稳定具有重要作用。软件服务外包已成为新的经济增长亮点，相关的专业人才缺口非常大，因此培养软件服务外包人才具有重要的现实意义。

本系列教材是南京工业大学计算机科学与技术专业在计算机科学与技术（服务外包）国家级特色专业建设过程中的一些思考和研究成果，是在教育部卓越工程师教育培养计划的指导下，由教学经验丰富和工程实践能力强的多位教师、知名IT企业的优秀架构师和工程师联合编写的。本系列教材以实训项目引导，从软件服务外包的基本认识、项目分析、项目开发实现、测试以及集成等方面系统介绍了软件服务外包所需的各项基本能力和开发技能，具有根据教材使用对象的层次，灵活选取实训项目模块的特点。阶段目标明确，可操作性强。

本系列教材包括《软件服务外包概论》、《面向对象的分析与设计建模》、《ASP.NET程序设计与项目实训教程》、《J2EE实训教程》、《软件测试》等5种专业特色教材，以加强基础、提高能力、注重应用为原则。《软件服务外包概论》主要介绍了软件服务外包的发展与现状、软件外包项目的管理等；《面向对象的分析与设计建模》详细阐述了使用UML以面向对象方式对进行项目分析、设计建模的方法；《ASP.NET程序设计与项目实训教程》对ASP.NET程序设计方法进行了介绍，总结了利用ASP.NET开发应用系统的流程和方法；《J2EE实训教程》介绍了利用JSP、J2EE框架、JSH、JQery、JSF综合开发信息系统的流程和方法；《软件测试》通过案例系统介绍了软件测试方法。通过学习，使读者能够掌握外包软件开发的基本方法、具备从事软件外包开发的基本技能，较快地适应软件服务外包企业的开发环境。

本系列教材的编写得到了东南大学罗军舟教授、南京邮电大学杨庚教授等许多专家学者的指导和帮助，在此，特向他们表示感谢。同时，也希望广大读者能够不吝赐教。

计算机科学与技术（服务外包）国家级特色专业系列规划教材

编审委员会

2012年9月

前言

FOREWORD

ASP.NET 技术是 Microsoft 公司推出的新一代动态 Web 开发工具，也是目前开发Web 应用程序的两大主流技术之一。为了满足用人单位的需求，使学生能够适应未来工作的需要，近年来，各高校纷纷开设了这门选修课或必修课，重点介绍与.NET 相关的程序设计技术。但学生仅仅掌握项目开发所需的相关技术是远远不够的，还要全面了解软件开发的完整过程和规范化开发行为。为此，我们参照项目实训的实际流程编写了本书。内容涵盖了 ASP.NET 技术和软件开发这两部分的知识，为学生今后从事 Web 应用程序的开发工作奠定良好的基础。

本书语言通俗易懂、概念由浅入深，以真实的案例作为项目实训的内容。全书分为两大部分，共 12 章。

第 1 部分以 ASP.NET 概念为主线，全面介绍与之相关的技术。

第 1 章，ASP.NET 入门，介绍了 ASP.NET 的基本概念、运行环境和开发环境，还重点介绍了 ASP.NET 的语法和网页代码模型，使读者对 ASP.NET 程序的编写和建立方法有一个大致的了解。

第 2 章，C#语言开发基础，介绍了 C#语言的数据类型、控制语句以及面向对象的程序设计方法。

第 3 章，ASP.NET 控件，介绍了 ASP.NET 控件的基本概念、常用服务器控件和验证控件的功能和语法以及用户控件的创建和使用方法。

第 4 章，ASP.NET 的对象，介绍了 ASP.NET 的六大内置对象的属性、事件和方法，并通过一些程序示例，帮助读者理解和掌握这些对象的使用方法。

第 5 章，ADO.NET 访问数据库，介绍了 ADO.NET 对象模型，并分别就连接环境下和非连接环境下使用 ADO.NET 访问数据库作了详细介绍。最后讨论了数据绑定技术和数据服务器控件。

第 6 章，母版和主题，介绍了母版的创建方法和主题的应用方法。

第 7 章，站点导航控件，介绍了可以实现站内、站外页面导航功能的 TreeView、Menu 和 SiteMapPath 控件。

第 8 章，ASP.NET 的配置和部署，介绍了 ASP.NET 的配置系统，重点介绍了应用程序的配置文件 Web.config 的结构和使用方法。此外，还对全局应用程序文件 Global.asax 的创建方法和事件过程作了详细介绍。最后简单介绍了 ASP.NET 程序的发布、部署的步骤和注意事项。

第 2 部分以软件开发的工作过程为主线，介绍项目实训的工作流程和相关文档的编写。

第 9 章，项目实训概述，介绍了项目实训的目标要求、实训计划和实训考评标准。

第 10 章，需求分析，从了解用户需求开始，详细介绍了实训项目——系一级教学管理软件的系统分析过程以及需求规格说明书的编写。

第 11 章，系统设计，对系统的总体架构、数据库、系统模块的功能和测试用例进行了详细设计，并给出了相应的系统设计报告和测试用例设计报告。

第 12 章，系统实现，对系统开发所需进行的前期准备工作进行了介绍。最后以其中的一个功能模块为例，介绍了它的实现过程。

本书第 1 章、第 9 ~ 12 章由郑玉编写；第 2~4 章由刘联欢编写，第 5~7 章由段江编写，第 8 章由李斌编写。在本书的编写过程中，得到了学院领导和同仁的大力支持和帮助。项目实训工作实际上是由编者多位同事共同参与完成，为本书的编写提供了丰富的素材，在此对他们表示衷心的感谢!

本书配套的电子课件及部分程序源代码可免费提供给采用本书作为教材的院校参考，如有需要，请发邮件至 cipedu@163.com 索取。

由于编者水平有限，难免存在疏漏之处，敬请读者批评指正。

编著者

2012 年 10 月

目录

CONTENTS

第1部分　ASP.NET 程序设计

第1章　ASP.NET 入门　3

第2章　C#语言开发基础　22

第1部分

ASP.NET 程序设计

第1章 ASP.NET 入门

ASP.NET 是 Microsoft 公司推出的新一代 Active Server Pages，它采用面向对象、事件驱动的编程技术，在性能和效率上全面超越了 ASP 技术，也是目前 Web 应用开发的主流技术之一，一经推出就备受关注。经过几年的改进和优化，已逐渐成为成熟、稳定、功能强大的编程环境。本章主要介绍 ASP.NET 的体系结构、运行环境、开发环境以及 ASP.NET 的程序结构和语法。

1.1 ASP.NET 概述

ASP.NET 是 Microsoft.NET 的一部分，是一种基于.NET 框架的动态网站技术，学习 ASP.NET，首先要了解.NET 框架的体系结构。

1.1.1 .NET 框架

.NET 框架（.NET Framework）是.NET 应用程序开发和运行的环境，它不仅可以开发基于 Internet 的应用程序，也可以开发运行于 Windows 桌面的传统应用程序。.NET 框架含有两个重要组件：公共语言运行库和 .NET 框架类库。其框架体系结构如图 1-1 所示。

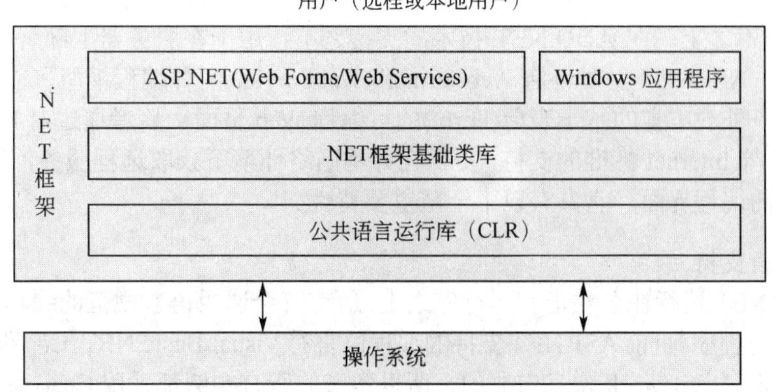

图 1-1 .NET 框架结构

公共语言运行库（Common Language Runtime Library，CLR）是一个建立在操作系统之

上的代码运行环境，位于.NET Framework 的底层，是.NET Framework 的基础和核心。以跨语言集成、自描述组件、简单配置和版本化及集成安全服务为特点，提供诸如版本控制以及内容、进程和线程管理等多种服务。过去，用一种语言编写的类库不能在另一种语言中重用，而有了公共语言运行库，就很好地解决了多种语言互操作的问题，这其中引入了一个重要机制——中间语言（Microsoft Intermediate Language，MSIL），它是一种介于高级语言和机器语言之间的汇编语言。在.NET 环境之下，无论采用何种编程语言编写的程序，都被编译成独立于机器的中间语言 MSIL，并且不同语言编写出的源代码经过编译以后生成的中间语言代码都是相似的，可以互相操作。程序运行时，使用 JIT 编译器生成特定平台上的机器代码。由于公共语言运行库支持多种实时编译器，因此同一段 MSIL 代码可以被不同的编译器实时编译并运行在不同的平台上。其编译机制如图 1-2 所示。这种运行方式，保证了.NET 编程语言的独立性和平台的可移植性。也就是说，开发程序时，如果使用了符合通用语言规范（Common Language Specification，CLS）的编程语言，那么所开发的程序将可以在任何含有公共语言运行库的操作系统下执行。这样，用户就可以选择自己熟悉的编程语言进行系统开发。目前，CLR 支持的编程语言有几十种。

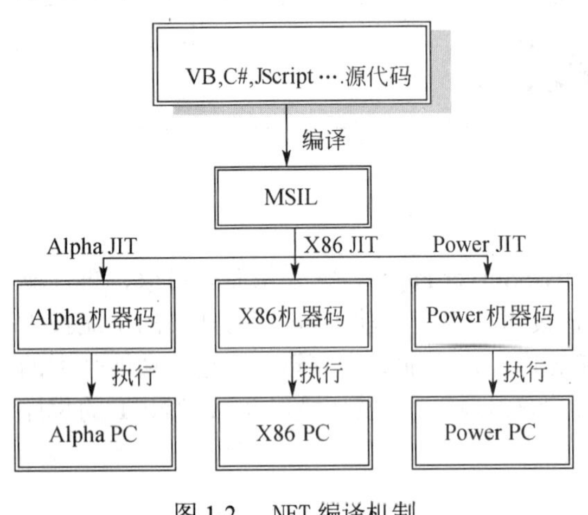

图 1-2 .NET 编译机制

. NET 框架类库（Framework Class Library，FCL），简单地说，就是一个可重复使用的类的集合。.NET Framework 的类库非常丰富，字符串处理、数据收集、数据库连接以及文件访问等任务，都可由.NET 类库中提供的类来完成。.NET Framework 类库的组织以名称空间为基础，每个名称空间都包含可在程序中使用的类、结构、枚举、委托和接口，它采用点号分隔的方法，使得查找和使用类库非常方便。使用时，开发者只需将其导入到自己的应用程序中，就可以使用这个名称空间的类和接口。.NET 平台下的所有编程语言都使用同样的类库。

1.1.2 ASP.NET

ASP.NET 是.NET Framework 体系结构的重要组成部分，它建立在公共语言运行库 (CLR) 和.NET 框架类库之上。在 ADO.NET 技术的支持之下，用于在服务器上部署和创建 Web 应用的编程框架。ASP.NET 主要包括 WebForm 和 WebService 两种编程模型。前者为用户提供建立功能强大，外观丰富的基于表单(Form)的可编程 Web 页面。后者通过对 HTTP，XML，SOAP，WSDL 等 Internet 标准的支持，提供在异构网络环境下获取远程服务，连接远程设备，交互远程应用的编程界面。它具有以下一些重要特性。

（1）多语言支持

由于 ASP.NET 运行在公共语言运行库之上，所有符合通用语言规范的编程语言都可以用来编写 Web 应用程序。目前 ASP.NET 支持的编程语言有 Visual Basic.NET、C# 和 JScript .NET 等。C#是为.NET Framework 量身定制的，所以本书的所有实例都采用 C#编写。

（2）更快的运行速度

与 ASP 的即时解释不同，ASP.NET 程序在运行过程中，先将 Web 页面的源代码编译成中间语言，再由公共语言运行库中的实时编译器编译成特定机器的代码后运行。另外灵活的缓冲服务、早期绑定、本机优化等技术的使用，从根本上提高了程序的运行速度。

（3）增强的数据访问功能

在 ASP. NET 技术体系中，前台程序和后台数据库的数据交互方面，采用了 ADO.NET 技术，在提高性能的同时也实现了跨平台的数据交互能力。

（4）服务器控件的引入

在 Web 应用开发方面，ASP.NET 引入了功能强大的服务器控件，并允许在服务器端代码中访问和调用其属性、方法和事件，大大地提高了 Web 程序的开发效率。

（5）类库的使用

完全基于.NET 平台，使得.NET 框架的类库、消息以及数据访问解决方案都可以无缝集成到 Web 应用程序中，因此具有更好的可扩展性和可定制性。

（6）强大的开发工具

ASP.NET 程序可以用 Microsoft 公司的产品 Visual Studio.NET 集成开发环境可视化开发，这使得 Web 开发更加方便、简单高效。

（7）易于配置和管理

在 Web 应用程序发布和配置方面，ASP.NET 使用一个基于文本的、分层次的配置系统，使得 Web 应用程序的部署过程简化为仅仅是复制一些必要文件到服务器上。

（8）代码分离技术

事件驱动编程模式，允许 Web 应用程序的用户界面与业务逻辑彻底分离，有效地缩短了 Web 应用开发周期，极大地提高了页面的可读性、可调试性和可维护性。

（9）代码的重用

ASP.NET 是真正面向对象的，这也是 ASP.NET 最主要的优点。ASPX 页面本身就是一个可重用的对象，只需引用 Web 应用程序的名称空间，其他的.NET 应用程序就可以重用 ASPX 页面，从而降低开发和维护的成本。

1.2 ASP.NET 的运行环境

ASP.NET 是一种服务器端的技术，对运行环境有一定的要求。虽说它可以运行于所有支持.NET 的操作系统之上，但到目前为止只有 Windows 系列的操作系统可以完全支持.NET 的运行。当前支持 ASP.NET 的 Windows 操作系统有：Windows 2000 Professional/Server，Windows XP， Windows Server 2003，Windows Server 2008，Windows Vista。

运行 ASP.NET 程序需要安装 IIS（Internet 信息服务管理器）和.NET 框架。为了使用.NET Framework 提供的 ADO.NET 对象来访问数据库，还必须安装微软的数据访问组件 MDAC2.7（Microsft Data Access Components）以上版本。所以计算机要能够执行 ASP.NET 的程序，必须安装如下一些软件。

① Windows 操作系统。

② IIS5.0（Internet 信息服务管理器 5.0）及以上版本。

③ NET Framework。

④ MDAC2.7（Microsft Data Access Components 2.7）及以上版本。

1.2.1 安装 IIS

默认情况下，非 Server 版的系统 IIS 功能组件不会随操作系统一起安装，它是一个可选项。如果在 Windows 系统的安装过程中没有选择 IIS 组件，则可用“控制面板”中的“添加/删除程序”进行添加，操作步骤如下。

① 启动“添加/删除程序”应用程序，出现“添加/删除程序”对话框，单击“添加/删除 Windows 组件”按钮。

② 选择“Internet 信息服务”组件，单击“详细信息”按钮，选择要安装的可选组件。

③ 单击“下一步”按钮，系统开始安装。

④ 安装完成后，点击“完成”按钮，即可结束 IIS 的安装过程。

Windows 2000 Professional/Server 下 IIS 的版本是 5.0，Windows Server 2003/2008 对应的版本分别是 6.0 和 7.0，虽说版本不同，但安装过程大致相同。

1.2.2 安装.NET Framework

.NET Framework 软件包是一个已经压缩好的 exe 安装文件，可从 Microsoft 公司网站上免费下载到最新的版本。下载后双击安装文件，根据提示采用默认设置即可完成.NET Framework 的安装。需要注意的是：在安装.NET Framework 之前必须已经完成 IIS 和 MDAC2.7 的安装，否则无法使用。目前最新的版本是.NET Framework 4 .0。

1.2.3 安装 MDAC

MDAC 是一个支持数据库访问操作的软件。在 ADO.NET 中，包含了两个数据提供程序：SQL Server .NET 数据提供程序和 OLE DB.NET 数据提供程序。有了 MDAC，SQL Server .NET 数据提供程序就可以不通过 OLE DB 或开放数据库连接层（ODBC）直接访问 SQL Server。MDAC 不是操作系统自带的，需要时可从 Microsoft 公司网站上下载，大小约 5MB，它是一个独立的可执行文件 mdac_typ.exe，下载后直接双击执行即可。

1.3 ASP.NET 的开发环境

Visual Studio. NET 是 Microsoft 公司于 2002 年正式推出的一个集成开发环境，它集源程序编辑、编译、链接及项目管理和程序发布于一体，是开发 ASP.NET Web 应用程序强大而有力的工具。尽管不使用 Visual Studio.NET 也可以开发出专业级的 ASP.NET 应用程序，但使用 Visual Studio. NET 无疑会更高效。Microsoft 公司先后推出过 2002、2003、2005、2008 等多个版本，目前最新版是 Visual Studio 2010。

Visual Studio 2010 于 2010 年 4 月上市，相对于其他版本，集成开发环境的界面被重新设计和组织，更加简单明了。Visual Studio 2010 除了一如既往地支持 Microsoft SQL Server 数据库外，它还支持 IBM DB2 和 Oracle 数据库。使用 Visual Studio 2010 集成开发环境，无需另外加装 IIS 和.NET Framework，因为它包含了开发和运行 ASP.NET 程序所需的一切软件资源。

1.3.1 安装Visual Studio 2010及产品文档

（1）系统配置要求

运行Visual Studio 2010软件需要一定的环境支持，所以安装之前必须先检查计算机的软、硬件配置是否满足要求。

① 操作系统要求如下：

Windows XP (x86) Service Pack 3——除 Starter Edition 之外的所有版本；

Windows Vista（x86 和 x64）Service Pack 2——除 Starter Edition 之外的所有版本；

Windows 7（x86 和 x64）；

Windows Server 2003（x86和x64）Service Pack 2——所有版本，（如果不存在MSXML6，则用户必须安装它）；

Windows Server 2003 R2（x86）——所有x64版本；

Windows Server 2008（x86 和 x64）Service Pack 2——所有版本；

Windows Server 2008 R2 (x64)——所有版本。

② 硬件配置要求如下。

1.6 GHz 或更快的处理器；

1024 MB RAM（如果在虚拟机上运行，则为 1.5 GB）；

3 GB 的可用硬盘空间；

5400 RPM 硬盘驱动器；

以1024 ×768 或更高显示分辨率运行且支持 DirectX 9 的视频卡；

DVD-ROM 驱动器。

（2）安装 Visual Studio 2010

安装Visual Studio 2010的具体步骤如下。

① 将Visual Studio 2010安装光盘放入光盘驱动器。光盘运行后自动进入如图1-3所示的Visual Studio 2010安装程序界面。

图1-3 Visual Studio 2010 安装程序界面

② 点击“安装Microsoft Visual Studio 2010”，出现安装向导界面，点击“下一步”继续，

阅读许可条款，选择“我已阅读并接受许可条款”选项，点击“下一步”。在如图 1-4 所示的安装界面中，进行安装功能和安装路径等参数的设置，推荐采用默认设置（完全安装）。设置好以后，点击“安装”，这时进入真正的安装阶段。一段时间后，系统显示安装成功。

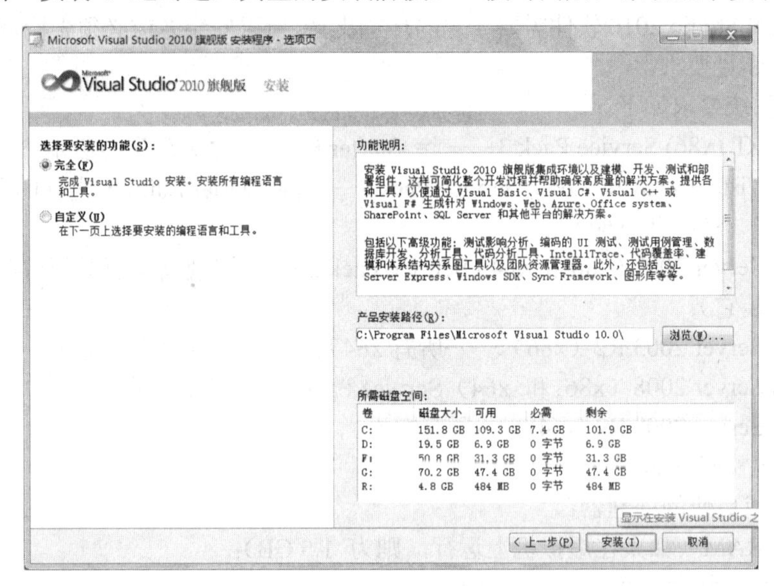

图 1-4　Visual Studio 2010 安装程序选项页

1.3.2　Visual Studio 2010 集成开发环境介绍

Visual Studio 2010 集成开发环境（IDE）与 Microsoft 公司的其他应用程序界面类似，由以下若干个界面元素组成：标题栏、菜单栏、工具栏、“工具箱”窗口、“属性”窗口、“解决方案资源管理器”窗口、“文档”窗口、“视图”选项卡和“文件”选项卡等。如图 1-5 所示。

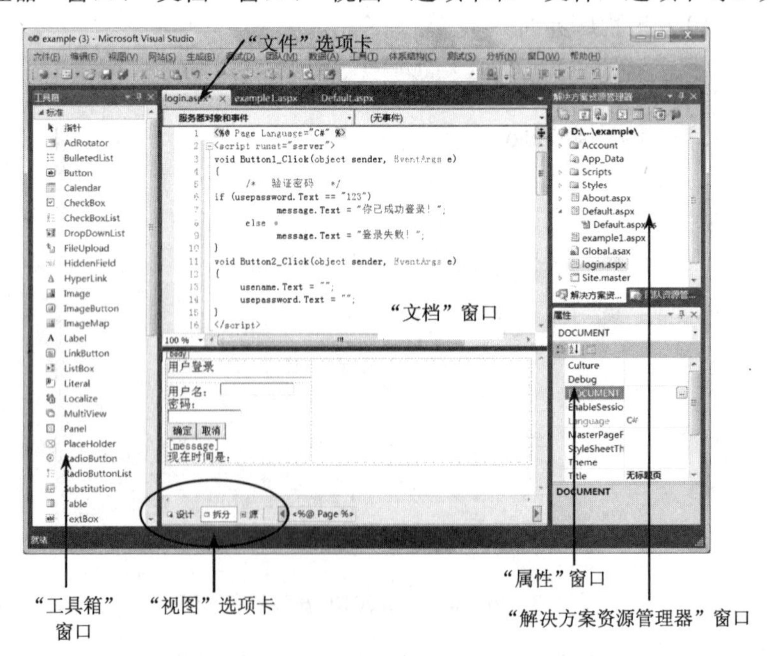

图 1-5　Visual Studio 2010 集成开发环境

（1）标题栏

标题栏位于窗口的最顶端，显示网站或项目的名称以及系统的工作模式。启动 Visual Studio 2010 后，标题栏中显示的是当前运行的网站或项目，此时处于设计状态。随着工作方式的变化，标题栏中显示的信息也会随之发生变化。

（2）菜单栏

菜单栏显示所有可用的命令。通过鼠标单击或 Alt 键加菜单项上的字母执行菜单命令。

（3）工具栏

为了操作更方便、快捷，菜单项中常用的命令按功能分组分别放入相应的工具栏中。通过工具栏可以迅速地访问常用的菜单命令。常用的工具栏有标准工具栏和调试工具栏。

（4）“工具箱”窗口

工具箱是 Visual Studio 2010 的重要工具，通常位于窗口的左侧。提供 Windows 窗体应用程序开发所必需的控件，主要包括 HTML 控件和 Web 服务器控件。当需要某个控件时，可以通过双击所需的控件直接将控件加载到设计窗体上，也可以先单击需要的控件，再将其拖动到设计窗体上。

（5）“属性”窗口

“属性”窗口主要作用是显示和设置选定控件的属性值。左侧是属性的名称，右侧是属性的值。除此之外，“属性”窗口还可以管理控件的事件，方便编程时对事件的处理。“属性”窗口采用“按分类顺序”和“按字母顺序”两种方式管理属性和事件。

（6）“解决方案资源管理器”窗口

用于显示解决方案、解决方案的项目及这些项目中的项。以树状结构形式进行项目文件的组织和管理。“解决方案资源管理器”窗口上有“查看代码”、“视图设计器”等按钮。

（7）“文档”窗口

“文档”窗口是用户进行界面设计和代码编辑的场所，窗口中显示的是正在处理的文档。单击“视图”选项卡可以实现“设计”视图和“源”视图之间的切换。

（8）“视图”选项卡

“视图”选项卡用于选择同一文档的不同视图。“设计”视图近似 WYSIWYG （所见即所得）的编辑画面，允许用户在界面或网页上摆放控件。“源”视图是页的 HTML 编辑器，用于显示文件或文档的源代码。“拆分”视图将同时显示文档的“设计”视图和“源”视图。图 1-5 就是“拆分”视图。

（9）“文件”选项卡

有多少个被编辑的文件，就有多少个选项卡。点击一个选项卡就是选择一个将要编辑的文件。

1.3.3 Visual Studio 2010 集成开发环境的使用

用 Visual Studio 2010 创建 ASP .NET 应用程序可分为以下几个主要步骤。

① 创建一个网站或新建一个项目。

② 在网站或项目中添加一个空白的 ASP .NET 应用程序页面文件。

③ 设计应用程序界面。

④ 编写应用程序的事件代码。

⑤ 调试、运行应用程序。

下面以一个简单的例子来演示 ASP .NET Web 应用程序的建立过程，以使读者能在较短时间内掌握 Visual Studio 2010 集成开发环境的使用方法。

【例 1-1】 设计一个界面如图 1-6 所示的程序。单击“确定”按钮，画面变换为“欢迎使用 Visual Studio 2010!!”。如图 1-7 所示。

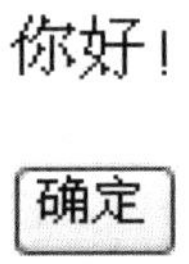

你好！

确定

图 1-6　程序运行的初始画面

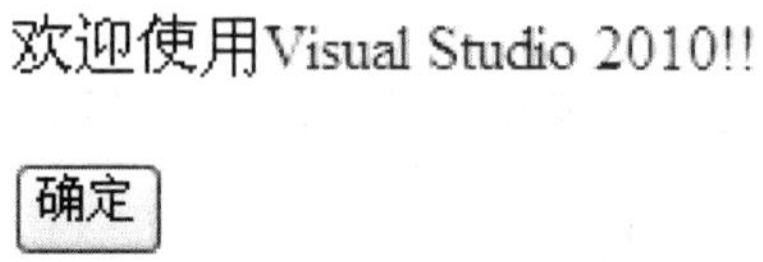

欢迎使用Visual Studio 2010!!

确定

图 1-7　单击“确定”按钮后的画面

（1）新建网站

打开 Visual Studio 2010 集成开发环境，选择“文件”菜单中的“新建网站”命令，出现如图 1-8 所示的“新建网站”对话框。先选择语言“Visual C#”，再选中“ASP.NET 网站”模板，在“Web 位置”框中选择“文件系统”。单击“浏览”按钮，输入要保存网站的网页文件夹名（例如：D:\我的文档\Visual Studio 2010\WebSites\example），最后单击“确定”按钮。VS.NET 将创建一个名为 example 的新网站，同时自动创建一个名为“default.aspx” 的主页面文件，默认以“源”视图方式显示该页，在该视图下可以查看到页面的 HTML 元素。若网站中还有其他页面文件，可由设计者自行添加。向网站中加入页面文件的方法是：在“解决方案管理器”窗口中该网站名上点击鼠标右键，弹出一个快捷菜单，选择“添加”→“添加新项”命令，出现如图 1-9 所示的“添加新项”对话框，选择希望使用的编程语言“Visual C#”，选中“Web 窗体”模板，输入新页面文件名 example1。清除“将代码放在单独的文件中”复选框，单击“添加”按钮，这样就创建了一个代码和 HTML 元素在同一页的单文件页。若选中“将代码放在单独的文件中”复选框，将创建扩展名为.aspx 和.aspx.cs 的两个文件。

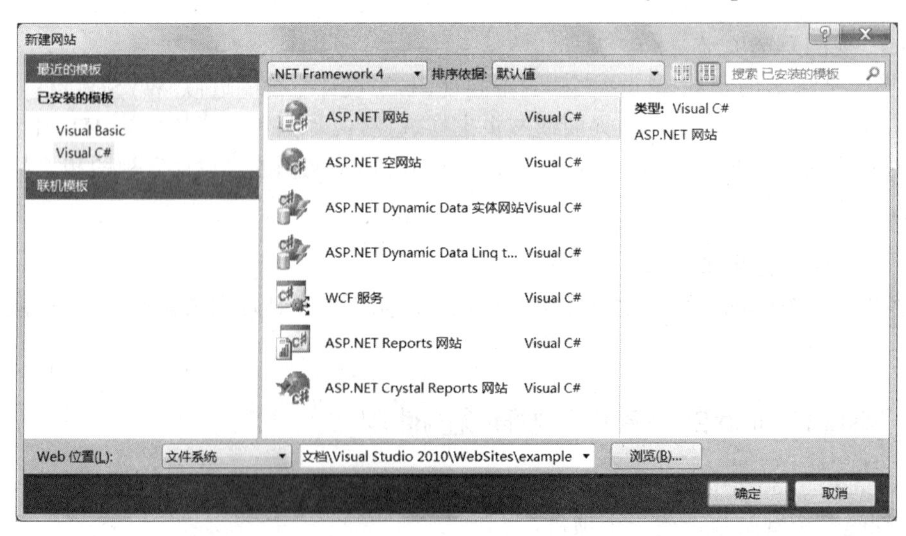

图 1-8　“新建网站”对话框

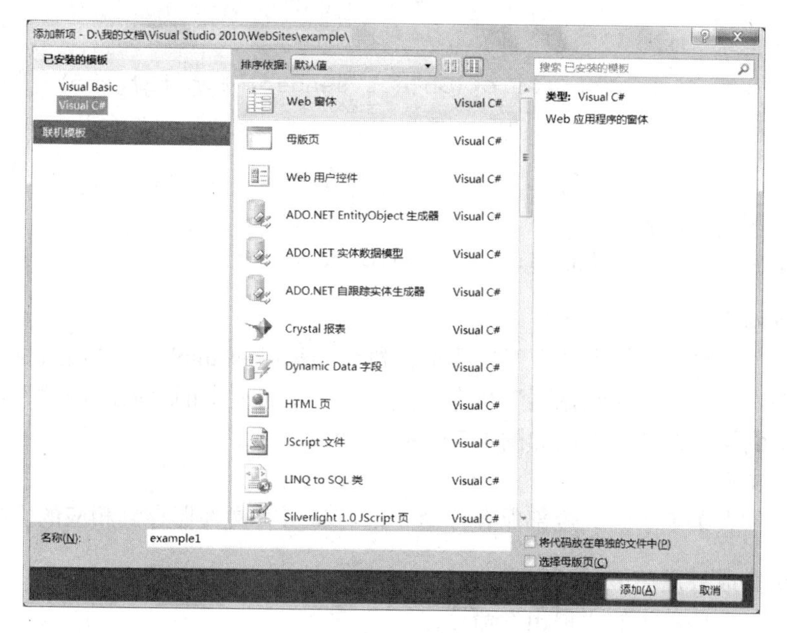

图 1-9 “添加新项”对话框

（2）利用工具箱中的相关控件设计应用程序界面

单击“视图”选项卡切换到“设计”视图。在工具箱中，点开“标准”类别。根据图 1-6 所示的程序界面，在“文档”窗口合适的位置放置一个 label 控件（label1）和一个 Button 控件（Button1）。

鼠标单击 label1 控件，此时控件四周出现一个有选中标志的框。在“属性”窗口选中“Text”属性，将其值修改为“你好！”。

选定 Button1 控件，修改“Text”属性值为“确定”。

（3）编写程序代码

在“设计”视图中，双击 Button1 控件，自动切换到“源”视图，界面如图 1-10 所示。

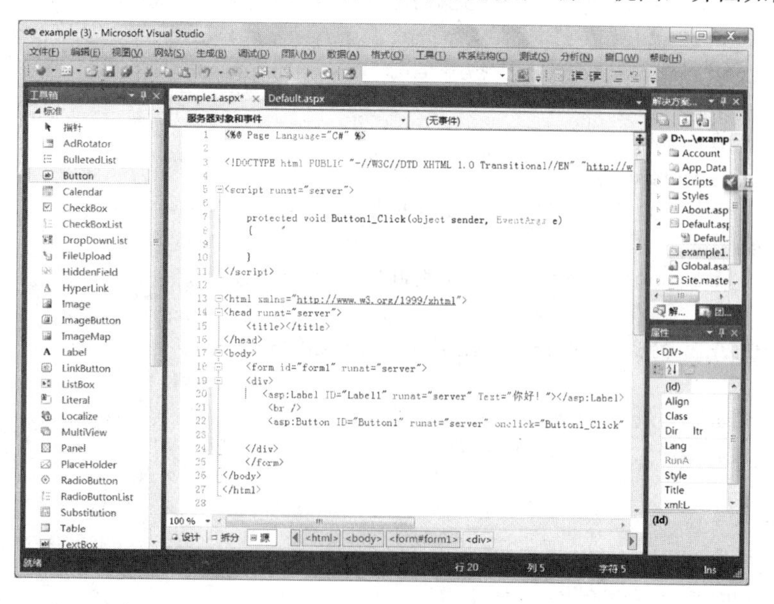

图 1-10 “源”视图

在过程体

```
protected void Button1_Click(object sender, EventArgs e)
    {

    }
```

中添加以下程序代码:

```
Label1.Text = "欢迎使用 Visual Studio 2010!!";
```

(4) 运行程序

首先，在“解决方案管理器”窗口选中待执行的程序 example1，单击鼠标右键，在弹出的快捷菜单中，点击“设为起始页”命令。然后单击工具栏上的“启动调试”按钮，即可在浏览器中查看到运行结果，画面如图 1-7 所示。

(5) 保存文件

选择“文件”菜单下的“全部保存”命令，可将所有文件保存到相应的文件夹里。

(6) 退出集成开发环境

点击“文件”菜单中的“退出”命令。

1.4 ASP.NET 程序结构分析

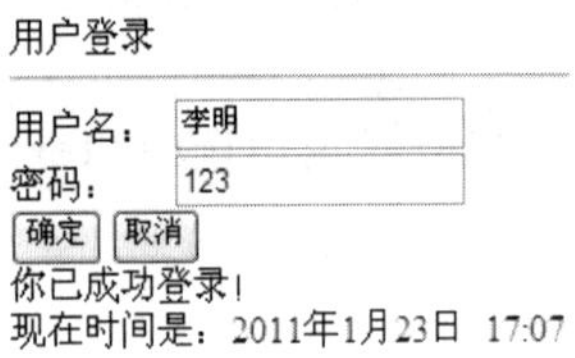

用户登录

用户名: 李明
密码: 123
确定 取消
你已成功登录!
现在时间是: 2011年1月23日 17:07

图 1-11 程序运行画面

下面是一个典型的 ASP.NET 程序。通过这个实例，可以大致地了解 ASP.NET 程序架构和编程语法。

【例 1-2】 本例是一个用户登录程序。单击“登录”按钮，若输入密码为“123”，显示“你已成功登录!”，如图 1-11 所示。否则，显示“登录失败!”。

程序代码如下。

```
<%@ Page Language="C#"  AutoEventWireup= "true" %>
<script runat="server">
void Button1_Click(object sender, EventArgs e)
{
      /*   验证密码   */
      if (usepassword.Text == "123")
           message.Text = "你已成功登录! ";
      else
           message.Text = "登录失败! ";
}
void Button2_Click(object sender, EventArgs e)
{
     usename.Text = "";
     usepassword.Text = "";
  }
</script>
<html xmlns="http://www.w3.org/1999/xhtml" >
<head runat="server">
    <title>无标题页</title>
```

```
</head>
<body>
<%--下面构造一个表单--%>
    <form id="form1" runat="server">
     <div style="height: 155px; width: 245px">
     用户登录<hr/>
     <!--TextBox单行文本输入框-->
     用户名:
     <asp:TextBox ID="usename" runat="server"  style="height: 22px;
     width: 128px"></asp:TextBox> <br/>
     <!--TextBox密码文本输入框-->
     密码: <span lang="zh-cn"> </span>   
     <asp:TextBox  ID="usepassword" runat="server" style="height: 22px;
     Width:128px"></asp:TextBox> <br/>
         <asp:Button  ID="Button1"  runat="server"  Text="确定"  onclick=
"Button1_Click" />
        <asp:Button  ID="Button2"  runat="server"  Text="取消"  onclick=
"Button2_Click"/> <br/>
         <!--Label文本输出框-->
        <asp:Label ID="message" runat="server"></asp:Label>
        <br />
      <%--输出当前日期和时间--%>
     现在时间是:
      <% Response.Write(DateTime.Now.GetDateTimeFormats('f')[0].ToString());%>
     </div>
    </form>
</body>
</html>
```

说明：ASP.NET程序文件是一个扩展名为.aspx的文本文件，所以ASP.NET程序既可以用1.3.3节的方法建立，也可以用文本编辑器（Notepad）或其他编辑器输入，最后将文件的后缀名改成.aspx，保存在Web服务器的虚拟目录下即可。

1.4.1　页面的基本元素和语法

从例1-2中可以看到，一个ASP.NET的页面可以包含以下多种元素：页面编译指令、代码声明块、代码呈现块、代码注释、ASP.NET控件、文本和HTML标记、服务器端包含指令。

（1）页面编译指令

页面编译指令是供编译器处理ASP.NET页面和用户控件时使用的命令，可以放在页面的任何位置，作为习惯，通常将它放在ASP.NET文件的开头，如例1-2中的第一行：

```
<%@ Page Language="C#"  AutoEventWireup="true" %>
```

页面编译指令的语法格式如下。

```
<@% 指令名 属性=属性值 %>
```

当然，页面编译指令不是文件中必须的。在Web窗体页文件中常用的页面编译指令有以下几种。

@Page　　　配置页面被处理和编译时与之相关的属性

```
@Import      将名称空间导入到当前页面中
@Register    允许注册其他控件以便在页面上使用
@Assembly    在编译时将程序集链接到页面
```

① @Page 指令 最常用的一个页面编译指令。每个 aspx 文件只包含一个@page 指令，定义多个属性时，以空格分开。

@Page 指令的语法格式如下：

```
<%@ Page 属性名="属性值" [属性名="属性值"] %>
```

@Page 指令常用的属性如表 1-1 所示。

表 1-1 page 指令的常用属性

属性	说　明
AutoEventWireup	取值 True 或 False。指定页面的事件是否自动触发。默认值为 True，自动传送
Buffer	指定是否启用 HTTP 相应缓冲。默认值为 True，启用缓冲
CodeBehind	指定与页面相关的后台代码文件名
Errorpage	用于在出现未处理页异常时，重定向目标 URL
Explicit	指定页面是否使用 Visual Basic Option Explicit 模式进行编译。默认值为 True，这表示所有的变量都必须先定义后使用
Inherits	定义页要继承的基类,可以是从 Page 派生而来的任何类
Language	指定编程逻辑中使用的程序设计语言。可以是任何一个.NET 支持的程序设计语言。如 VB、C#等
MasterPageFile	设置内容页的母版页或嵌套母版页的路径。 支持相对路径和绝对路径

例如：

```
<%@ Page Language="C#" AutoEventWireup="true" CodeBehind="login.aspx.cs"
Inherits="WebApplication1.login" %>
```

@Page 指令是页面缺省指令，所以也可以写成：

```
<%@  Language="C#"  AutoEventWireup="true"  CodeBehind="login.aspx.cs"
Inherits="WebApplication1.login" %>
```

即省略 Page。

② @Import 指令 用于将名称空间导入到当前页面中，这样页面便可以使用该名称空间中定义的类和接口，被导入的名称空间可以是.NET 框架类库或用户定义的其他名称空间。名称空间采用树状结构的管理方式，每一层之间用“.”隔开，记录了类的名称及其所在的位置。在.NET 系统类库中包含了 80 多个名称空间，如名称空间 System.IO 的一个实例就包含了那些用来处理输入和输出操作的类。名称空间不仅由类和对象组成，而且含有子名称空间，如 System.data.sqlclient 就是 System.data 的子名称空间。

@import 指令的语法格式如下。

```
<@Import namespace="value" %>
```

其中 value 为要引入的名称空间。每条@Import 指令只能引入一个名称空间。若要引入多个名称空间，就需使用多条@Import 指令。例：

```
<%@ Import Namespace="System.Data" %>
<%@ Import Namespace="System.Data.OleDb" %>
```

以上表示在 ASP.NET 网页中使用了两个名称空间。接下来要申明变量，但此变量必须是已引用的两个名称空间所属的类，如：

```
Dim MyConnection As OleDbConnection
Dim MyCommand As New OleDbCommand
```

说明：OleDbConnection 及 OleDbCommand 都是 System.Data.OleDb 之下的类。

@import 指令可以显示导入名称空间，但在默认情况下，下列名称空间无需@import 指令，自动导入到每一个 ASP.NET 页面中。

```
System
System.Colletions
System.Collections.Specialized
System.Configuration
System.IO
System.Text
System.Text.RegularExpressions
System.Web
System.Web.Caching
System.Web.Security
System.Web.SessionSate
System.Web.UI
System.Web.UI.HtmlControls
System.Web.UI.WebControls
```

③ @Register 指令　给名称空间和类名关联上别名，以便在 ASP.NET 应用程序文件（包括网页、用户控件和母版页）中引用用户控件和自定义服务器控件。

@Register 指令的语法格式如下。

```
<%@Register tagprefix="tagprefix" Tagname="tagname" Src="pathname"%>
<%@Register  tagprefix="tagprefix"  Namespace="namespace"  Assembly=
"assembly" %>
```

Register 指令常用的属性如表 1-2 所示。

例：

```
<%@ Register Src ="~/usercontrols/jbzl/BookInfoAdd.ascx" TagName="add1"
TagPrefix="uc1"%>
<uc1:add1 ID="add1" runat="server" />
```

表 1-2　Register 指令的常用属性

属　性	说　明
tagprefix	与名称空间相关联的别名
Tagname	与类名相关联的别名
Namespace	与 tagprefix 相关联的名称空间
Src	包含用户控件的文件的虚拟路径
Assembly	与 tagprefix 关联的名称空间所驻留的程序集

前一条 Register 指令指定用户控件文件的位置和别名。后一条语句是在程序中引用这个用户控件。

例：

```
<%@ Register assembly="TMS.Control" namespace="TMS.Control" tagprefix=
"cc1"%>
<cc1:JmcGridView ID="gvBookInfo" runat="server" />
```

定义了一个服务器控件并在页面中添加自定义服务器控件。

④ @Assembly 指令　在编译时把程序集(.NET 应用程序的构建块)关联到 ASP.NET 页面或用户控件上，使该程序集中的所有类和接口都可用于页面。

@Assembly 指令的语法格式如下。

```
<%@ Assembly Name="assemblyname" %>
<%@ Assembly Src="pathname" %>
```

@Assembly 指令的属性如表 1-3 所示。

表 1-3　Assembly 指令的常用属性

属性	说　明
Name	一个字符串，表示要链接的程序集的名称
Src	要动态编译和链接的源文件的路径

（2）代码声明块

定义在 Web 窗体中使用的变量和事件过程,用来生成动态的 Web 页面，一般写在程序的开始部分。语法格式如下。

```
<script  language="编程语言" runat="server">
      代码
</script>
```

其中属性 language 表示代码块使用的编程语言,其值可以是.NET 支持的任何一种编程语言（C#、VB.NET、Jscript.NET 等）。如果没有指定，则采用@Page 指令中设置的语言。若@Page 指令中也没有定义，缺省的是 VB.NET。例 1-2 中<script　runat="server">，表明使用@Page 指令中配置的 C#语言。runat 属性值 server，表示该段代码在服务器上执行。若不设置该属性，则该段程序由客户端的浏览器执行。

（3）代码呈现块

定义当呈现页时执行的内联代码或内联表达式。语法格式如下。

```
<%  内联代码  %>
<%=内联表达式%>
```

如例 1-2 中的内联代码：

```
<% Response.Write(DateTime.Now.GetDateTimeFormats('f')[0].ToString());%>
```

代码呈现块，在 ASP 中至关重要，而 ASP.NET 中已被更好的机制代码声明块所取代。

注意：<%和%>标记中不能编写事件处理过程。

（4）代码注释

注释是程序代码中不可缺少的一部分，注释的目的就是帮助开发人员和其他人员理解程序。注释元素开始标记和结束标记中的内容在执行时既不会被服务器处理，也不会交付给结果页面显示。ASP.NET 文件中的注释有三种形式：HTML 注释、代码注释和服务器端注释标记。

① HTML 注释　语法格式如下：

```
<!--注释-->
```

如例 1-2 中的 HTML 注释:

```
<!--TextBox 密码文本输入框-->
```

② 服务器端注释标记　语法格式如下：

```
<%--注释--%>
```

如例 1-2 中的服务器端注释标记：

```
<%--下面构造一个表单--%>
```

③ 代码注释　一般来说，ASP.NET 程序的绝大多数地方都可以使用服务器端的注释标记 <%--注释--%>，但在代码声明块和代码呈现块中通常习惯使用编程语言的注释标记。语法格式如下：

```
<script language="C#" runat="server">
      代码
```

```
    /*
        注释块
    */
</script>
```
或者
```
<script language = "VB" runat="server">
            代码
        '注释
</script>
```
在例 1-2 中有如下 C#语言的注释标记:
```
/*  验证密码  */
```
该段注释还可以写成：// 验证密码，其中“//”是 C#的行注释标记。

注意：如果在代码呈现块<% %>中使用服务器端的注释，将会出现编译错误。

（5）ASP.NET 控件

ASP.NET 的控件有许多，主要有 HTML 服务器控件、Web 服务器控件，是构成用户界面的重要元素。其中 HTML 服务器控件是从 HTML 标记发展而来，增加了 ID 属性和 Runat 属性，运行于服务器端。例如：
```
<input type="button" id="Submit1" value="登录" runat="server"
onServerClick= "b-click" />
```
Web 服务器控件除了具有 HTML 控件的属性外，还有方法和事件，比 HTML 控件的功能更强大。如例 1-2 中使用的 Web 服务器控件 Button1 以及它的事件过程 Button1_Click。
```
<asp:Button ID="Button1" runat="server" Text="确定" onclick="Button1_
Click" />
void Button1_Click(object sender, EventArgs e)
{   if (usepassword.Text == "123")
        message.Text = "你已成功登录! ";
    else
        message.Text = "登录失败! ";
}
```
需要注意的是 ASP.NET 服务器控件必须放置在<form runat="server"></form>标记之间，并标记为 Runat="server"，如例 1-2 中使用的各种 Web 服务器控件。具体内容将在后面章节中讨论。

除了上述两种控件外，用户还可以定义自己的控件，并将其加入到页面中使用，定义方法参见 3.4 节。

（6）文本和 HTML 标记

如例 1-2 中的文本“用户登录”和众多 HTML 标记<hr/>、<p> 、<form>等。

（7）服务器端包含指令

服务器端包含指令用于将指定文件的内容插入到 ASP.NET 页内或用户自定义的控件中，其作用相当于将两个文件合并成一个文件。被插入的文件可以是网页文件（.aspx）、用户控件文件（.ascx）和 Global.asax 文件。语法格式如下：
```
<!--include file|virtual=filename-->
```
其中 file 关键字表示使用包含文件在服务器上的物理路径，可以是绝对路径，也可以是相对路径，但必须与页面文件在同一路径下。

virtual 关键字表示使用网站中的虚拟路径。和 file 一样，可以是绝对路径，也可以是相对路径。

filename 是想包含的文件的路径和名称，用双引号括起来。

例如，如果一个被命名为 Footer.inc 的文件属于一个名为 /myapp 的虚拟目录，则下面的一行将把 Footer.inc 的内容插入到包含该行指令的文件中：

```
<!--#include virtual ="/myapp/footer.inc"-->
```

1.4.2 ASP.NET 的网页代码模型

ASP.NET 的页面由两大部分组成：可视元素和编程逻辑。可视元素由 HTML 标记、静态文本和 ASP.NET 服务器控件构成，以<HTML>标记开始，</HTML>标记结束，用于实现 Web 应用程序与用户交互的界面。编程逻辑由程序设计语言编写的代码构成，介于标记<Script runat="server">和</Script>之间，用于完成 Web 应用程序的功能。过去，ASP 程序设计中采用的是可视元素和编程逻辑混合在一个.asp 文件中的模式。现在，ASP.NET 则提供了两种管理模式，分别是单文件页模式和代码隐藏页模式，两种模式的功能完全相同。

（1）单文件页模式

单文件页模式即过去的 ASP 模式。它将可视元素和编程逻辑放在同一个.aspx 文件中，其中编程逻辑以代码声明块的形式嵌入到 script 中，放在程序的前面。而由 HTML 标记、静态文本和 ASP.NET 服务器控件构成的可视元素则放在程序的后面，如例 1-2。

（2）代码隐藏页模式

代码隐藏页模式是 ASP.NET 中新引入的一种代码绑定技术，它将可视元素和编程逻辑分别放置在两个文件中。其中实现界面设计的可视元素仍存放在扩展名为.aspx 或.ascx 的文件中，而由服务器执行的编程逻辑则存放在扩展名为.aspx.cs 或.ascx.cs（假设此处使用的程序设计语言是 C#）的文件中。为了实现两个文件的关联，必须对.aspx 文件中 page 指令的 CodeFile 属性进行设置。若.aspx 文件名为 login.aspx,则 CodeFile 属性设置为:

```
<%@PageLanguage="C#" AutoEventWireup="false" CodeFile="login.aspx.cs"
Inherits="login" %>
```

这一模式对于代码的重用，程序的调试和维护均有着重要意义。采用代码隐藏页模式还可以有效地保护代码，提高程序的安全性。

例 1-2 若采用代码隐藏页模式，代码将分别存放在两个文件中。其中 login.aspx 文件的内容如下：

```
<%@Page  Language="C#"   AutoEventWireup="true"   CodeBehind="login.
aspx.cs"
     Inherits="login" %>
    <html>
    <head runat="server">
        <title>无标题页</title>
    </head>
    <body>
        <%--下面构造一个表单--%>
        <form id="form1" runat="server">
        <div style="height: 155px; width: 245px">
             用户登录<hr/>
```

```
        <!--TextBox 单行文本输入框-->
         用户名:
        <asp:TextBox ID="usename" runat="server" style="height: 22px;
        width: 128px"></asp:TextBox> <br/>
        <!--TextBox 密码文本输入框-->
        密码: <span lang="zh-cn"> </span>   
        <asp:TextBox ID="usepassword" runat="server" style="height: 22px;
        Width:128px"></asp:TextBox> <br/>
        <asp:Button ID="Button1" runat="server" Text="确定"
        onclick="Button1_Click" />
        <asp:Button ID="Button2" runat="server" Text="取消"
        onclick="Button2_Click"/> <br/>
         <!--Label 文本输出框-->
        <asp:Label ID="message" runat="server"></asp:Label>
        <br />
        <%--输出当前日期和时间--%>
     现在时间是:
     <% Response.Write(DateTime.Now.GetDateTimeFormats('f')[0].ToString());%>
    </div>
    </form>
</body>
</html>
```

后台代码文件 login.aspx.cs 的内容如下：

```
using System;
using System.Collections;
using System.Configuration;
using System.Data;
using System.Linq;
using System.Web;
using System.Web.Security;
using System.Web.UI;
using System.Web.UI.HtmlControls;
using System.Web.UI.WebControls;
using System.Web.UI.WebControls.WebParts;
using System.Xml.Linq;
public partial class login : System.Web.UI.Page
{
    protected void Button1_Click(object sender, EventArgs e)
    {
        /*  验证密码  */
        if (usepassword.Text == "123")
            message.Text = "你已成功登录! ";
        else
            message.Text = "登录失败! ";
    }
    protected void Button2_Click(object sender, EventArgs e)
```

```
        {
            usename.Text = "";
            usepassword.Text = "";
        }
    }
```

1.4.3 ASP.NET 的文件类型

ASP.NET 应用程序中包含有多种文件类型，每一种类型文件通过扩展名加以区分，下面是 ASP.NET 应用中常见的文件类型。

（1）aspx 页面文件

该文件由可视元素和编程逻辑两部分组成，如同过去的.asp 文件，浏览器可执行此类文件，向服务器提出浏览请求。

（2）ascx 用户控件文件

内含用户控件的文件，可包含在多个.aspx 文件中。

（3）resx 资源文件

该文件包含指向图像、可本地化文本或其他数据的资源字符串。

（4）aspx.cs 或.aspx.vb 代码分离文件

.aspx.cs，用 C#语言编写的.aspx 页面的后台代码文件。.aspx.vb 用 VB.NET 语言编写的.aspx 页面的后台代码文件。

（5）ascx.cs 或.ascx.vb 文件

用户控件的代码分离文件。

（6）sln 解决方案文件

为 Visual Studio.NET 提供对项目、解决方案项的引用。

（7）Web.config 配置文件

该文件向它所在的目录和所有子目录提供配置信息。

（8）global.asax 配置文件

ASP.NET 系统环境设置文件，相当于 ASP 中的 global.asa 文件。

（9）master 母版页文件

该文件为应用程序中的所有页（或一组页）定义统一的外观和行为。

本 章 小 结

本章首先介绍了.NET 的框架、ASP.NET 的特性以及 ASP.NET 的运行环境和开发环境。然后以一个简单的 ASP.NET 程序为例，重点介绍了 ASP.NET 程序的基本结构和语法，如：页面编译指令、代码声明块、代码呈现块、代码注释、服务器端包含指令等。相比较于 ASP 的单文件页模式，ASP.NET 中引入了一个新的的页面模式——代码隐藏页模式，这一模式对于代码的重用，程序的调试和维护均有重要意义。在 ASP.NET 应用中，使用了多种文件类型，分别起着不同的作用，其中使用最多的文件类型是：.aspx、.aspx.vb 和.aspx.cs。

习 题 1

1-1　所有服务器控件都有的两个属性是什么？

1-2　与 Web 页面相关联的文件是哪两个？各有何功能？

1-3　Web 页面中可以使用哪三种控件？

1-4　名称空间是什么？

第2章

C#语言开发基础

2.1 C#语言概述

C#语言是 Microsoft 公司基于.NET Framework 架构的开发语言，它继承了 C++和 Java 语言功能强大、简洁高效的优点，是面向对象的高级程序设计语言，与 Web 技术紧密结合、具有完整的安全和错误处理机制以及良好的可扩展性和灵活性。

2.1.1 C#与 C++、Java 的比较

（1）C#与 C++的比较

C++的设计目标是低级的、与平台无关的面向对象编程语言，C#则是一种高级的面向组件的编程语言。向可管理环境的转变意味着编程方式思考的重大转变，C#不再处理细微的控制，而是让架构帮助处理这些重要的问题。例如，在 C++中，可以使用 new 在栈中、堆中、甚至是内存中的某一特定位置创建一个对象。 在选择了要创建的类型后，它的位置就是固定的。简单类型（int、double 和 long）的对象总是被创建在栈中（除非它们是被包含在其他的对象中），类总是被创建在堆中。通常人们无法控制对象是创建在堆中哪个位置的，也没有办法得到这个地址，不能将对象放置在内存中的某一特定位置。而且也不能控制对象的生存周期，因为 C#没有 destructor。碎片收集程序会将对象所占用的内存进行回收，但这是非显性地进行的。正是 C#的这种结构反映了其基础架构，其中没有多重继承和模板，因为在一个可管理的碎片收集环境中，多重继承是很难高效地实现的。

C#中的简单类型仅仅是对通用语言运行库（CLR）中类型的简单映射，例如，C#中的 int 是对 System.Int32 的映射。C#中的数据类型不是由语言本身决定的，而是由 CLR 决定的。事实上，如果仍然想在 C#中使用在 VisualBasic 中创建的对象，就必须使自己的编程习惯更符合 CLR 的规定。可管理环境最主要的是.NET 框架，尽管在所有的.NET 编程语言中都可以使用这种框架，但 C#可以更好地使用.NET 框架中丰富的类、接口和对象。

（2）C#与 Java 的比较

如果学习过 Java 语言，会发现 C#在很多方面也非常类似于 Java。Java 程序的执行以及 Java 语言的平台无关性，是建立在 Java 虚拟机 JVM 的基础上的，而 C#语言则需要.NET 框架的支持。C#看起来与 Java 有着惊人的相似：它包括了诸如单一继承和接口，与 Java 几乎同样的语法和编译成中间代码再运行的过程。但是 C#与 Java 有着明显的不同，它借鉴了

Delphi 的一个特点，与 COM（组件对象模型）是直接集成的，而且它是微软公司.NET Windows 网络框架的主角。

C#和 Java 之间的主要相似处有如下几点。

① Java 和 C#都源于 C++，并且共有 C++的一些特征。

② 两种语言都需要编译成中间代码，而不是直接编译成纯机器码。Java 编译成 Java 虚拟机（Java Virtual Machine, JVM）字节码，而 C#则编译成公共中间语言（Common Intermediate Language, CIL）。

③ Java 字节码是通过称为 Java 虚拟机（JVM）的应用程序执行的。类似地，已编译的 C#程序由公共语言运行库（Common Language Runtime, CLR）执行。

④ 除了一些细微的差别以外，C#中的异常处理与 Java 非常相似。C#用 try..catch 构造来处理运行的错误（也称为异常），这和 Java 中是完全一样的。System.Exception 类是所有 C#异常类的基类。

⑤ 同 Java 一样，C#是强类型检查编程语言。编译器能够检测在运行时可能会出现问题的类型错误。C#提供自动垃圾回收功能，从而使编程人员避免了跟踪分配的资源。

⑥ Java 和 C#都支持单一继承和多接口实现。

C#、C++和 Java 重要功能的比较，见表 2-1。

表 2-1　C#、C++和 Java 重要功能的比较

功　能	C#	C++	Java
继承	允许继承单个类，允许实现多个接口	允许从多个类继承	允许继承单个类，允许实现多个接口
接口实现	通过“interface”关键词	通过抽象类	通过“interface”关键词
内存管理	由运行时环境管理，使用垃圾收集器	需要手工管理	由运行时环境管理，使用垃圾收集器
指针	非安全模式下才支持。通常以引用取代指针	支持，一种很常用的功能	完全不支持，代之以引用
源代码编译后的形式	.NET 中间语言(IL)	可执行代码	字节码
单一的公共基类	是	否	是
异常处理	异常处理	返回错误	异常处理

2.1.2　C#语言的特点

C#是专门为.NET 平台精心设计和量身定制的程序设计语言，它不仅具有 C++和 Java 语言的优点，而且还拥有同 VB 一样的易用性。它使用.NET 框架提供的统一类库，支持可视化组件编程，其类型的安全检测、垃圾收集和异常处理都由公共语言运行库（Common Language Runtime,CLR）来完成。在 C#中，每种类型都可以看做一个对象，都是由 Object 类派生而来的，类型之间易于转换，使用规范一致。在默认的情况下，采用由 CLR 代码托管的运行方式，消除了 C++中的指针操作可能带来的内存安全问题，为开发者提供了可以跨平台的代码执行机制。但为了增强 C#的灵活性，在语言中引入了模拟指针功能的委托（Delegate），来实现类型安全的函数回调功能。

2.2　数据类型与运算符

2.2.1　C#数据类型

从大的方面来分，C#语言的数据类型可以分为三种：值类型、引用类型、指针类型，指针类型仅用于非安全代码中。在C#语言中，值类型变量存储的是数据类型所代表的实际数据，值类型变量的值（或实例）存储在栈（Stack）中，赋值语句是传递变量的值。引用类型（例如类就是引用类型）的实例，也叫对象，不存在栈中，而存储在可管理堆（Managed Heap）中，堆实际上是计算机系统中的空闲内存。引用类型变量的值存储在栈（Stack）中，但存储的不是引用类型对象，而是存储引用类型对象的引用，即地址。和指针所代表的地址不同，引用所代表的地址不能被修改，也不能转换为其他类型地址，它是引用型变量，只能引用指定类对象，引用类型变量赋值语句是传递对象的地址。

2.2.2 值类型

C#语言值类型可以分为三种：简单类型（Simple types）、结构类型（Struct types）、枚举类型（Enumeration types）。

C#语言值类型变量无论如何定义，总是值类型变量，不会变为引用类型变量。

（1）简单类型

简单类型中包括数值类型和布尔类型（bool），数值类型又细分为整数类型、字符类型（char）、浮点数类型和十进制类型（decimal）。简单类型也是结构类型，因此有构造函数、数据成员、方法、属性等，因此下列语句 int i=int.MaxValue;string s=i.ToString()是正确的。即使一个常量，C#也会生成结构类型的实例，因此也可以使用结构类型的方法，例如：string s=13.ToString()是正确的。C#简单数据类型的详细情况如表 2-2 所示。

表 2-2 C#简单数据类型及其取值范围

保留字	System 命名空间中的名字	字节数	取 值 范 围
sbyte	System.Sbyte	1	–128～127
byte	System.Byte	1	0～255
short	System.Int16	2	–32768～32767
ushort	System.UInt16	2	0～65535
int	System.Int32	4	–2147483648～2147483647
uint	System.UInt32	4	0～4292967295
long	System.Int64	8	–9223372036854775808～9223372036854775808
ulong	System.UInt64	8	0～18446744073709551615
char	System.Char	2	0～65535
float	System.Single	4	3.4E–38～3.4E+38
double	System.Double	8	1.7E–308～1.7E+308
bool	System.Boolean		(true,false)
decimal	System.Decimal	16	1.7E–28～7.9E+38

C#简单类型使用方法和 C、C++中相应的数据类型基本一致。需要注意以下几点。

① 和C语言不同，无论在何种系统中，C#每种数据类型所占字节数是一定的。

② 字符类型采用 Unicode 字符集，一个 Unicode 标准字符长度为 16 位。

③ 整数类型不能隐式被转换为字符类型(char)，例如 char c1=10 是错误的，必须写成：char c1=(char)10，char c='A'，char c='\x0032';char c='\u0032'。

④ 布尔类型有两个值：false,true。不能认为整数 0 是 false，其他值是 true。bool x=1 是错误的，不存在这种写法，只能写成 x=true 或 x=false。

⑤ 十进制类型（decimal）也是浮点数类型，只是精度比较高，一般用于财政金融计算。

（2）枚举类型

枚举类型可建立一组标识名与序数值的关联，枚举可以使代码更清晰和易于维护。其声明语句如下。

```
Days{Sun,Mon,Tue,Wed,Thu,Fri,Sat};
```

在此枚举类型 Days 中，每个元素的默认类型为 int，其中 Sun=0，Mon=1，Tue=2，依此类推。也可以直接给枚举元素赋值。例如：

```
using System;
class Class1
{   enum Days {Sat=1, Sun, Mon, Tue, Wed, Thu, Fri};
    //使用 Visual Studio.Net,enum 语句添加在[STAThread]前边
    static void Main(string[] args)
    {   Days day=Days.Tue;
        int x=(int)Days.Tue;//x=4
    Console.WriteLine("day={0},x={1}",day,x);//显示为:day=Tue, x=4
    }
}
```

在 C#中，枚举类型的变量是派生于基类 System.Enum 的结构。这表示可以对它们调用方法和执行有用的任务。

2.2.3 引用类型

C#语言中引用类型可以分为以下几种。

① 类 C#语言中预定义了一些类，如对象类(object 类)、数组类、字符串类等。当然，程序员可以定义其他类。

② 接口和委托　接口是类定义的一种抽象模板，委托是一种类似方法指针的引用。在 2.4 节中有所涉及。

C#语言引用类型变量无论如何定义，总是引用类型变量，不会变为值类型变量。C#语言引用类型对象一般用运算符 new 建立，用引用类型变量引用该对象。本节仅介绍对象类（object 类）、字符串类、数组类。其他类型在后续章节中介绍。

（1）对象类（object 类）

C#中的所有类型（包括数值类型）都直接或间接地以 object 类为基类。对象类（object 类）是所有其他类的基类。任何一个类定义，如果不指定基类，默认 object 为基类。继承和基类的概念见本章 2.4 节。C#语言规定，基类的引用变量可以引用派生类的对象（注意，派生类的引用变量不可以引用基类的对象），因此，对一个 object 的变量可以赋予任何类型的值，如：

```
int x =25;
object obj1;
obj1=x;
object obj2= 'A';
```

object 关键字是在命名空间 System 中定义的，是类 System.Object 的别名。

（2）数组类

在进行批量处理数据的时候，要用到数组。数组是一组类型相同的有序数据。数组按照数组名、数据元素的类型和维数来进行描述。C#语言中数组是 System.Array 类对象，比如声

明一个整型数数组：int[] arr=new int[5];实际上生成了一个数组类对象，arr 是这个对象的引用（地址）。

在 C#中数组可以是一维的也可以是多维的，同样也支持数组的数组，即数组的元素还是数组。一维数组最为普遍，用得也最多。例 2-1 显示了一维数组的简单操作。

【例 2-1】 一维数组的简单操作。

```
using System;
class Test
{ static void Main()
  { int[] arr=new int[3];//用 new 运算符建立一个 3 个元素的一维数组
    for(int i=0;i<arr.Length;i++)//arr.Length 是数组类变量，表示数组元素个数
        arr[i]=i*i;//数组元素赋初值，arr[i]表示第 i 个元素的值
    for (int i=0;i<arr.Length;i++)//数组第一个元素的下标为 0
        Console.WriteLine("arr[{0}]={1}",i,arr[i]);
  }
}
```

这个程序创建了一个 int 类型 3 个元素的一维数组，初始化后逐项输出。其中 arr.Length 表示数组元素的个数。注意，数组定义不能写为 C 语言格式：int arr[]。程序的输出为：

```
arr[0] = 0
arr[1] = 1
arr[2] = 4
```

例 2-1 中使用的是一维数组，下面介绍多维数组。

```
string[] a1;//一维 string 数组类引用变量 a1
string[,] a2;//二维 string 数组类引用变量 a2
a2=new string[2,3];
a2[1,2]="abc";
string[,,] a3;//三维 string 数组类引用变量 a3
string[][] j2;//数组的数组，即数组的元素还是数组
```

在数组声明的时候，可以对数组元素进行赋值。看下面的例子：

```
int[] a1=new int[]{1,2,3};//一维数组，有 3 个元素
int[] a2=new int[3]{1,2,3};//此格式也正确
int[] a3={1,2,3};//相当于 int[] a3=new int[]{1,2,3};
int[,] a4=new int[,]{{1,2,3},{4,5,6}};//二维数组，a4[1,1]=5
```

（3）字符串类（string 类）

C#还定义了一个基本的类 string，专门用于对字符串的操作。这个类也是在名字空间 System 中定义的，是类 System.String 的别名。字符串应用非常广泛，在 string 类的定义中封装了许多方法，下面的一些语句展示了 string 类的一些典型用法。

① 字符串定义。

```
string s;//定义一个字符串引用类型变量 s
s="Zhang";//字符串引用类型变量 s 指向字符串"Zhang"
char[] s2={'计','算','机','科','学'};
string s3=new String(s2);
```

② 字符串搜索。

```
string s="ABC 科学";
int i=s.IndexOf("科");
```

搜索"科"在字符串中的位置，因第一个字符索引为 0，所以"A"索引为 0，"科"索引为 3，

因此这里 i=3，如没有此字符串 i=–1。注意 C#中，ASCII 和汉字都用 2 字节表示。

③ 判断是否为空字符串。

```
string s="";
string S1="计算机科学";
if(s.Length==0)
   S1="空";//s 为空时，S1="空"
//S1="计算机科学"，s 非空时，S1 内容不变
```

④ 字符串替换函数。

```
string s="计算机科学";
string s1=s.Replace("计算机","软件");
//s1="软件科学"，为字符类对象。s 内容不变。
```

⑤ 大小写转换。

```
string s="AaBbCc";
string s1=s.ToLower();//把字符转换为小写，s 内容不变
string s2=s.ToUpper();//把字符转换为大写，s 内容不变
```

2.2.4 运算符

C#语言和 C 语言的运算符用法基本一致。以下重点讲解二者之间的不一致部分。与 C 语言一样，如果按照运算符所作用的操作数个数来分，C#语言的运算符可以分为以下几种类型。

一元运算符：一元运算符作用于一个操作数，例如–X、++X、X––等。

二元运算符：二元运算符对两个操作数进行运算，例如 x+y。

三元运算符：三元运算符只有一个，例如 x? y:z。

C#语言运算符的详细分类及操作符从高到低的优先级顺序如表 2-3 所示。

表 2-3 C#运算符从高到低的优先级

类别	操 作 符
初级操作符	(x) x.y f(x) a[x] x++ x–– new typeof sizeof checked unchecked
一元操作符	+ - ! ~ ++x –x (T)x
乘除操作符	* / %
加减操作符	+ –
移位操作符	<< >>
关系操作符	< > <= >= is as
等式操作符	== !=
逻辑与操作符	&
逻辑异或操作符	^
逻辑或操作符	|
条件与操作符	&&
条件或操作符	||
条件操作符	?:
赋值操作符	= *= /= %= += –= <<= >>= &= ^= |=

（1）测试运算符 is

is 操作符用于动态地检查表达式是否为指定类型。使用格式为：e is T，其中 e 是一个表达式，T 是一个类型，该式判断 e 是否为 T 类型，返回值是一个布尔值，如例 2-2 所示。

【例 2-2】 is 运算符的类型测试。

```
using System;
class Test
{ public static void Main()
    {   Console.WriteLine(1 is int);
        Console.WriteLine(1 is float);
        Console.WriteLine(1.0f is float);
        Console.WriteLine(1.0d is double);
    }
}
```

输出为：

```
True
False
True
True
```

（2）typeof 运算符

typeof 操作符用于获得指定类型在 system 名字空间中定义的类型名字，如例 2-3 所示。

【例 2-3】 用 typeof 获得类型名。

```
using System;
class Test
{   static void Main()
    {   Console.WriteLine(typeof(int));
        Console.WriteLine(typeof(System.Int32));
        Console.WriteLine(typeof(string));
        Console.WriteLine(typeof(double[]));
    }
}
```

产生如下输出，由输出可知 int 和 System.Int32 是同一类型。

```
System.Int32
System.Int32
System.String
System.Double[]
```

（3）new 运算符

new 操作符可以创建值类型变量、引用类型对象，同时自动调用构造函数。例如：

```
int x=new int();//用 new 创建整型变量 x，调用默认构造函数。
Person C1=new Person ();//用 new 建立的 Person 类对象，变量 C1 是 Person 类对象的引用。
int[] arr=new int[2];//数组也是类，创建数组类对象，arr 是数组对象的引用。
```

需注意的是，int x=new int()语句将自动调用 int 结构不带参数的构造函数，给 x 赋初值 0，x 仍是值类型变量，不会变为引用类型变量。

（4）运算符的优先级

当一个表达式包含多种操作符时，操作符的优先级控制着操作符求值的顺序。例如，表达式 x+y*z 按照 x+(y*z)顺序求值，因为*操作符比+操作符有更高的优先级。这和数学运算中的先乘除后加减是一致的。表 2-3 总结了所有操作符从高到低的优先级顺序。

当两个有相同优先级的操作符对操作数进行运算时，例如 x+y–z，操作符按照出现的顺序由左至右执行，x+y–z 按(x+y)–z 进行求值。赋值操作符按照右结合的原则，即操作按照从右向左的顺序执行。如 x=y=z 按照 x=(y=z)进行求值。建议在写表达式的时候，如果无法确定操作符的实际顺序，则尽量采用括号来保证运算的顺序，这样也使得程序一目了然，而且自己在编程时能够思路清晰。

2.3 流程控制语句

流程控制在结构化程序设计中主要是分支和循环结构。C#语言提供了一些选择语句和循环语句等流程控制语句。

2.3.1 选择语句

（1）if 语句

格式：`if （条件表达式）{语句块 1};[else {语句块 2}];`

if 语句根据条件表达式的取值选择要执行的语句，如果条件表达式为逻辑真（true,条件成立），执行语句块 1，否则为逻辑假（false,条件不成立）执行 else（该子句可选）后面的语句块 2。C#的 if-else 语句语法与 C/C++、Java 是一样的。

（2）switch 语句

格式：
```
switch （情形表达式）{
case 情形 1:语句 1;
case 情形 2:语句 2;
...
[default 语句 ];}
```

switch 语句是一个情形控制语句，它通过情形表达式的取值将控制传递给其体内的 case 语句来处理多个情形的选择处理。

2.3.2 循环语句

（1）do 循环语句

格式：`do {语句块} while （条件表达式）`

do 语句重复执行一个语句或一个语句块，直到指定的循环表达式求得 false 值为止。

例如：
```
int n = 0;
do {
Console.WriteLine("Current value of n is {0}", n);
n++;
}
while (n < 6);
```

（2）for 循环语句

格式：`for （[初始化]; [布尔表达式]; [重复语句]）{语句块}`

for 循环重复执行一个语句或一个语句块，直到指定的表达式求得 false 值为止。

如：

```
for (int i = 1; i <= 5; i++)
System.Console.WriteLine(i);
```

（3）foreach，in 循环语句

格式：foreach(类型 变量名 in 表达式)语句块

foreach 语句为数组或对象集合中的每个元素重复执行一个语句组。foreach 语句用于循环访问集合以获取所需信息，但不应用于更改集合内容以避免产生不可预知的副作用。

例如：

```
  int odd = 0, even = 0;
  int[] arr = new int [] {0,1,2,5,7,8,11};
  foreach (int i in arr)
  {
  if (i%2 == 0)
  even++;
  else
  odd++;
  }
Console.WriteLine("找到{0}个奇数，和{1}个偶数", odd, even) ;
```

结果：找到 4 个奇数，3 个偶数。

（4）while 循环语句

格式：while(条件表达式){语句块};

while 语句当循环条件表达式为真（true）时执行一个语句或一个语句块，否则为假（false）时，结束循环。

2.3.3 跳转语句

（1）break 语句

break 语句终止它所在的最近的封闭循环或 switch 语句。控制传递给终止语句后面的语句。

（2）continue 语句

continue 语句将控制传递给它所在的封闭迭代语句的下一个迭代。

（3）goto 语句

goto 语句将程序控制直接传递给标记语句。在编程中不推荐使用 goto 语句。

（4）return 语句

return 语句终止它出现在其中方法的执行并将控制返回给调用方法。

2.3.4 异常处理

C#中的异常用于处理系统级和应用程序级的错误状态，它是一种结构化的、统一的和类型安全的处理机制。C#中的异常机制非常类似于 C++ 的异常机制，但是有一些重要的区别。在 C#中，所有的异常必须由从 System.Exception 派生的类的实例来表示。系统级的异常如溢出、被零除和 null 等都对应地定义了与其匹配的异常类，并且与应用程序级的错误状态处于同等地位。基本的异常处理语句有如下四种。

（1）throw

throw 语句用于发生在程序执行期间出现反常情况(异常)的信号。 它的格式：

```
throw [表达式];
```

其中，表达式为异常对象。当在 catch 子句中再次引发当前异常对象时，它被省略。

引发的异常是类从 System.Exception 派生的对象，例如：

```
class MyException : System.Exception {}
throw new MyException();
```

通常 throw 语句与 try-catch 或 try-finally 语句一起使用。当引发异常时，程序查找处理此异常的 catch 语句。也可以用 throw 语句重新引发已捕获的异常。

例如：使用 throw 重新引发异常。

```
using System;
public class ThrowTest
{
public static void Main()
  {
      string s = null;
      if (s == null)
       {
          throw(new ArgumentNullException()); // 使用 throw 重新引发异常
       }
      Console.Write("The string s is null"); // 此语句不会被执行
  }
}
```

（2）try-catch

try-catch 语句由一个 try 块和其后所跟的一个或多个 catch 子句（为不同的异常指定处理程序）构成。try-block 包含可能导致异常的保护代码块。该块一直执行到引发异常或成功完成为止。

catch 子句使用时可以不带任何参数，在这种情况下它捕获任何类型的异常，并被称为一般 catch 子句。它还可以采用从 System.Exception 派生的对象参数，在这种情况下它处理特定的异常。

（3）try-finally

finally 块用于清除在 try 块中分配的任何资源。控制总是传递给 finally 块，与 try 块的存在方式无关。catch 用于处理语句块中出现的异常，而 finally 用于保证代码语句块的执行，与前面的 try 块的执行方式无关。

（4）try-catch-finally

一起使用 catch 和 finally 的通常用法是在 try 块中获取并使用资源，在 catch 块中处理异常情况，在 finally 块中释放资源。例 2-4 给出了异常处理的使用示例。

【例 2-4】 文件读取的异常处理。

```
using System
using System.IO//使用文件必须引用的名字空间
```

```
public class Example
{   public static void Main()
    {   StreamReader sr=null;//必须赋初值null,否则编译不能通过
        try
        {  sr=File.OpenText("c:\\csarp\\test1.txt");//可能产生异常
           string s;
           while(sr.Peek()!=-1)  // 文件试读非空时
            {  s=sr.ReadLine();  //读文件一行子串内容，可能产生异常
               Console.WriteLine(s);
            }
        }
        catch(DirectoryNotFoundException e)//无指定目录异常
           {   Console.WriteLine(e.Message);
           }
        catch(FileNotFoundException e)//无指定文件异常
          {   Console.WriteLine("文件"+e.FileName+"未被发现");
           }
        catch(Exception e)//其他所有异常
           {  Console.WriteLine("处理失败: {0}",e.Message);
           }
        finally
           {   if(sr!=null)  //若文件已打开则关闭文件
               sr.Close();
        }
    }
}
```


2.4 C#面向对象程序设计

2.4.1 类和对象

面向对象的程序设计是指按人们认识客观世界的系统思维方式，采用基于对象（实体）的概念建立模型，模拟客观世界分析、设计、实现软件的办法。在面向对象的程序设计语言中，程序开发者可以利用语言的对象描述和运行机制将编程重点放在对现实事物的信息构成和行为关系的处理上，如分析事物的属性特征和相互关系及操作方式等。类（class）是对一组具有共同属性和行为的实体的抽象描述，它关心的是客观事物和实体的共同特征和行为方式，如交通车辆、教师等都是类的例子。而对象（object）是一个个具体的客观实体，如一辆轿车、一名大学教师等就是对象的例子。

在一个类中，每一个对象都是类的一个实例。如每辆汽车都是交通车辆类的一个实例，C#中的new操作符可用以建立一个类的对象实例，亦称类的实例化。从定义上，类是一种包含数据成员和函数成员的数据结构。对象所具有的封装性、继承性和多态性在C#语言中都有所体现。

2.4.2 类的声明

类声明是一种类型声明，它用于声明一个新类。类声明的组成方式如下：先是一组类修饰符（可选），然后是关键字 class 和一个用来命名该类的标识符，接着是一个基类规范（可选）。

```
public class MyClass: MyBaseClass  //声明一个新类 MyClass，基类为 MyBaseClass
        { 类成员描述 }
```

类中的所有成员都可以声明为 public（公有，此时可以在类的外部直接访问它们）或 private（私有，它们只能由类中的其他代码来访问）。常量与类的关联方式同变量与类的关联方式，使用 const 关键字来声明常量。

类可以认为是对结构的扩充，它和 C 中的结构最大的不同是：类中不但可以包括数据，还包括处理这些数据的函数。类是对数据和处理数据的方法（函数）的封装。类是对某一类具有相同特性和行为的事物的描述。

例如，定义一个描述个人情况的 Person 类如下。

```
class Person    //class 是类定义保留字， Person 是类名
{   //类的数据成员声明
   private string name="张三"; //私有成员 姓名 name
    private int age=12;        //私有数据成员 年龄 age
    public string job;         // 公有数据成员 职业 job
    public void Display()      //类的方法(函数)声明，显示姓名和年龄
    {    Console.WriteLine("姓名:{0},年龄: {1}",name,age);
    }
    public void SetName(string PersonName)     //修改姓名的方法(函数)
    {    name=PersonName;
    }
    public void SetAge(int PersonAge)          //修改年龄的方法(函数)
    {    age=PersonAge;
    }
}
```

2.4.3 类的成员与方法

类中的数据和函数称为类的成员。Microsoft 的正式术语对数据成员和函数成员进行了区分。除了这些成员外，类还可以包含嵌套的类型（例如其他类）。类中的所有成员都可以声明为 public（此时可以在类的外部直接访问它们）或 private（此时，它们只能由类中的其他代码来访问）。

（1）数据成员

字段是与类相关的数据变量。在前面的 Person 类定义中，已经声明了该类的两个私有字段 name（姓名）和 age（年龄）。一旦用 new 方法创建 Person 类的一个对象（亦称类的实例化），就可以使用语法 Object.FieldName 来访问这些字段。如：

```
Person Customer1 = new Person();
Customer1.Setname("刘星"); // 用方法设置姓名字段的值为“刘星”
Customer1.Setage(26);      // 用方法设置年龄字段的值为 26
Customer1.job = "教练";     //职业字段为公有字段，可直接赋值为“教练”
```

（2）函数成员

函数成员提供了操作类中数据和执行某些操作的功能，包括方法、属性、事件、构造函数和析构函数、运算符等。事件是类的成员，在发生某些行为（例如改变类的字段或属性，或者进行了某种形式的用户交互操作）时，它可以让对象通知调用程序。客户可以用包含称为“事件处理程序”的代码来响应处理该事件。构造函数是在实例化对象时自动调用的函数。它们必须与所属的类同名，且不能有返回类型。构造函数用于初始化字段的值。析构函数类似于构造函数，但是在CLR检测到不再需要某个对象时调用。它们的名称与类相同，但前面有一个~符号。

在C#中声明基本构造函数的语法是与类同名的方法，但该方法没有返回类型。

```
public class MyClass
{
  public MyClass()
  {
  }
```

一般情况下，如果没有提供任何构造函数，编译器会在后台自动创建一个默认的构造函数。

构造函数的重载遵循与其他方法相同的规则，可以为构造函数提供任意多的重载，只要它们的函数声明在参数类型和数量上有明显的区别。如：

```
public MyClass()   // MyClass 无参构造函数
{
  // construction code
}
public MyClass(int number)   // MyClass 有参构造函数
{
  // construction code
}
```

在C#中，方法是对类及对象的操作行为的描述，以函数形式声明，每个函数都必须与类或结构相关。事件的处理也是一种方法的执行，只是这种执行是由系统来自动调度的。

在C#中，每个方法都单独声明为public或private，在C#中，方法的定义包括方法的修饰符（例如方法的可访问性）、返回值的类型，然后是方法名、输入参数的列表（用圆括号括起来）和方法体（用花括号括起来）。

```
[modifiers] return_type MethodName([parameters])
{
  // Method body
}
```

每个参数都包括参数的类型名及在方法体中的引用名称。但如果方法有返回值，return语句就必须与返回值一起使用，以指定出口点，例如：

```
public bool IsSquare(Rectangle rect)
{
  return (rect.Height == rect.Width);
}
```

这段代码使用一个表示矩形的.NET基类System.Drawing.Rectangle。如果方法没有返回值，就把返回类型指定为void，因为不能省略返回类型。如果方法不带参数，仍需要在方法名的后面写上一对空的圆括号()。

C#中调用方法时，必须使用圆括号，例2-5演示了方法的定义和调用。

【例2-5】 类的定义与方法调用。

下面的程序代码说明了 MathTest 类的定义和实例化、方法的定义和调用的语法。除了包含 Main()方法的类之外，它还定义了类 MathTest，该类包含一个字段和三个方法，对应的程序代码如下。

```
using System;
using System.Collections.Generic;
using System.Text;
namespace ConsoleApplication1
{
    class Program
    {
        static void Main(string[] args)
        {
            //调用静态函数
            Console.WriteLine("Pi is " + MathTest.GetPi());
            int x = MathTest.GetSquareOf(5);
            Console.WriteLine("Square of 5 is " + x);
            //实例化 MathTest 对象
            MathTest math = new MathTest();
            //调用非静态函数
            math.value = 30;
            Console.WriteLine(
              "Value field of math variable contains " + math.value);
            Console.WriteLine("Square of 30 is " + math.GetSquare());
            Console.ReadLine();
        }
    }
    class MathTest
    {
        public int value;
        public int GetSquare()
        {
            return value * value;
        }
        public static int GetSquareOf(int x)
        {
            return x * x;
        }
        public static double GetPi()
        {
            return 3.14159;
        }
    }
}
```

运行上述的程序示例，可得到如下结果。

```
Pi is 3.14159
Square of 5 is 25
Value field of math variable contains 30
Square of 30 is 900
```

从代码中可以看出，MathTest 类包含一个字段和三个方法，该字段是一个整型数值，一个方法计算数值的平方。两个静态方法，一个返回 pi 的值，另一个计算作为参数传入的数字的平方。

2.4.4 接口和继承

前面介绍了如何定义方法、构造函数和单个类(或单个结构)中的其他成员。所有的类最终都派生于 System.Object 类，但并没有说明如何创建继承类的层次结构。下面将简要讨论 C#对继承的支持，然后论述如何在 C#中实现类继承和接口继承。

（1）接口

如前所述，如果一个类派生于一个接口，它就会执行某些函数。并不是所有的面向对象语言都支持接口，所以本节将详细介绍 C#接口的实现。

下面列出 Microsoft 预定义的一个接口 System.IDisposable 的完整定义。IDisposable 包含一个方法 Dispose()，该方法由类执行，用于清理代码。

```
public interface IDisposable
{
  void Dispose();
}
```

上面的代码说明，声明接口在语法上与声明抽象类完全相同，但不允许提供接口中任何成员的执行方式。

注意，IDisposable 是一个相当简单的接口，它只定义了一个方法。大多数接口都包含许多成员。下面例 2-4 是一个定义和实现接口的例子。

【例 2-6】 一个银行账户接口的范例。

程序代码如下。

```
using System;
using System.Collections.Generic;
using System.Linq;
using System.Text;
namespace ProCSharp
   {
      public interface IbankAccount   //定义银行账户接口
      {
         void PayIn(decimal amount); //存入方法
         bool Withdraw(decimal amount); //支出方法
         decimal Balance //存款余额属性
          {
            get;
          }
      }
   }
   namespace VenusBank
   {
      public class SaverAccount : ProCSharp.IbankAccount
      {                          //定义储蓄账户类，由银行账户接口派生
```

```
        private decimal balance; //定义一个本类的账户余额字段
        public void PayIn(decimal amount)//按照接口规范定义一个存入方法
        {
           balance += amount;     //账户余额增加
        }
        public bool Withdraw(decimal amount)//按照接口规范定义一个支出方法
        {
           if (balance >= amount)  //如账户余额不小于支出金额
           {
              balance -= amount;   //余额按支出额修改，支出成功
              return true;
           }           //如果账户余额小于要支出的钱，则提示一个错误
           Console.WriteLine("账户余额不足，支出失败！");
              return false;
        }
        public decimal Balance//按照接口规范定义一个公有属性
        {
           get
           {
              return balance;
           }
        }
        public override string ToString()
        {
           return String.Format("Venus 银行卡账户：余额 = {0,6:C}", balance);
        }
        public  SaverAccount( decimal InitAmount)
        {
            balance =  InitAmount;
        }
     }
  }
  namespace ConsoleApp_BankCard
  {
     class Program
     {
        static void Main(string[] args)
        {
           decimal initam;
           Console.WriteLine("账户余额初始化，输入金额（元）：");
           initam = Convert.ToDecimal(Console.ReadLine());//输入账户初始余额
           VenusBank.SaverAccount venusAccount = new VenusBank.SaverAccount
(initam);
           venusAccount.PayIn(200); //存入 200 元
           venusAccount.Withdraw(100);//支出 100 元
           Console.WriteLine(venusAccount.ToString()); //输出账户剩余的金额
```

```
                Console.ReadLine();
            }
        }
    }
```

此代码定义了银行卡储户的一些关于存款和取款影响账户存款余额的程序。

（2）派生的接口

接口可以彼此继承，其方式与类的继承相同。示例如下。

【例 2-7】 修改上面的范例，增加接口继承的内容。

```
public interface ITransferBankAccount : ProCSharp.IbankAccount
    {
        //新定义一个转账的银行功能规范
        bool  TransferTo(ProCSharp.IbankAccount  destination,  decimal
amount);
    }
    //按照接口规范定义了一个转账的功能
    public bool TransferTo(ProCSharp.IbankAccount destination, decimal
amount)
        {
            bool result;
            //如果取出的钱成功了，则存入
            if ((result = Withdraw(amount)) == true)
                destination.PayIn(amount);
            return result;
        }
    }
}
namespace ConsoleApplication1
{
    class Program
    {
        static void Main(string[] args)
        {
          decimal initam;
          Console.WriteLine("账户余额初始化，输入金额（元）:");
          initam = Convert.ToDecimal(Console.ReadLine());
          VenusBank.SaverAccount venusAccount = new
          VenusBank.SaverAccount(initam);
          venusAccount.PayIn(200); //存入 200 元
          venusAccount.Withdraw(100);//取出 100 元
          venusAccount.TransferTo(venusAccount, 100); //转账 100 元
          Console.WriteLine(venusAccount.ToString()); //输出剩余的钱。注意
此处剩余的钱中包括转账的 100 元
            Console.ReadLine();
          }
    }
}
```

我们在这个例子中增加了一个转账的功能，是从银行的基功能增加的，这个例子体现了接口的继承性。

2.5 常用系统类

2.5.1 数据转换

在 System 命名空间下，Convert 类提供了许多类型的静态转换方法，可以实现字符串与其他数据类型之间的转换。Convert 类的常用转换方法如表 2-4 所示。

表 2-4 System.Convert 类的常用转换方法

常用方法	说明
ToInt32（数字字符串）	转换为 32 位整型数
ToInt64（数字字符串）	转换为 64 位长整型数
ToSingle（数字字符串）	转换为单精度浮点数
ToDouble（数字字符串）	转换为双精度浮点数
ToDecimal（数字字符串）	转换高精度十进制数
ToDateTime（日期格式字符串）	转换为日期时间
ToChar（整型值）	转换 ASCII 码值为对应字符
ToString（各种类型数值）	转换其他类型为字符串
ToBoolean（数字或字符串）	转换为布尔值

例如：将字符串转换为整型数，或将字符串转换为日期型。

```
string s1 = 123;    int a = Convert.ToInt32(s1)
string s2 = "2005-12-31 16:32:57 " ;
DateTime b = Convert.ToDateTime(s2)
```

其中，Int32、Double 和 Single 都具有静态方法 Parse 来实现相应的转换。例如：

```
string s3 = "123.456 ";
double c = double.Parse(s3);
```

而 ToString 的方法也比较特殊，由于根类型 Object 具有 ToString 方法，因此各种类型也都继承了该方法。如：

```
int i = 123; string d = Convert.ToString(i);
string d = i.ToString();   或  string d = 123.ToString() 都是正确的。
```

2.5.2 字符串操作

对字符串进行各种操作是程序中经常会使用的功能，string 类有许多属性和方法可以实现相应的字符串处理。常用的属性和方法如表 2-5 所示。

表 2-5 System.String 类的常用属性和方法

常用属性和方法	说明
Empty 静态属性	判定字符串是否为空串，取值为 true 和 false
Length 实例属性	返回字符串的长度
Compare(字串 1，字串 2)	比较两个字串的大小，取值为 1,0,–1，相等时为 0

续表

常用属性和方法	说　明
Substring(start,length)	从字符串的 start 个字符位置开始截取 length 长度的字串
IndexOf(子串，起始位置)	从指定位置开始查找子串第一次出现的位置
Replace(字串 1，字串 2)	将字符串中的字串 1 替换成字串 2
Insert(插入位置，字串)	在指定位置插入一个字串
Trim()	删除字符串前后的空格
ToUpper()	将字符串中所有小写字符转换为大写字符

例如：

```
string s = "HelloWorld!";
int i1=s.Length;        //串长 i1 为 11
string w1 = s.Substring(5,3);  // 截取的子串为 "Wor"
int i2 = s.IndexOf('o');    //字符"o"的第一次出现的位置为 4
```

2.5.3 日期和时间操作

对日期和时间的操作主要使用 System.DateTime 类，常用的属性和方法如表 2-6 所示。

表 2-6　System.DateTime 类的常用属性和方法

常用属性和方法	说　明
Now 静态属性	取得系统当前的日期和时间
Today 静态属性	取得系统当前的日期
Year	取得给定 DateTime 值的年份
Month	取得 DateTime 值的月份
Day	取得 DateTime 值的日期
Hour	取得 DateTime 值的小时数
Minute	取得 DateTime 值的分钟数
Second	取得 DateTime 值的秒数
DayOfWeek	取得 DateTime 值的星期几
Add（时间段）	加上指定的时间段
AddDays（天数）	加上指定的天数

例如：显示当前系统时间

```
DateTime s = DateTime.Now;
Console.WriteLine(" 今年是: "+s.Year+ "年");
Console.WriteLine(" 今天是: "+s.Day+"号"); //输出日期
Console.WriteLine(" 8 天前是: " + s.AddDays(-8).Day + "号");
Console.WriteLine(" 今天是星期: "+s.DayOfWeek); //输出星期
Console.WriteLine(" 20 天后是星期: "+s.AddDays(20).DayOfWeek);
```

本 章 小 结

本章主要介绍了 C#语言的数据类型和语法要素，重点描述了一些常用编程语句的语法结构和用法以及如何在 C#中进行面向对象的编程，包括类的定义，成员属性和方法的定义和使用等。

习 题 2

2-1 单项选择题

（1）下面描述错误的是________。

A. C#提供自动垃圾回收功能　　B. C#不支持指针

C. C#支持多重继承　　D. C#中一个类可以实现多个接口

（2）下面哪种类型不是引用类型________。

A. 接口类型　　B. 委托类型　　C. 结构类型　　D. 数组类型

（3）下面哪种类型不是值类型________。

A. 整数类型　　B. 浮点类型　　C. 结构类型　　D. 数组类型

（4）下面数组定义错误的是________。

A. int[] table;　　B. int table[];

C. char sl[];　　D. numbers=new int[10]

（5）导入命名空间使用________指令。

A. import　　B. include　　C. using　　D. input

（6）类成员变量未指定访问修饰符，则默认的访问修饰符是________。

A. public　　B. protected　　C. private　　D. internal

（7）有关抽象类和抽象方法，下面哪种说法是错误的？________

A. 抽象类不能实例化

B. 抽象类必须包含抽象方法

C. 只允许在抽象类中使用抽象方法声明

D. 抽象方法实现由 overriding 方法提供

（8）以下________修饰符中，必须由派生类实现。

A. private　　B. final　　C. static　　D. abstract

2-2 在C#语言中，常量“A”与‘A’是同一类型的数据吗？能否用“A”为字符变量赋值？

2-3 简述C#中常用的流程控制语句，并举例说明其使用方法。

2-4 某学校规定，教师的职务津贴按教师的技术职称发放，具体发放标准如下：教授，4600元；副教授，3800元；讲师，3200元；助教，2600元。要求设计一个程序，能根据输入的职称，显示应得的职务津贴。

2-5 设计一个素数判断程序，可以提供手动输入和自动随机生成若干0～100之间的整数，并对这些整数进行判断（编写函数Prime(N)实现），并输出其中所有的素数。

2-6 编写一个程序，输入一组整数，求出其中所有正数和负数各自的累加和。

2-7 C#中的接口和抽象类有什么异同？

2-8 声明类中的成员时，使用不同的访问修饰符表示对类成员的访问权限不同，常用的访问控制有哪些？

2-9 建立3个类：公民、成人、教师。公民具有身份证号、姓名、出生日期等属性，成人还包括学历和职业属性，教师还包括学校和系别属性。要求每个类中都提供数据的输入和输出功能。

2-10 做一个简单调用＋、－、×、／的控制台程序，定义一个 math 类，包括 plus, minus,multiply,divide，用户输入两个数字，调用 math 类的方法完成。

2-11 修改题2-10，用重载实现加法方法，mathother(int a,int b),mathother(sting a,string b)。用户首先输入两个数字，执行 mathother，返回两个数相加，当用户再次输入两个字符串时，执行 mathother 返回两个字符串的相加。

第3章 ASP.NET常用控件

Visual Studio.NET（简称 VS.NET）作为一种流行的可视化开发环境，通过使用控件或组件来设计 Windows 或 Web 应用程序。其设计过程是将 VS.NET 工具箱窗口中的控件放到窗体中，使用属性窗口改变控件的属性，或在程序中用语句修改属性，为控件的相应事件编写脚本语言处理过程，完成指定的功能。

3.1 ASP.NET 控件概述

3.1.1 ASP.NET 控件的分类

在 ASP.NET 的类库中包含大量的控件，从大类上可划分为 HTML 控件和 Web 服务器控件，而 Web 服务器控件又可划分为标准控件、验证控件、用户自定义控件和数据库控件等。HTML 控件是从 HTML 标记衍生而来的，在默认情况下属于客户端（浏览器）控件，服务器无法对其控制。但可以通过修改标识属性 runat ="server" 使其变成 Web 服务器控件。

3.1.2 控件属性和事件

所有的服务器控件（包括 HTML 控件）都继承自 Control 类。而 Control 类是在 System.web.UI 命名空间中定义的，代表了服务器控件应该有的最小功能集合。它们作为控件都具有特有的属性和事件，属性是指控件中具有的与用户界面特征相关的字段（如背景色、字体和位置等）或与运行状态相关的字段（如 AutoPostBack、Enable 等）。事件是指程序运行时得以执行的触发过程（如按钮单击事件、下拉列表项改变事件等），客户端触发的事件可以由服务器端来处理。

（1）控件属性

ASP.NET 服务器控件具有大量属性，这些属性根据功能作用不同可分为以下几大类：布局、数据、外观、行为和杂项。

以下列出了服务器控件的一些通用的属性。

① BorderColor：用来设定控件边框的颜色，其属性值为颜色的名称。

② Font：是用来描述字体的属性，由一组表示字体不同特性的子属性构成，例如

Font-Bold 指示是否为粗体字、Font-Size 表示字体大小、Font-Name 表示字体首选名字等。

③ BackColor：控件背景颜色。

④ Enabled：布尔变量，为 true 表示控件可以使用，为 false 表示不可用，控件变为灰色。

⑤ Visible：布尔变量，为 true 控件正常显示，为 false 控件不可见。

⑥ Text：定义控件的显示标题文本。

（2）控件事件

服务器控件的事件主要用于在 Web 窗体上处理用户交互。当一个用户与 Web 窗体交互作用时（按钮点击）就会产生一个事件，该事件产生时可以执行一个适当的任务来处理这个事件，以实现对该事件的响应行为，即事件处理程序。

下面给出一些服务器控件的共有事件。

① DataBinding：当该控件与一个数据源绑定（DateBind）时触发这个事件。

② Init：控件被初始化时发生这个事件。

③ Load：把控件装入页面时会发生这个事件，该事件在 Init 事件后发生。

3.1.3 服务器控件的特点

当用户请求一个包含有 Web 服务器控件的页面（.aspx）时，服务器对页面中包含的服务器控件及其他内容解释成标准的 HTML 代码，然后将处理结果以标准的 HTML 的形式一次性发送给客户端，显然，这种处理方式对于“瘦客户端”，保护源代码的安全性及浏览器的兼容性是十分有利的。总的来说，服务器端控件具有下列特点。

① 保存视图状态　当页面在客户端和服务器端之间来回传递时，服务器控件会自动保存视图状态、设置控件的用户输入。

② 公共对象模型　服务器控件是基于公共对象模型的，因此它们可以共享大量的属性，例如当设置某个控件的背景颜色时，总是使用同一属性 BackColor,而不管是哪个控件。

③ 数据绑定模型　使用服务器控件大大简化了动态网页的创建过程，在数据绑定和访问中，为网页开发者提供了具有简单通用的数据源绑定模型，为灵活使用多种数据源提供了便利。

④ 用户定制　服务器控件为网页开发者提供多种机制来定制自己的网页。一种是提供样式属性作为定制页面格式的方法，另一种是为内容和布局的定制提供模板。

3.2 常用的标准服务器控件

标准服务器控件位于以 System.Web.UI.Webcontrols 命名的空间中，并集成在 ASP.NET 的基本类库中，习惯称之为 Web 控件。像 HTML 服务器控件一样，Web 服务器控件也是被创建于服务器上并且需要 runat="server" 属性来工作。然而，Web 服务器控件不是必须要映射到已存在的 HTML 元素，它们可以表现为更复杂的元素。下面介绍一些常用的标准服务器控件。

3.2.1 标签、按钮、文本控件

（1）标签（Label）控件

标签控件用来在页面上显示一行文本信息，但文本信息不能编辑，常用来输出标题、显

示处理结果和标记窗体上的对象。Label 控件的语法格式如下。

```
<asp: Label id = "控件名称" Text = "显示文本" runat = "server" />
```

Label 控件常用属性如下。

① Text：显示的字符串。

② Visible：指示该控件是否可见，默认值为 false，不可见。

③ ForeColor：Label 控件上显示的字符串颜色。

④ Font：字符串所使用的字体，包括所使用的字体名、字体的大小、字体的风格等。

2．按钮（Button）控件

按钮控件用以实现用户执行的操作，用户单击按钮，触发单击（Click）事件，在单击事件处理函数中完成相应的工作。Button 控件的语法格式如下。

```
<asp:Button id = "控件名称" Text = "按钮上的标题" runat = "server" />
```

Button 控件的常用属性和事件如下。

① 属性 Text：按钮表面的标题文本。

② 属性 Enabled：指示按钮是否启用，默认值为 true，为启用有效。

③ 事件 Click：用户单击触发的事件，一般称作单击事件。

【例 3-1】 用按钮改变文字的颜色。

该例在窗口中显示一行文字，增加 3 个改变颜色的按钮，单击标题为红色的按钮把显示的文本颜色改为红色，单击标题为蓝色的按钮把显示的文本颜色改为蓝色。程序运行结果如图 3-1 所示。实现步骤如下。

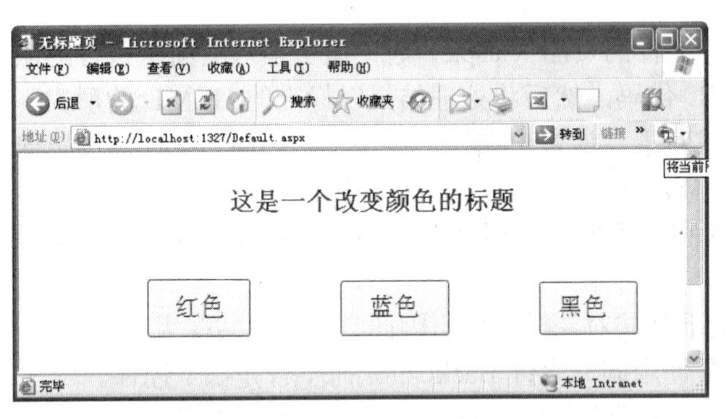

图 3-1　用按钮改变文字的颜色

① 新建一个 ASP.NET Web 应用程序项目。

② 切换到设计视图 Default.aspx 页面。

添加一个标签控件和 3 个按钮，初始化相应的标题文字(Text 属性)。

③ 编写相应的事件处理程序。

按钮的单击事件处理函数如下。

```
private void Button1_Click(object sender, System.EventArgs e)
{   Label1.ForeColor=System.Drawing.Color.Red;//运行阶段修改属性
}//注意 label1 是标签控件的名字(label 的 ID 属性)，用它来区分不同的控件
private void Button2_Click(object sender, System.EventArgs e)
{   Label1.ForeColor=System.Drawing.Color.Blue;}
private void Button3_Click(object sender, System.EventArgs e)
{   Label1.ForeColor=System.Drawing.Color.Black;}
```

（3）文本框（TextBox）控件

文本框 TextBox 控件用来接收用户在指定区域输入的文本。可呈现的输入模式有单行文本（Singleline），多行文本（Multiline）和密码（Password）输入三种。TextBox 控件的语法格式如下。

```
<asp: TextBox id = "控件名称"  Text="控件上的文本"
TextMode ="Singleline| Multiline| Password" MaxLangth = 可输入的最大字符数
```

```
Rows = 多行文本显示的行数 runat = "server"/>
```

TextBox 控件的常用属性和事件如下。

① 属性 Text：用户在文本框中键入的字符串。

② 属性 MaxLength：单行文本框最大输入字符数。

③ 属性 ReadOnly：布尔变量，指示是否只读。默认值为 false，文本框能编辑。

④ 属性 AutoPostBack：布尔变量，指示是否自动回发服务器。默认值为 false，不回发。

⑤ 事件 TextChanged：文本框中的字符发生变化时，发出的事件。

3.2.2 列表框控件、复选框控件、单选钮控件、下拉列表框控件

（1）列表框控件（ListBox）

列表框控件是一个多项列表选择控件。可以在列表框中列出所有供用户选择的选项，用户可从选项中选择一个或多个选项。ListBox 控件的语法格式如下。

```
<asp: ListBox ID = "控件名称"  SelectionMode = "Single |Multiple"
    Rows = 可见行数  runat = "server">
    <asp:ListItem Selected = "True|False"> "选项 1" </asp:ListItem>
    <asp:ListItem Selected = "True|False"> "选项 2" </asp:ListItem>
</asp:Listbox>
```

列表框控件的常用属性、事件如下。

① 属性 Items：存储 ListBox 中的列表项内容，是 ArrayList 类对象，元素是选项字符串。

② 属性 SelectedIndex：所选择的条目的索引号，第一个条目索引号为 0。如允许多选，该属性返回任意一个选择的条目的索引号。如一个也没选，该值为–1。

③ 属性 SelectedItems：返回所有被选条目的内容，是一个字符串数组。

④ 属性 SelectionMode：确定可选方式。属性值可以是：Single（单选）、Multiple（多选）。

⑤ 事件 SelectedIndexChanged：当索引号（即选项）被改变时发生的事件。

列表框控件还具有 DataMember，DataSourceID，DataTextField 等属性，可以与多种数据源进行绑定，在页面中显示相应的选项信息。

【例 3-2】 用列表选项改变编辑文字的字体。

设计一个 Web 程序的运行页面，如图 3-2 所示。左边是输入编辑文字的 TextBox 控件，右边列表框给出四个字体选择，分别为字符串变粗体、斜体、加下划线、删除线。当用户在列表框中选择时，编辑区输入的文字字体也随之改变。

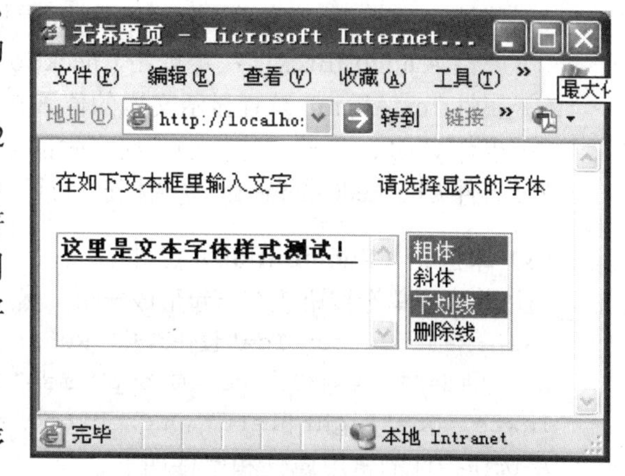

图 3-2 用列表选项改变编辑文字的字体

程序设计的步骤如下。

① 新建一个 ASP.NET Web 应用程序项目。

② 切换到设计视图 Default.aspx 页面。

添加一个文本控件（TextBox1）和一个列表控件（ListBox1）。设置 TextBox1.Text 属性如图 3-2 所示，TextBox1.Mode 属性为 Multiline, TextBox1.Rows 属性值为 4。设置 ListBox1.items 属性分别为：“粗体”，“斜体”，“下划线”，“删除线”，ListBox1.AutoPostBack 属性为 true，

ListBox1.SelectionMode 属性为 Multiple。

③ 编写相应的事件处理程序。

为列表选择控件的事件 SelectedIndexChenged 增加事件处理函数如下。

```
protected void ListBox1_SelectedIndexChanged(object sender, EventArgs e)
        {
            for(int i = 0; i < ListBox1.Items.Count; i++)//此例Count=4，为什么？
            {
                if (ListBox1.Items[i].Selected)
                    switch (ListBox1.Items[i].Value)
                {
                    case "粗体": TextBox1.Font.Bold = true; break;
                    case "斜体": TextBox1.Font.Italic = true; break;
                    case "下划线": TextBox1.Font.Overline = true; break;
                    case "删除线": TextBox1.Font.Strikeout = true; break;
                }
            }
        }
```

（2）复选框（CheckBox）控件

CheckBox 是复选框控件，可将多个 CheckBox 控件放到 GroupBox 控件内形成一组，这一组内的 CheckBox 控件可以多选、不选或都选。CheckBox 控件可用来选择一些可共存的特性，例如一个人的爱好选择。CheckBox 控件的语法格式如下。

```
<asp:CheckBox ID="控件名称" Runat="Server" AutoPostBack="True | False"
Text="标识控件的文字" TextAlign="Right|Left" Checked="True | False"
OnCheckedChanged="事件过程名"/>
```

CheckBox 控件的常用属性和事件如下。

① 属性 Text：复选框控件旁边的标题。

② 属性 Checked：布尔变量，为 true 表示复选框被选中，为 false 不被选中。

③ 属性 AutoPostBack：决定单击 CheckBox 控件时是否自动回送到服务器。

④ 属性 TextAlign：设置显示文本的位置在复选框的左边或右边，默认 Right。

⑤ 事件 Click：单击复选框控件时产生的事件。

⑥ 事件 CheckedChanged：复选框选中或不被选中状态改变时产生的事件。

（3）单选钮（RadioButton）控件

可以将多个单选按钮放在一起形成一组，然后从中选择一项。单选钮控件的语法格式如下。

```
<asp:RadioButton Id="控件名称" Runat="Server" AutoPostBack="True | False"
Checked="True | False" GroupName="单选按钮组名称" Text="标识控件的文字"
TextAlign="Right|left" OnCheckedChanged="事件过程名"/>
```

单选钮控件的常用属性和事件如下。

① 属性 AutoPostBack：当按钮状态改变时决定页面是否被传回。属性值为 True 时，传回；False 时，不传回。

② 属性 Checked：设置或获取按钮的当前状态。选中时，Checked 值为 True。

③ 属性 GroupName：设置单选按钮组的名称。同组中的按钮只能选中一个。

④ 属性 TextAlign：设置文本的位置在按钮的左边或右边，默认 Right。

⑤ 属性 Text：单选按钮边所显示的文本。

⑥ 事件 CheckedChanged：当单选钮的状态发生变化时触发该事件，前提是 AutoPostBack 属性值为 True；否则，该事件将被延迟。

（4）下拉列表框（DropDownList）控件

下拉列表框控件可以实现单选的下拉列表输入。该控件中有一个文本框，可以在文本框输入字符，其右侧有一个向下的箭头，单击此箭头可以打开一个列表框，可以从列表框选择希望输入的内容。DropDownList 控件的语法与前述的 ListBox 控件类似。

该控件的常用属性、事件如下。

① 属性 Items：存储 DropDownList 中的选项列表内容，是 ArrayList 类对象，元素是字符串。

② 属性 Text 或 SelectedItem：所选择条目的内容，即下拉列表中选中的字符串。如一个也没选，该值为空。

③ 属性 SelectedIndex：编辑框所选列表条目的索引号，列表条目索引号从 0 开始。如果编辑框未从列表中选择条目，该值为–1。

④ 事件 TextChanged：文本框内容改变时发生的事件。

⑤ 事件 SelectedIndexChanged：被选索引号改变时发生的事件。

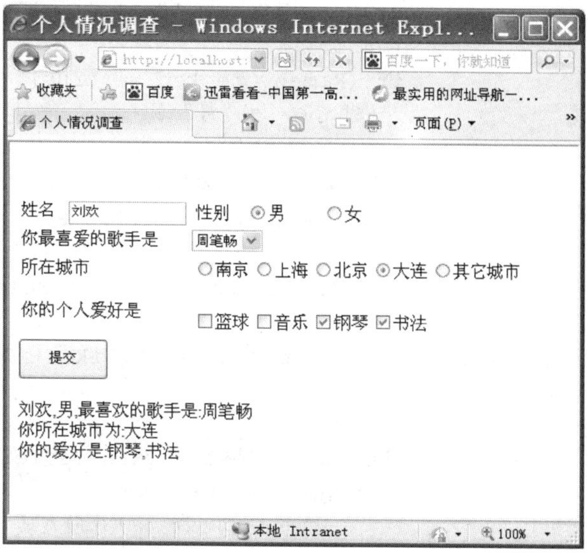

图 3-3　个人情况调查程序

【例 3-3】 个人情况调查程序。

设计一个个人情况调查程序，程序启动后显示的界面如图 3-3 所示，用户在填写了姓名、性别等相关信息后点击“提交”按钮，程序将记录的信息在显示区输出。

程序设计步骤如下。

① 设计 Web 页面　新建一个 ASP.NET Web 应用程序项目，切换到设计视图，在由系统自动创建的 Default.aspx 页面中，创建如下控件，如图 3-3 所示。

一个输入姓名的 TextBox 控件 Txtname；

两个选择性别的 RadioButton 控件 Raman 和 Rawomen；

一个选择歌手的 DropDownList 控件 DropDownList1；

一个选择城市的 RadioButtonList 控件 Radcity；

一个选择爱好的 CheckBoxList 控件 Chklike；

一个提交按钮（Button）控件 Button1；

三个标签(Label)控件 Lblname、Lblhome、Lbl1ike 以及其他一些显示信息的标签控件。

② 设置各控件相关的属性　设置两个 RadioButton 控件的 Text 属性，分别为“男”和“女”，GroupName 属性设置为同一个组名。DropDownList 控件的 Items 属性，分别为各歌手的名字。RadioButtonList 控件的 Items 属性值分别为：南京、上海、北京、大连和其他城市。

③ 编写事件代码。

```
protected void Page_Load(object sender, EventArgs e)
```

```
{
    this.Title = "个人情况调查";
    Txtname.Focus();
 }
protected void Button1_Click(object sender, EventArgs e)
{
    if (Txtname.Text == "")
    {
        Lblname.Text = "<b>姓名不能为空</b>  ";
        return ;
        }
       string strSex = "",strLike = "";
        int i;
        if (Raman.Checked == true)
          {strSex = "男";}
        else
          {strSex = "女";}
        for(i=0;i<=Chklike.Items.Count-1;i++)
        {
            if (Chklike.Items[i].Selected)
            {
                strLike = strLike + Chklike.Items[i].Text + ",";
            }
        }
         Lblname .Text = Txtname.Text +","+strSex +",最喜欢的歌手是:
         "+DropDownList1.Text ;
             Lblhome.Text = "你所在城市为:" + Radcity.Text;
             if (strLike == "")
                {
                    strLike = "真可惜，你没有任何爱好";
                }
                else
                {
                    strLike = strLike.Remove(strLike.Length - 1, 1);
                    strLike = "你的爱好是:" + strLike;
                }
                Lbllike.Text = strLike;
        }
```

3.2.3 其他常用控件

（1）HyperLink 超链接控件

HyperLink 控件用来在 Web 页上创建一个可切换到其他页面或位置的超链接。其语法格式如下。

```
<asp:HyperLink id="控件名称"  NavigateUrl="url"  ImageUrl="url"
Target="window"  runat="server"> 链接文本 </asp:HyperLink>
```

HyperLink 控件的主要属性如下。

① 属性 borderstyle：设置控件边框的样式。

② 属性 Text：为该链接显示的文本。

③ 属性 ImageUrl：设置超链接点的图片源。

④ 属性 NavigateUrl：设置所链接文档的 Url。

⑤ 属性 Target：设置 navigateUrl 的页面显示框架，如 _blank 在没有框架的新窗口中显示链接页。

【例 3-4】 HyperLink 控件的使用方法。

```
<body>
<h3>HyperLink 示例</h3>
点击链接：<br>
<asp:HyperLink id="hyperLink1"
ImageUrl="Sunset.jpg"
NavigateUrl="http://www.163.com"
Text="网易"
Target="_blank"
runat="server"/>
</body>
```

（2）Panel 控件

Panel 控件是一个面板容器，通常用于显示或隐藏一组控件。其语法格式如下。

```
<asp:Panel id="控件名称" BackImageUrl="url" Visible="True|False"
HorizontalAlign="Center|Justify|Left|Not Set|Right"
Wrap="True|False" runat="server">
(其他控件在此定义)
</asp:Panel>
```

Panel 控件的主要属性如下。

① 属性 BackImageUrl：控件内的背景图片地址。

② 属性 HorizontalAlign：文字水平对齐方式。

③ 属性 Wrap：容器中的内容是否可换行。

④ 属性 Visible：设置 Panel 控件及其上的控件是否可见。默认值 True，显示。

【例 3-5】 在 Panel 控件中动态添加其他控件。运行界面如图 3-4 所示。

图 3-4 Panel 控件使用示例

```
<%@ Page Language="C#" AutoEventWireup="True" %>
<html>
<script runat="server">
void Page_Load(Object sender, EventArgs e)
{
for (int i=1; i<=3; i++)
{
Label l = new Label();
l.Text = "Label" + (i).ToString();
l.ID = "Label" + (i).ToString();
Panel1.Controls.Add(l);
```

```
Panel1.Controls.Add(new LiteralControl("<br>"));
TextBox t = new TextBox();
t.Text = "TextBox" + (i).ToString();
t.ID = "TextBox" + (i).ToString();
Panel1.Controls.Add(t);
Panel1.Controls.Add(new LiteralControl("<br>"));
}
</script>
<body>
<form runat="server" ID="Form1">
    <asp:Panel ID="Panel1" runat="server" />
    </form>
</body>
</html>
```

图 3-5　PlaceHolder 控件使用示例

（3）PlaceHolder 控件

PlaceHolder 控件是一个占位容器，用于事先在页面中保留一个位置以便动态地增加控件。其语法格式如下。

```
<asp:PlaceHolder id="控件名称" runat="server"/>
```

PlaceHolder 控件不产生任何可见的输出，仅用作 Web 页上其他控件的容器，有时用于装载用户自定义控件。

【例 3-6】 在 PlaceHolder 控件中动态增加其他控件。运行界面如图 3-5 所示。

```
<%@ Page Language="C#" AutoEventWireup="True" %>
<html>
<script runat="server">
void Page_Load(Object sender, EventArgs e)
{
HtmlButton myButton = new HtmlButton();
myButton.InnerText = "Button 1";
PlaceHolder1.Controls.Add(myButton);
PlaceHolder1.Controls.Add(new LiteralControl("<br>"));
myButton = new HtmlButton();
myButton.InnerText = "Button 2";
PlaceHolder1.Controls.Add(myButton);
PlaceHolder1.Controls.Add(new LiteralControl("<br>"));
TextBox myTextBox = new TextBox();
myTextBox.Text = "This is TextBox";
PlaceHolder1.Controls.Add(myTextBox);
PlaceHolder1.Controls.Add(new LiteralControl("<br>"));
}
</script>
<body>
<form runat="server" ID="Form1">
<h3>PlaceHolder 示例</h3>
<asp:PlaceHolder id="PlaceHolder1" runat="server" />
</form>
```

```
</body>
</html>
```

（4）Table 控件

Table 控件是一个表格控件，它通常与 TableRow、TableCell 控件一起用于建立动态表格。其语法格式如下。

```
<asp:Table id="控件名称"  BackImageUrl="url" CellSpacing="cellspacing"
    CellPadding="cellpadding" GridLines="None|Horizontal|Vertical|Both"
    HorizontalAlign="Center|Justify|Left|NotSet|Right"  runat="server">
    <asp:TableRow>
              <asp:TableCell>
                   Cell text
              </asp:TableCell>
    </asp:TableRow>
</asp:Table>
```

Table 控件的主要属性如下。

① 属性 CellSpacing：表中单元格之间的距离。

② 属性 CellPadding：单元格的边框和内容之间的距离。

③ 属性 BackImageUrl：背景图片。

④ 属性 GridLines：表中显示的网格线的样式。

⑤ 属性 HorizontalAlign: 表格的水平对齐方式。

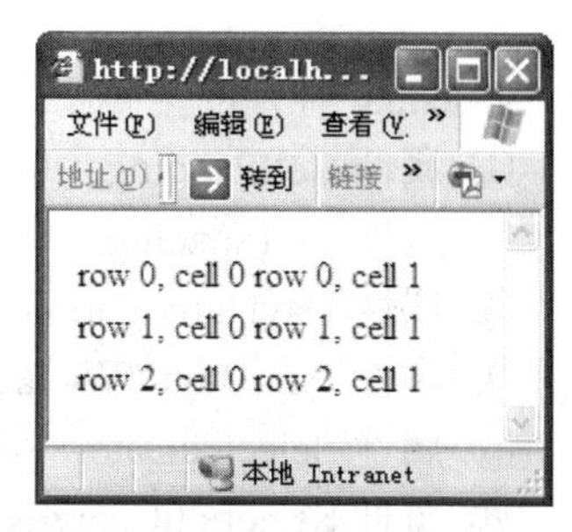

图 3-6　Table 控件的使用

【例 3-7】 利用 Table 控件动态生成具有行和列的二维表格。运行界面如图 3-6 所示。

```
<%@ Page Language="C#" AutoEventWireup="True"%>
<html>
<script runat="server">
void Page_Load(Object sender, EventArgs e)
{
   int numrows = 3;
   int numcells = 2;
   for (int j = 0; j < numrows; j++)
   {
      TableRow r = new TableRow();
      for (int i = 0; i < numcells; i++)
      {
         TableCell c = new TableCell();
         c.Controls.Add(new LiteralControl("row "+ j.ToString() + ",cell "
         + i.ToString()));
         r.Cells.Add(c);
      }
      Table1.Rows.Add(r);
   }
}
</script>
```

```
<body>
    <form id="form1" runat="server">
        <asp:Table ID="Table1" runat="server" />
    </form>
</body>
</html>
```

（5）Calendar 控件

Calendar 控件是一个日历控件，用来在浏览器中显示日历或选择日期。在显示日历时，用户可以选择日期并可转到前、后月份。Calendar 控件具有很多属性，用来设置日历显示的外观、样式等特征，其语法格式如下。

```
<asp:Calendar id="Calendar1" CellPadding="pixels" CellSpacing="pixels"
   DayNameFormat="FirstLetter|FirstTwoLetters|Full|Short"
   FirstDayOfWeek="Default|Monday|Tuesday|Wednesday|
   Thursday|Friday|Saturday|Sunday"
</asp:Calendar>
```

Calendar 控件的主要属性、事件如下。

① 属性 CellPadding：单元格边框与内容之间的距离。单位：像素。

② 属性 CellSpacing：单元格之间的距离。单位：像素。

③ 属性 DayNameFormat：显示周中各天的名称格式。

④ 属性 FirstDayOfWeek：指定每周的第一天。

⑤ 属性 SelectedDate：用来指示所选择的日期。

⑥ 事件 SelectionChanged：当在 Calendar 控件上选择日期时触发以执行相应的处理。

图 3-7 简单计算器的运行界面

3.2.4 综合示例

【例 3-8】 设计一个能实现加减乘除运算的简单计算器。运行界面如图 3-7 所示。

具体设计步骤如下。

（1）建立一个新的 ASP.NET Web 应用程序项目

切换到设计视图，在由系统自动创建的 Default.aspx 页面中，添加一个用于布局的 HTML Table 控件，调整相应的格区分布。

（2）创建如下控件并设置相应的属性（图 3-7）

添加一个 TextBox 控件，属性 ID 为 textBox1，属性 Text 为"0"，属性 ReadOnly 为 true。

增加 10 个 Button 控件，前 9 个按钮属性 ID 分别为：Button1～Button9，最后一个为 Button0，属性 Text 分别为：1，2，3，4，5，6，7，8，9，0。将这 10 个 Button 控件的单击事件函数名设置为 Button0_Click。

增加 7 个 Button 控件，属性 ID 分别为：btn_dot，btn_equ，btn_add，btn_sub，btn_mul，btn_div，btn_C，属性 Text 分别为：.，=，+，–，*，/，C。将 btn_equ、btn_add、btn_sub、 btn_mul、btn_div 这 5 个控件的单击事件函数名设置为 Button_add_Click。

（3）编写事件代码和过程

① Button0_Click 单击事件处理函数如下。

```
private void button0_Click(object sender, System.EventArgs e)
{         if (sender == Button0) append_num(0);
          if (sender == Button1) append_num(1);
          if (sender == Button2) append_num(2);
          if (sender == Button3) append_num(3);
          if (sender == Button4) append_num(4);
          if (sender == Button5) append_num(5);
          if (sender == Button6) append_num(6);
          if (sender == Button7) append_num(7);
          if (sender == Button8) append_num(8);
         if (sender == Button9) append_num(9);
}
```

② 增加自定义过程 append_num(i)如下。

```
public void append_num(int i)
{ if (TextBox1.Text != "0")
        TextBox1.Text += Convert.ToString(i);
else
        TextBox1.Text = Convert.ToString(i);
}
```

③ 为小数点（标题为.）按钮增加事件处理函数如下。

```
private void btn_dot_Click(object sender, System.EventArgs e)
{   int n=textBox1.Text.IndexOf(".");
    if(n==-1)//如果没有小数点，增加小数点，否则不增加
         textBox1.Text=textBox1.Text+".";
}
```

编译，单击数字按钮，在 textBox1 可以看到输入的数字，也可以输入小数。

④ 运算过程的处理　先实现加法，定义一个 Static 类型的浮点型变量 sum，初始值为 0，记录部分和或中间结果。输入第一个加数，然后输入任一运算符（+，–，*，\），首先清除编辑框中显示的第一个加数，才能输入第二个加数。为实现此功能，定义一个 Static 类型的布尔变量 blnClear，初始值为 false，表示输入数字或小数点前不清除编辑框中的显示，输入运算符（+，–，*，\或=）后，blnClear=true，表示再输入数字或小数点先清除编辑框中显示。修改前边程序，输入数字或小数点前，要判断变量 blnClear，如为 true，清除编辑框中显示的内容后，再显示新输入的数字或小数点，同时修改 blnClear=false。

为此修改 append_num 过程代码如下。

```
public void append_num(int i)
{   if(blnClear)//如果准备输入下一个加数，应先清除 textBox1 显示内容
    {   textBox1.Text="0";//阴影部分为新增语句
        blnClear=false;
    }
    if (TextBox1.Text != "0")
        TextBox1.Text += Convert.ToString(i);
   else
```

```
        TextBox1.Text = Convert.ToString(i);
    }
```

修改 btn_dot_Click 事件代码如下。

```
private void btn_dot_Click(object sender, System.EventArgs e)
{   if(blnClear) //如果准备输入下一个数，应先清除 textBox1 显示内容
    {   textBox1.Text="0";//阴影部分为新增语句
        blnClear=false;
    }
    int n=textBox1.Text.IndexOf(".");
    if(n==-1)//如果没有小数点，增加小数点，防止多次输入小数点
        textBox1.Text=textBox1.Text+".";
}
```

为了实现要执行的运算方式，定义一个 Static 类型的字符串变量 strOper，记录输入的运算符，初始值为""。当进行加运算时，strOper 的值为"+"。当进行乘运算时，strOper 的值为"*"。定义事件处理函数 Button_add_Click 如下。

```
protected void Button_add_Click(object sender, EventArgs e)
        {   double dbSecond = Convert.ToDouble(TextBox1.Text);
            if (!blnClear)//如果未输入第二个操作数，不运算
                switch (strOper)//按记录的运算符号运算
                {
                    case "+":
                        sum += dbSecond;
                        break;
                    case "-":
                        sum -= dbSecond;
                        break;
                   case "*":
                        sum *= dbSecond;
                        break;
                   case "/":
                        sum /= dbSecond;
                        break;
                }
            if (sender == Button_add)  //根据选择的运算按钮记录运算符
                strOper = "+";
            if (sender == Button_equ)
                strOper = "=";
            if (sender == Button_sub)
                strOper = "-";
            if (sender == Button_mul)
                strOper = "*";
            if (sender == Button_div)
                strOper = "/";
            TextBox1.Text = Convert.ToString(sum);
            blnClear = true;
        }
```

⑤ 为标题为"C"的按钮增加事件函数如下。

```
private void btn_C_Click(object sender, System.EventArgs e)
{       textBox1.Text="0";
        sum=0;
        blnClear=false;
        strOper="+";
}
```

【例 3-9】 设计一个加减运算能力测试程序。

设计一个可以测试用户加减运算能力的程序，题目按小组方式自动随机生成。每组的题目数量、运算方式和每题的答题时限可由用户自已设定，开始答题后用户根据算式输入答案，在规定的时间（读秒）里答题，核定对错或超时后继续答题，直到每组题目做完或点“结束”按钮完成一次做题并显示正确率结果。程序运行界面如图 3-8 所示。

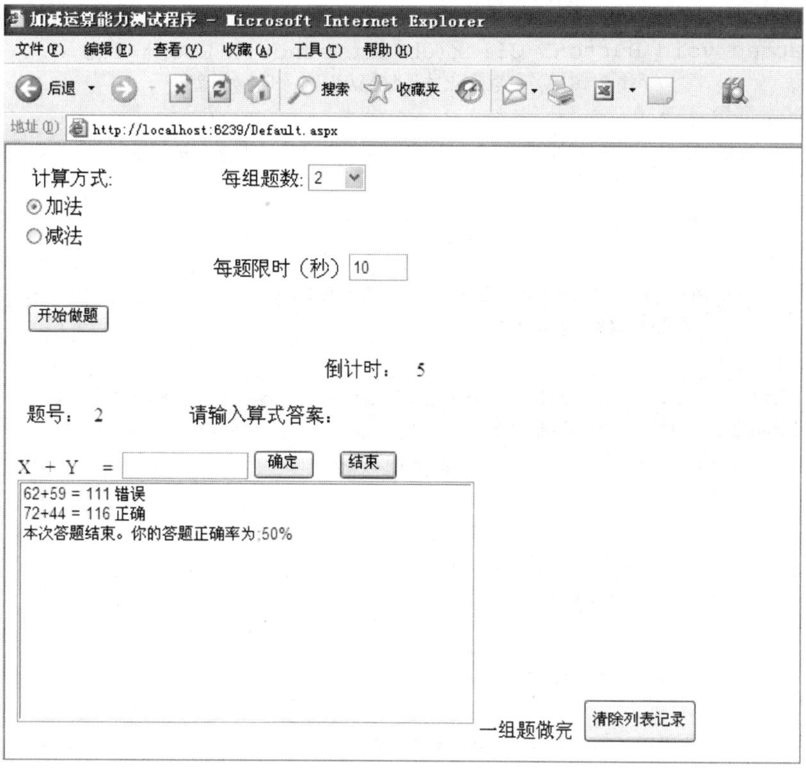

图 3-8 加减运算能力测试程序的运行页面

程序设计的主要过程如下。

① 建立一个新的 ASP.NET Web 应用程序项目。切换到设计视图，在由系统自动创建的 Default.aspx 页面中，按照图 3-8 所示，创建相应控件，调整相应的大小与布局。

② 设置各控件相应的属性。各控件属性的设置见图 3-8。计算方式控件 RadioButtonList1，每组题数控件 DropDownList1，每题限时控件 TextBox2，开始做题按钮 Button3，算式答案控件 TextBox1，“确定”按钮 Button1，“结束”按钮 Button2，“清除列表记录”按钮 Button4，判断计算结果控件 ListBox1。这里还用到定时器 Timer 控件（Timer1 为基准一秒定时器，Timer2 为答题刷新 200ms 定时器）和脚本管理器 ScriptManage 控件。

③ 编写事件脚本代码。

```
protected void Page_Load(object sender, EventArgs e)
```

```
        {
            if (!IsPostBack )    //首次加载初始化
            {
                num = 0;
                gnum = 0;
                Timer1.Enabled = false; Timer2.Enabled = false;
                Timer1.Interval  = 1000;
                Label1.Text = "X";
                Label2.Text = "Y";
                Label5.Text = "题号: ";
                Label6.Text = "10";
            }
        }
    protected void Button1_Click(object sender, EventArgs e)
       { try       //输入算式答案后点击“确认”按钮的处理
          {
           if (TextBox1.Text.Trim() == "")  //输入为空时
           {
            Label3.Text = "请输入答案:";
            }
            else if (Convert.ToInt16(TextBox1.Text.Trim()) == z)
              //检查结果是否正确
             {
         ListBox1.Items.Add(Label1.Text + mode + Label2.Text + " = "
    + TextBox1.Text + " 正确");
            zqs = zqs + 1;   // 正确题数加 1
             }
             else
       ListBox1.Items.Add(Label1.Text + mode + Label2.Text + " = "
   + TextBox1.Text + " 错误");
        }
       catch ( FormatException e1)
            {
                Label3.Text = e1.Message + "数据类型错, 重新输入";
                return;
            }
                TextBox1.Text = "";
                Label1.Text = "X";
                Label2.Text = "Y";
                Label3.Text = " ";
                Timer1.Enabled = false;
                probnext();
        }
    protected  void  RadioButtonList1_SelectedIndexChanged(object  sender,
EventArgs e)
        {
            for (int i = 0; i < RadioButtonList1.Items.Count; i++)
            {
```

```
            if (RadioButtonList1.Items[i].Selected == true)
            {
                mode = RadioButtonList1.Items[i].Value;
                Label4.Text = mode;
            }
        }
    }
protected void Button2_Click(object sender, EventArgs e)
  {
        double  res = (zqs*100)/num ;  //做题结束，计算正确率
        res = Math.Round(res , 1);
        ListBox1.Items.Add(" 本次答题结束。"+"你的答题正确率为；" +
(res).ToString()+"%");
        Timer1.Enabled = false;
        zqs = 0; num = 0;
        gnum = 0;
  }
 protected void Button3_Click(object sender, EventArgs e)
  {                          // 小组答题开始按钮的点击事件处理代码
        TextBox1.Text = "";
        Label1.Text = "X";
        Label2.Text = "Y";
        Label3.Text = " ";
        Label6.Text  = TextBox2.Text;  //初始化倒计时秒数显示标签
        for (int i = 0; i < RadioButtonList1.Items.Count; i++)
          {
             if (RadioButtonList1.Items[i].Selected == true) //确定当前计算模式
              {
                 mode = RadioButtonList1.Items[i].Value;
              }
          }
          switch (mode)
          {
             case "+": Label4.Text = "+"; z = x + y; break;
             case "-": Label4.Text = "-"; z = x - y; break;
          }
        probnext();     //产生一个新算式
  }
 protected void Timer1_Tick(object sender, EventArgs e)
    {
        int scount;        //一秒倒计时时间到
        scount = int.Parse(Label6.Text);
        if (scount > 0)     //未减到零时，倒计时显示标签减1
         {
           scount = scount - 1;
           Label6.Text = scount.ToString();
         }
```

```
        Else
          {       //倒计时秒数为 0，做题超过时限
           Label3.Text = "timer out";
           Timer1.Enabled = false;
           ListBox1.AutoPostBack = true;
         ListBox1.Items.Add(Label1.Text + mode + Label2.Text + " = " +
TextBox1.Text + " 超时");
           ListBox1.SelectedIndex = 0;    //在列表中添加超时记录
           probnext();
           Timer2.Interval = 200;
           Timer2.Enabled = true;     //输入答案的显示刷新定时 200ms
           Button1.Enabled = true ;
          }
      }
    protected void Timer2_Tick(object sender, EventArgs e)
      {
           Timer2.Enabled = false;
      }
    protected void probnext()
     {          // 产生下一算题自定义函数 probnext()
        gnum = (gnum + 1) % (Convert.ToInt16(DropDownList1.Text)+1);
        if (gnum == 0)  //小组计数满了，暂停等待做下一组
         {
           Label3.Text = "一组题做完";
           Timer1.Enabled = false;
           return;
         }
       num = num + 1;     //做题序号加 1
        m = new Random();   // 产生新的随机数
        x = m.Next(100);
         y = m.Next(100);
        Label1.Text = x.ToString();
        Label2.Text = y.ToString();
        Label5.Text = " 题号:  " + num.ToString();
        Label6.Text = TextBox2 .Text ;
        TextBox1.Text = "";
        TextBox1.Focus();
        Timer1.Enabled = true;
        Button1.Enabled = true;
     }
```

3.3 验证控件

3.3.1 数据验证控件概述

数据验证控件是 ASP.NET 的一个利器，它使得用户输入的数据在提交到服务器之前得到验证，防止非法数据的入侵，减轻网络的负担。验证控件是一个控件集合，使用验证控件可

以验证输入服务器控件（如 TextBox）或选择服务器控件（如 ListBox）中数据的空值、范围和格式等，当验证失败时，显示自定义的错误信息。验证控件验证的是 TextBox 控件的 Text 属性值和 ListBox，DropDownList，RadioButtonList 控件的 SelectedItem.Value 属性值。 当网页有提交发生，首先启动验证控件的验证功能，各验证控件检验它所要验证的控件内的数据，只有当页面上所有的验证通过验证后，网页才会被提交至服务器进行处理。

使用验证控件通常不需要编写程序代码，只要简单地设置控件的几个属性就能完成以前需要非常复杂的程序代码才能完成的验证工作，这也是 ASP.NET 功能丰富的体现。需要验证的数据千差万别，目前的验证控件不可能满足所有的验证要求，因此允许程序员自定义验证。可以通过设置提交控件（Button，ImageButton 和 LinkButton 控件）的 CausesValidation 属性来确定当它被单击时是否激发验证控件的验证行为。当某个提交控件的单击事件处理程序并非为了将数据传送给服务器时（例如“取消”等），将其 CausesValidation 属性设置为 false 可避免引发验证，便能顺利实现“取消”。

3.3.2 非空验证（RequiredFieldValidator）控件

RequiredFieldValidator 控件用于验证输入控件或选择控件的值是否为空，当为空时验证失败。其语法格式如下。

```
<asp:RequiredFieldValidator id="控件名称"  runat="server"
ControlToValidate=" TextBox1"></asp:RequiredFieldValidator>
```

该标记的控件用来验证文本框 TextBox1 的 Text 属性非空。

非空验证控件常用属性如下。

ControlToValidate 属性：非空验证控件控件所要验证的对象控件，它必须是输入控件的 ID，该输入控件与验证控件必须在同一容器中。

ErrorMessage 属性：验证失败时的错误提示信息。

IsValid 属性：用于判断输入控件是否通过验证，验证通过时为 true，否则为 false。

Text 属性：设置验证控件的文本。当同时设置了 ErrorMessage 属性和 Text 属性时，验证失败时将显示 Text 属性的内容。这时 ErrorMessage 属性设置的错误信息可以在 ValidationSummary 控件中显示出来。

以上属性都可以在验证控件的属性窗口中直接指定。

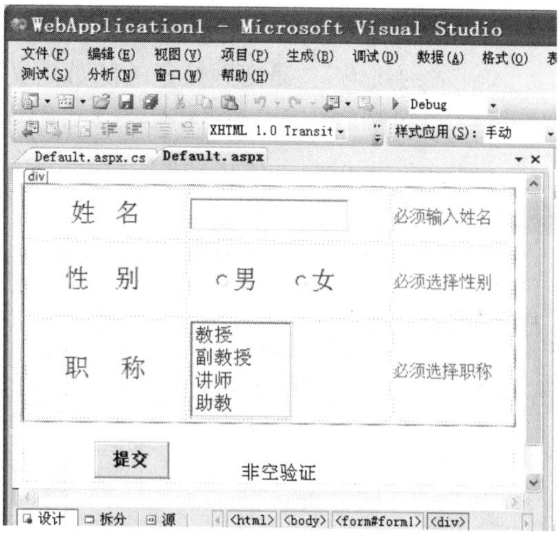

【例 3-10】 非空验证示例。

本示例在数据输入页面中通过三个 RequiredFieldValidator 控件分别对用户输入的姓名（TextBox 控件）、性别（ RadioButtonList 控件）和职称（ListBox 控件）字段进行非空验证。界面设计视图如图 3-9 所示。

图 3-9　非空验证设计视图

① 页面的主要 HTML 标记。

```
<form id="Form1" method="post" runat="server">
    <asp:Label id="Label1" runat="server">非空字段验证示例</asp:Label>
```

```
    <asp:Label id="Label2" runat="server">请输入或选择数据</asp:Label>
    <asp:Label id="Label3" runat="server">姓名</asp:Label>
    <asp:TextBox id="TextBox1" runat="server"></asp:TextBox>
    <asp:RequiredFieldValidator id="RequiredFieldValidator1" runat="server"
        ErrorMessage="必须输入姓名" ControlToValidate="TextBox1">
    </asp:RequiredFieldValidator>
<asp:Label id="Label4" runat="server">性别</asp:Label>
<asp:RadioButtonList id="RadioButtonList1"runat="server" >
    <asp:ListItem Value="1">男</asp:ListItem>
    <asp:ListItem Value="2">女</asp:ListItem>
</asp:RadioButtonList>
    <asp:RequiredFieldValidator id="RequiredFieldValidator2" runat="server"
    ErrorMessage="必须选择性别" ControlToValidate= "RadioButtonList1">
    </asp:RequiredFieldValidator>
<asp:Label id="Label5" runat="server">职称</asp:Label>
       <asp:ListBox id="ListBox1"runat="server">
        <asp:ListItem Value="教授">教授</asp:ListItem>
        <asp:ListItem Value="副教授">副教授</asp:ListItem>
        <asp:ListItem Value="讲师">讲师</asp:ListItem>
        <asp:ListItem Value="助教">助教</asp:ListItem>
    </asp:ListBox>
 <asp:RequiredFieldValidator id="RequiredFieldValidator3" runat= "server"
ErrorMessage="必须选择职称" ControlToValidate="ListBox1">
</asp:RequiredFieldValidator>
<asp:Button id="Button1"runat="server" Text="提交"></asp:Button>
 <asp:Label id="LabelMessage" runat="server" ></asp:Label>
</form>
```

请读者注意HTML代码中3个验证控件与其验证的输入控件间的对应关系。

② 后台代码 “提交”按钮的函数定义如下。

```
private void Button1_Click(object sender, System.EventArgs e)
{
        LabelMessage.Text="页面数据已通过验证";
    //以下编写对数据提交后的处理代码
    }
```

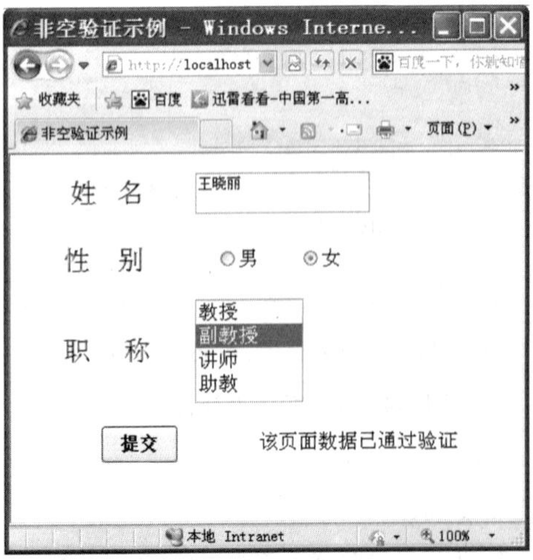

图 3-10 非空验证示例的运行

③ 程序的运行 程序运行结果如图3-10所示，若未输入或选择数据，对应的验证控件会显示错误信息。若在输入控件中输入或选择了数据，页面上所有数据都验证成功后，点击“提交”按钮显示“该页面数据已通过验证”的信息。

3.3.3 比较验证（CompareValidator）控件

比较验证控件可以验证输入控件值的数据类型，也可以将两个输入控件的值进行比较而实现验证目的。其语法格式如下。

（1）用于验证数据的日期类型时

```
<asp:CompareValidator id="控件名称"  runat="server"
    ErrorMessage="非法日期数据！"  Type= "Date"
    ControlToValidate="TextBox1"  Operator="DataTypeCheck">
  </asp:CompareValidator>
```

（2）用于比较两个输入控件的值时

```
<asp:CompareValidator id="控件名称"  runat="server"
    ErrorMessage="错误提示信息！"  Type="Double"
    ControlToValidate="TextBox1"   Operator="GreaterThan"
    ControlToCompare="TextBox2">
</asp:CompareValidator>
```

CompareValidator 控件的常用属性如下。

① 属性 ControlToValidate：所要验证的控件 ID。

② 属性 ControlToCompare：要进行比较的控件 ID。

③ 属性 ErrorMessage：验证失败时的错误提示信息。

④ 属性 Type：要验证的数据类型，可作如下选择。

- String:字符串类型，此为默认。
- Integer:整型。
- Double:实型。
- Date:日期型。
- Currency:货币型。

⑤ 属性 Operator：比较操作符，可作如下选择。

- Equal：等于。
- NotEqual：不等于。
- GreaterThan：大于。
- GreaterThanEqual：大于等于。
- LessThan：小于。
- LessThanEqual：小于等于。
- DataTypeCheck：数据类型检查。

⑥ 属性 ValueToCompare：指定进行比较的常量值。

3.3.4 范围验证（RangeValidator）控件

范围验证控件用来对输入控件中的数据进行范围验证，例如工资有一定的范围，不能为 0 或负数，出生日期不可能是当前日期之后的日期等，使用 RangeValidator 控件来验证是很方便的事情。其语法格式如下。

```
<asp:RangeValidator id="RangeValidator1" runat="server"
    ErrorMessage="工资超出范围" ControlToValidate="TextBoxPay"
    Type="Double"    MinimumValue="0"    MaximumValue="10000">
 </asp:RangeValidator>
```

范围验证控件常用属性如下。

① 属性 ControlToValidate：所要验证的控件 ID。

② 属性 ErrorMessage：验证失败时的错误提示信息。

③ 属性 Type：要验证的数据类型。

④ 属性 MinimumValue：数据有效范围的最小值。

⑤ 属性 MaxmumValue：数据有效范围的最大值。

以上述 RangeValidator1 控件为例，它用来验证一个输入工资的 TextBox 控件（ControlToValidate="TextBoxPay"）的数据范围，数据类型为双精度型（Type="Double"），其下限为 0（MinimumValue="0"），上限为 10000（MaximumValue="10000"），当验证失败时显示错误信息“工资超出范围”（ErrorMessage="工资超出范围"）。

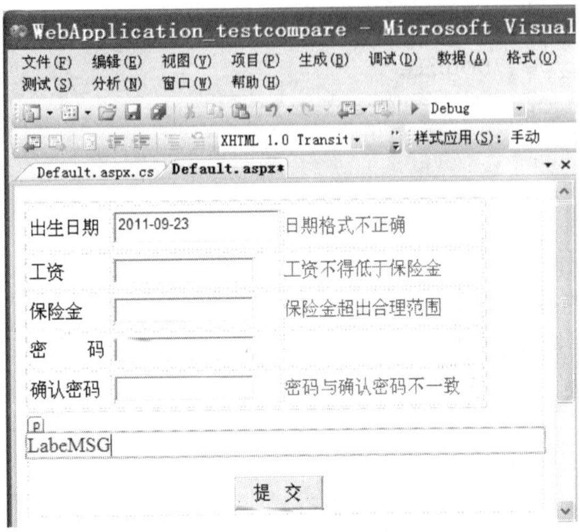

【例 3-11】 数据比较和范围验证示例。

这个示例提供用户一个信息输入页面，要求输入的字段有出生日期、工资、保险金、密码和确认密码。程序需要验证日期数据的日期类型，工资不得低于保险金，密码与确认密码必须相同。这三个要求分别使用三个 CompareValidator 控件来验证，保险金的输入范围由一个 RangeValidator 控件来验证。界面设计如图 3-11 所示。

图 3-11 数据比较和范围验证设计视图

① 页面主要 HTML 标记。

```
<form id="Form1" method="post" runat="server">
    <asp:Label id="Label2" runat="server">出生日期</asp:Label>
    <asp:TextBox id="TextBoxBirthday" runat="server" ></asp:TextBox>
<asp:CompareValidator id="CompareValidator1" runat="server"
ErrorMessage="非法的日期数据" Type="Date"
ControlToValidate="TextBoxBirthday" Operator="DataTypeCheck">
</asp:CompareValidator>
<asp:Label id="Label3" runat="server">工资</asp:Label>
    <asp:TextBox id="TextBoxPay" runat="server"></asp:TextBox>
<asp:CompareValidator id="CompareValidator2" runat="server"
ErrorMessage="工资不得低于保险金" ControlToCompare="TextBoxInsurance"
ControlToValidate="TextBoxPay" Operator="GreaterThan" Type="Double">
</asp:CompareValidator>
<asp:Label id="Label4" runat="server">保险金</asp:Label>
    <asp:TextBox id="TextBoxInsurance" runat="server"></asp:TextBox>
<asp:RangeValidator ID="RangeValidator1" runat="server"
ErrorMessage="保险金超出合理范围"
    ControlToValidate="TextBoxInsurance" MaximumValue="5000" MinimumValue=
    "200" Type="Integer">
</asp:RangeValidator>
<asp:Label id="Label5" runat="server">密码</asp:Label>
    <asp:TextBox id="TextBoxPass1" runat="server" TextMode="Password">
    </asp:TextBox>
<asp:Label id="Label6" runat="server">确认密码</asp:Label>
```

```
        <asp:TextBox id="TextBoxPass2" runat="server"
      TextMode="Password"></asp:TextBox>
<asp:CompareValidator id="CompareValidator3" runat="server"
ErrorMessage="密码与确认密码不一致"
ControlToCompare="TextBoxPass1"
ControlToValidate="TextBoxPass2">
</asp:CompareValidator>
<asp:Button id="Button1" runat="server" Text="提交"></asp:Button>
<asp:Label id="LabelMessage" runat="server" ></asp:Label>
</form>
```

② 后台代码　为“提交”按钮的单击写了一行代码。

```
Private void Button1_Click(object sender, System.EventArgs e)
 {
    LabelMessage.Text="页面数据已通过验证";
    //以下编写对数据提交后的处理代码
}
```

③ 程序的运行　本示例程序的运行界面如图 3-12 所示，比较和范围验证控件会对用户输入的数据进行验证，未通过验证时显示出错信息，通过验证后提交时显示“页面数据已通过验证”的提示信息。

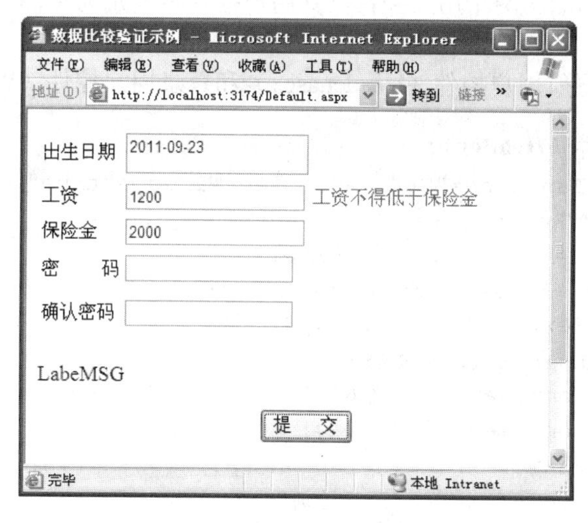

图 3-12　数据比较范围验证示例的运行

从以上示例可以看出，用验证控件实现数据验证非常简单，几乎不需编写程序代码。当然，数据提交后需要一些处理代码，例如插入到数据库等操作。在后面的例子中会有完整的处理。

3.4　用户控件

3.4.1　用户控件简介

用户控件（User Control）是一种自定义的组合控件，通常由系统提供的可视化控件组合而成。当多个网页包括有部分相同的用户界面时，可以将这些相同的部分提取出来做成用户控件。在用户控件中不仅可以定义显示界面，还可以设置属性和编写事件处理代码。用户控件提供了一个面向对象的编程模型，可以把网页中经常用到的，且使用频率高的程序由用户控件封装起来，以便在其他网页中使用，以此提高代码的重用性和程序开发效率。

3.4.2 用户控件的创建

创建用户控件与创建普通 ASP.NET Web 页面类似，但它们会有些不同。下面列举了创建用户控件必须采取的主要步骤。

① 创建一个扩展名为.ascx 的文本文件。这是用户控件和 ASP.NET Web 页面的第一个不同点，后者使用的扩展名为.aspx。

② 在文本文件顶部添加@Control 指令，并通过 Language 属性来设置所选择的编程语言，例如 C#。这是用户控件和 Web 页面的第二个不同点。后者使用@Page 指令而不是@Control。

③ 向文本文件添加 HTML 标记文本和 ASP.NET 服务器控件。可以添加除 html、body 和 form 之外的任何 HTML 标记。这是因为用户控件不能单独使用，而必须作为 Web 页面的一部分使用。

上述过程可在“添加新项”时选择“Web 用户控件”来完成。举例而言，设计具有网站导航功能和用户登录功能的两个用户控件，其用户控件名分别为 Header 和 WebUserLogin，如例 3-12 所示。

【例 3-12】 创建导航用户控件（Header.ascx）和登录用户控件（WebUserLogin.ascx）。

（1）导航用户控件（Header）

```
<%@ Control Language="C#" AutoEventWireup="true" CodeFile="Header.ascx.cs" Inherits="Header" %>
<script language="C#" runat="server">
   protected void Page_Load(object sender, EventArgs e)
   {   Label1.Text = "ASP.NET2.0 学习网站";
       Label1.Font.Size = 24;
       Label1.Font.Name = "黑体";
       LinkButton1.Text = "首页";
       LinkButton1.PostBackUrl = "http://www.default.com";
       LinkButton2.Text = "课程培训";
       LinkButton2.PostBackUrl = "http://www.education.com";
       LinkButton3.Text = "学习资源";
       LinkButton3.PostBackUrl = "http://www.data.com";
       LinkButton4.Text = "学员注册";
       LinkButton4.PostBackUrl = "http://www.register.com";
       LinkButton5.Text = "帮助";
       LinkButton5.PostBackUrl = "http://www.help.com";
   }
</script>
<table style="width:100%;">
  <tr>
     <td colspan="5">
        <asp:Label ID="Label1" runat="server" Text="Label"></asp:Label>
     </td>
```

```
    </tr>
    <tr>
        <td class="style1">
          <asp:LinkButton ID="LinkButton1" runat="server">
             LinkButton</asp:LinkButton>
        </td>
        <td class="style2">
           <asp:LinkButton ID="LinkButton2" runat="server">
             LinkButton</asp:LinkButton>
        </td>
        <td class="style3">
           <asp:LinkButton ID="LinkButton3" runat="server">
             LinkButton</asp:LinkButton>
        </td>
        <td class="style3">
           <asp:LinkButton ID="LinkButton4" runat="server">
             LinkButton</asp:LinkButton>
         </td>
        <td>
            <asp:LinkButton ID="LinkButton5" runat="server">
             LinkButton</asp:LinkButton>
        </td>
    </tr>
    <tr>
        <td colspan="5"> </td>
    </tr>
</table>
```

（2）登录用户控件（WebUserLogin）

```
<%@ Control Language="C#" AutoEventWireup="true" CodeFile="WebUserLogin.
ascx.cs" Inherits="WebUserLogin" %>
<asp:Panel ID="Panel1" runat="server" BorderStyle="Double" Height="102px"
    Width="211px">
    <table style="width: 50%;">
        <tr>
            <td class="style1">
                用户名称:</td>
            <td>
                <asp:TextBox ID="TextBox1" runat="server"
                style="margin-left: 5px" Width="106px"></asp:TextBox>
            </td>
        </tr>
        <tr>
            <td class="style1">
                登录密码: </td>
            <td>
                <asp:TextBox ID="TextBox2" runat="server"
```

```
                style="margin-left: 5px" Width="107px"></asp:TextBox>
            </td>
        </tr>
        <tr>
            <td class="style1">
                <asp:Button ID="Button1" runat="server" Text="提交"
                Width="75px" />
            </td>
            <td align="center">
                <asp:Button ID="Button2" runat="server" Text="重置"
                Width="75px" />
            </td>
        </tr>
    </table>
</asp:Panel>
```

登录用户控件的设计界面如图 3-13 所示。

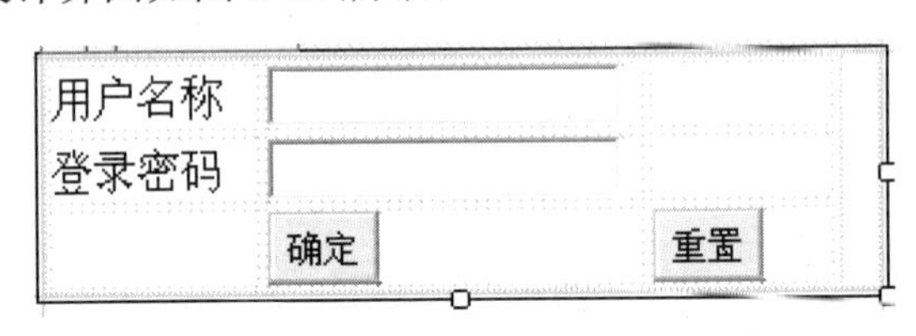

图 3-13 登录用户控件的设计界面

3.4.3 用户控件的使用

在 Web 页面中使用用户控件是非常容易的，具体步骤如下。

① 使用@Register 指令注册用户控件，然后设置该指令的 TagPrefix、TagName 和 Src 属性为标记前缀、标记名和包含用户控件的.ascx 文件路径。只要标记前缀属性（TagPrefix）和标记名属性（TagName）组成页面中唯一的对，就可以将这两个属性设置为任何有效的字符串值。

② 使用标记其前缀和标记名声明表示用户控件的标记。由于用户控件是一个服务器控件，因此必须设置 runat 属性值。

例 3-13 中包含了使用导航（Header）和登录（WebUserLogin）用户控件的 Web 页面。

【例 3-13】 创建具有导航和用户登录功能的 Web 页面。

（1）页面 HTML 标记

```
<%@ Page Language="C#" AutoEventWireup="true" CodeFile="Default.
aspx.cs" Inherits="_Default" %>
<%@ Register src="Header.ascx" tagname="Header" tagprefix="uc1" %>
<%@ Register src="WebUserLogin.ascx" tagname="WebUserLogin" tagprefix=
"uc2" %>
<!DOCTYPE html PUBLIC "-//W3C//DTD XHTML 1.0 Transitional//EN"
"http://www.w3.org/TR/xhtml1/DTD/xhtml1-transitional.dtd">
<html xmlns="http://www.w3.org/1999/xhtml">
<head runat="server">
```

```
    <title>无标题页</title>
</head>
<body>
    <form id="form1" runat="server">
    <div>

    </div>
    <asp:PlaceHolder ID="PlaceHolder1" runat="server"></asp:PlaceHolder>
    <asp:Table ID="Table1" runat="server" Width="143px">
        <asp:TableRow runat="server">
            <asp:TableCell runat="server">最新新闻</asp:TableCell>
        </asp:TableRow>
        <asp:TableRow runat="server">
            <asp:TableCell runat="server">培训消息</asp:TableCell>
        </asp:TableRow>
    </asp:Table>
    <table style="width: 100%; height: 111px;">
        <tr>
            <td colspan="3">
                <uc2:WebUserLogin ID="WebUserLogin1" runat="server" />
            </td>
        </tr>
        <tr>
            <td colspan="3">
                <asp:Label ID="Label1" runat="server" Text="Label"> </asp:Label>
            </td>
        </tr>
        <tr>
            <td>
                 </td>
            <td>
                 </td>
            <td>
                 </td>
        </tr>
    </table>
    </form>
</body>
    </html>
```

（2）后台代码

```
public partial class _Default : System.Web.UI.Page
{
    protected void Page_Load(object sender, EventArgs e)
    {
        Control head = LoadControl("header.ascx");
        this.Title = "使用用户控件";
```

```
        Label1.Text = "使用用户控件制作的Web页面导航栏";
        Label1.Font.Name = "楷体_GB2312";
        Label1.Font.Size = 18;
        PlaceHolder1.Controls.Add (head);
       }
   }
```

使用这两个用户控件设计的网站主页面运行结果如图3-14所示。

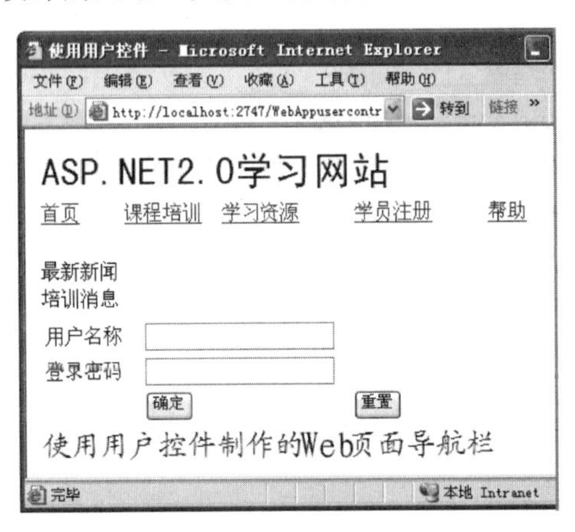

图3-14 用户控件示例的运行页面

本 章 小 结

控件是一种可重用的组件或对象，它们有自己的外观和各自的属性和方法，是构成Web用户页面的主要元素。本章主要讲述了一些常用Web服务器控件的基本属性和方法，并对其应用给出了相应的示例。利用这些控件可以让开发人员快捷地设计程序用户界面，构造功能丰富、结构良好的程序系统。

习 题 3

3-1 为小学生设计一个用于100以内的加、减法练习的程序，程序启动后可自行产生两个100以内的随机整数，并在屏幕上列出指定的加法或减法算式，用户输入算式的答案后点击“确认”按钮，程序将核对答案并将记录答题结果，重复出题直到用户点击“结束”按钮时显示：答题数、正确数、错误数和得分。

3-2 设计一个学生信息调查表。要求内容包含学号、姓名、性别、出生年月日、出生地、家庭住址。当数据填写完成后，单击“确定”按钮，将输入的信息在页面上显示出来。单击“重置”按钮，实现输入重置。

3-3 使用用户控件设计一个注册界面。具体要求如下。

（1）用户控件公开Username和Password两个属性，在界面中接受用户输入的用户名和密码并提交。通过验证时在页面中显示公开属性的值。

（2）使用验证控件对用户输入的数据进行验证（用户名、密码不能为空，两次密码输入必须相同），验证失败时显示出错提示信息。

第4章 ASP.NET 内置对象

.NET Framework 是 VS.NET 的对象框架类库，它包含了数千个可重用的类型集合，除了前面介绍的大量 Web 服务器控件，还有一些系统内置对象，如 Response、Request 等，这些对象可以用来向浏览器发送信息和检索浏览器的请求信息，还可以存储服务器和客户端的有关信息，它们可以帮助用户快捷、有效地完成 Web 应用程序的设计。

4.1 ASP.NET 内置对象简介

ASP.NET 早期版本就有了一些基本的内置对象，而在 ASP.NET2.0 中，这些对象是由.NET Framework 中封装好的类来实现的，它们在页面初始化请求时自动创建，所以可在程序的任何地方调用而无需实例化操作。内置对象可分为客户端对象和服务器端对象两类，客户端对象的数据存储于客户端，当页面提交时，随同页面一起提交至服务器，这样的对象可以节省服务器资源的开销，但会增加网络传输负担。服务器对象的数据存储于服务器，其访问速度快，但过多的服务器资源开销可能导致服务器资源的枯竭，损害程序的运行环境。

ASP.NET 的客户端对象包括视图状态、隐藏字段、查询字符串和 Cookie，使用这些对象服务于单个页面是很方便的。服务器端对象包括 Application、Session、Cache、Response 和 Server 等，这些对象对于整个应用或各个客户端内部共享数据十分有效。

先介绍一下 Page 对象，它由 Sytem.Web.UI 命名空间中的 Page 类来实现，与扩展名为.aspx 的文件相关联，编译后生成 Page 对象并缓存在服务器内存中。在访问 Page 对象的属性时可以使用 this 关键字表示当前代码类的特定实例。Web 页面的生命周期主要经历初始化、加载、呈现和卸载四个阶段，Page 对象的生命周期与之相对应。

（1）Page 对象的主要属性

属性 IsPostBack：指示是否为回发加载页面。

属性 IsValid：指示页面是否通过验证。

属性 Control：表示页面中的对象集合，对于一个空白 Web 窗体来说，该集合仅包含一个 HTMLForm 对象。

（2）Page 对象的常用事件

事件 Init：页面初始化时触发。

事件 Load：页面加载时触发，可能首次和回发多次。

例 4-1 给出了这两个事件处理过程的不同。

【例 4-1】 Page 对象的 Load 事件与 Init 事件的比较。

设计一个 Web 应用程序，向页面中添加两个列表控件 ListBox1、ListBox2 分别对应在 Load 事件和 Init 事件中增加的显示项，一个按钮控件和文本框控件 Textbox 作为引起页面回发加载的事件源。

页面初次加载后，如图 4-1 所示，两个事件列表框中显示的信息完全相同，但单击按钮或文本框输入信息而回车后页面都会由回发引起多次加载，可以看到在页面加载 Page_load 事件中填充的列表项出现了重复，而在页面的初始化 Page_Init 事件中的列表项同初始化时一样，如图 4-2 所示。

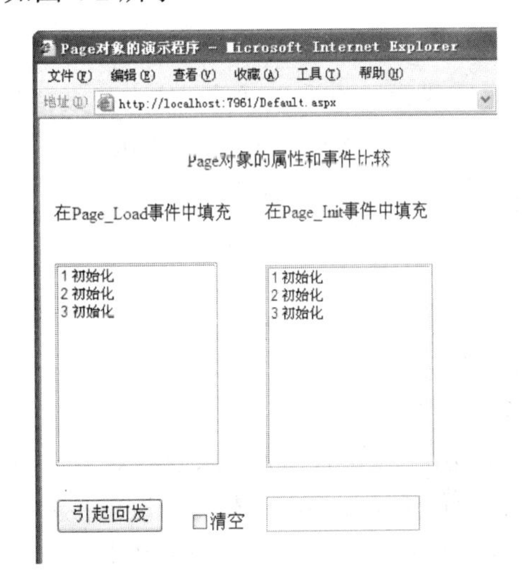

图 4-1 页面初次加载时情况

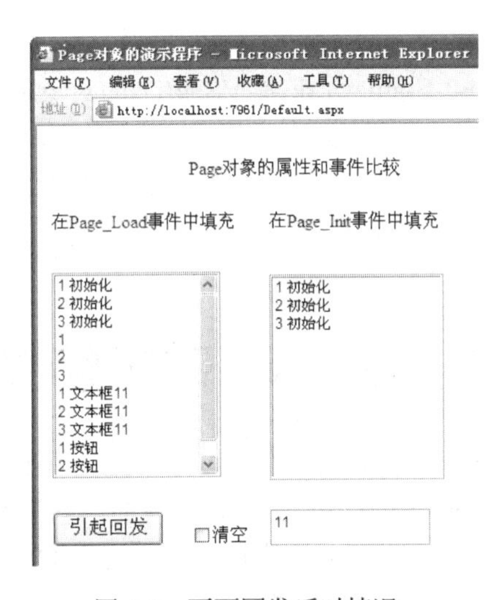

图 4-2 页面回发后时情况

程序设计步骤如下。

① 设计 Web 页面新建一个项目，模板类型为 ASP.NET Web 应用程序，切换到“设计”视图，在默认页面 Default.aspx 中添加一个用于布局的 HTML 表格，调整表项分区后添加需要的控件，并适当调整各控件的大小及位置。设计的页面如图 4-1 所示。

② 设置对象属性 将按钮控件的 Text 属性设置为“引起回发”，其他各控件的初始属性均为默认值。

③ 编写事件代码 Page 对象的 Page_load 事件过程框架在代码页已自动生成，按钮 Button1 的点击事件和文本框 TextBox1 的更新事件都可在双击控件后填写代码。但 Page 对象的 Init 事件需要在代码窗口的其他过程之外，手工输入如下代码。

```
protected void Page_Init(object sender, EventArgs e)
 {
    for (int i = 1; i < 4; i++)     //循环生成 3 个数 i=1, 2, 3
      {
        if (!IsPostBack)//页面初始化时 Page 对象的 IsPostBack 属性值为 false
          ListBox2.Items.Add(i.ToString() + "初始化");
        else
          ListBox2.Items.Add(i.ToString());
```

```
        }
    }
```

在Page_Load代码段之前要添加一个静态全局变量s_obj用来记录引起回发的控件对象，页面初始化时赋为空串，在按钮和文本框的事件中将其赋为“按钮”和“文本框”子串。

```
protected void Page_Load(object sender, EventArgs e)
{
    for (int i = 1; i < 4; i++)
    {
        if (!IsPostBack)
        {
            s_obj = "";    //页面初始化时，s_obj赋为空串
            ListBox1.Items.Add(i.ToString() + "初始化");
        }
        Else          //由回发引起的页面加载，列表项要加上引起回发的对象类名
            ListBox1.Items.Add(i.ToString() + s_obj);
    }
}
protected void Button1_Click(object sender, EventArgs e)
{
    if (sender == Button1)
        s_obj = "按钮";
}
protected void TextBox1_TextChanged(object sender, EventArgs e)
{
    if (sender == TextBox1)
        s_obj = "文本框"+TextBox1.Text;
}
```

4.2 Response对象

4.2.1 Response对象概述

Response对象封装返回到HTTP客户端的输出，提供向浏览器当前页输出信息或者发送指令的操作，用于页面执行期。

4.2.2 Response对象的常用属性和方法

Response对象是HttpResponse类的一个对象，与一个HTTP响应相对应，通过该对象的属性和方法可以控制将服务器端的数据发送到客户端浏览器。表4-1列出了Response对象的常用属性和方法。

表4-1 Response对象的常用属性和方法

常用属性	说明
Charset属性	获取或设置输出流的HTTP字符集
ContentType属性	获取或设置输出流的HTTP MIME类型
Cookies 属性	获取响应Cookie集合

续表

常用方法	说　明
AppendToLog 方法	将自定义日志信息添加到 IIS 日志文件
BinaryWrite 方法	将一个二进制字符串写入 HTTP 输出流
Clear 方法	清除缓冲区流中的所有输出内容
End 方法	停止当前程序的执行并返回结果
Flush 方法	向客户端发送当前所有缓冲的输出
Redirect 方法	将客户端重定向到新的 URL
Write 方法	将信息写入 HTTP 输出内容流
WriteFile 方法	将指定的文件直接写入 HTTP 内容输出流

下面给出了 Response 对象重定向浏览器到新浪网主页的例子。

【例 4-2】 Response 对象重定向应用。

```
<html>
<script language="c#" runat=server>
void EnterBtn_Click(Object src,EventArgs e)
{
Response.Redirect("http://www.sina.com.cn");
}
</script>
<body>
  <form runat=server>
  <asp:Label runat=server>单击按钮打开新浪网主页</asp:Label>
  <br>
  <asp:button text="打开新浪网" Onclick="EnterBtn_Click" runat=server/>
 </form>
</body>
</html>
```

这里实现的功能完全可以用 HyperLink 控件实现，请读者试一试。但是如果根据条件用语句实现转向其他网页，使用此语句还是必要的。例如，有些用户企图不经过登录直接访问其他网页，在其他网页的 Page_Load 方法中要进行判断，如果未登录，可用上述方法直接转向登录界面。

4.3 Request 对象

4.3.1 Request 对象概述

Request 对象封装了由 Web 浏览器或其他客户端生成的 HTTP 请求的细节（参数、属性和数据），用于页面请求期提供从浏览器读取信息或读取客户端信息等功能， Request 对象是 HttpRequest 类的一个实例。它能够读取客户端在 Web 请求期间发送的 HTTP 值。

4.3.2 Request 对象常用属性和方法

Request 对象提供对当前页的请求访问，这些请求信息包括请求标题（Header）、客户端主机和浏览器的信息及查询字符串和提交窗体信息等。其常用的属性和方法如表 4-2 所示。

表 4-2　Request 对象的常用属性和方法

常 用 属 性	说　明
ApplicationPath 属性	获取服务器上 ASP .NET 应用程序的虚拟应用程序根路径
Browser 属性	获取有关正在请求的客户端浏览器的信息
Cookies 属性	获取客户端发送的 cookie 的集合
Files 属性	获取客户端上载的文件
InputStream 属性	获取传入的 HTTP 实体主体的内容
Item 属性	获取 Cookies、Form、QueryString 或 ServerVariables 集合中指定对象
Path 属性	获取当前请求的虚拟路径
QueryString 属性	获取 HTTP 查询字符串变量集合
UserHostAddress 属性	获取远程客户端的 IP 主机地址
UserHostName 属性	获取远程客户端的 DNS 名称
常 用 方 法	说　明
BinaryRead 方法	对当前输入流进行指定字节数的二进制读取
MapPath 方法	将请求的 URL 中的虚拟路径映射到服务器上的物理路径

【例 4-3】 在两个页面间用单击按钮实现页面跳转和传递参数。

以下程序段在传参页面获取系统的一些参数，包括客户端系统，计算机名称和当前系统时间等参数，并通过传值按钮将这些参数传到另一个接收页面来显示。

① 传参页面代码如下。

```
public partial class _Default : System.Web.UI.Page
  {
 protected void Page_Load(object sender, EventArgs e)
    {
      Response.Write("客户端系统: " + Request.Browser.Platform + "<br>");
      Response.Write("浏览器类型: " + Request.Browser.Type  + "<br>");
      Response.Write("版本号: " + Request.Browser.Version  + "<br>");
      Response.Write("计算机名:"+Server.MachineName.ToString()+"<br>");
      TextBox2.Text = Server.MachineName.ToString();
    }
  protected void Button1_Click(object sender, EventArgs e)
    {
       Response.Write("<br>");
       Response.Write("当前时间是: " + DateTime.Now.ToString());
       Response.Write("<br>");
       TextBox3.Text = DateTime.Now.ToString();
         for (int i = 0; i < 10; i++)
         {
           Response.Write(i.ToString());
           if (i == 10) Response.End();
         }
    }
   protected void Button2_Click(object sender, EventArgs e)
     {
         Response.Redirect("WebForm1.aspx?id=" + TextBox2.Text + "&tm="
+ TextBox3.Text);
```

```
        }
    }
```

② 接收页面代码如下。

```
public partial class WebForm1 : System.Web.UI.Page
 {
     protected void Page_Load(object sender, EventArgs e)
     {
        if (!IsPostBack)
        {
          string id = Request.QueryString["id"];
          string tm = Request.QueryString["tm"];
         Response.Write("主页面传递的参数值为: " + "<br>" + "主机名: " + id +
"<br>" + "时间:" + tm);
        }
     }
 }
```

参数获取页面和参数接收页面的运行结果如图 4-3 和图 4-4 所示。

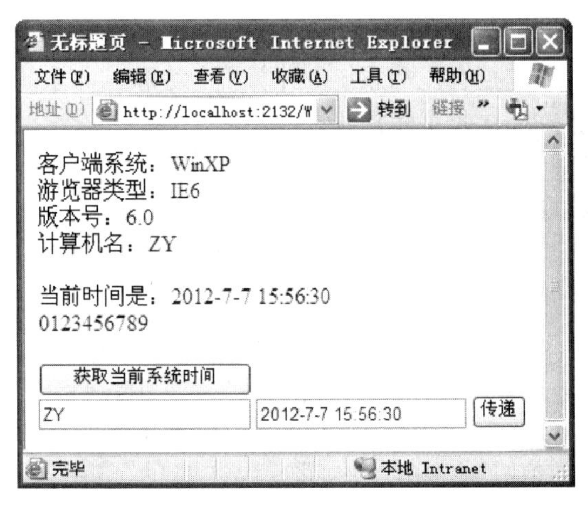

图 4-3　参数获取页面

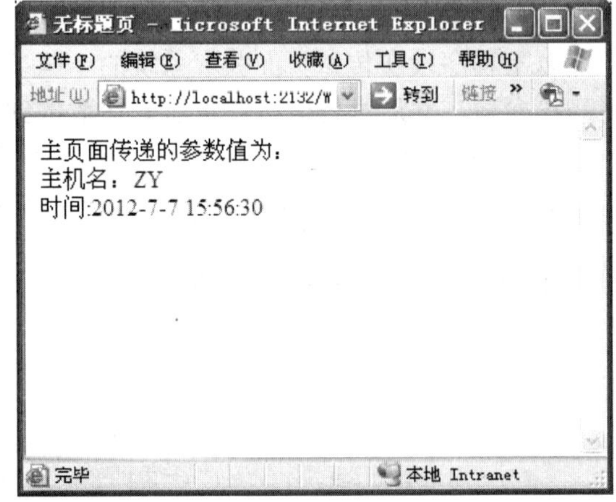

图 4-4　参数接收页面

4.4 Application 对象

4.4.1 Application 对象概述

Application 对象可以存储网站的变量和对象，为所有用户提供共享信息，作用于整个应用程序运行期。

4.4.2 Application 对象常用属性和方法

Application 对象变量都是 Application 集合中的对象之一，由 Application 对象统一管理，其变量的创建和使用语法如下。

```
Application["Application 名称"] = 值;
变量 = Application["Application 名称"]
```

Application 对象的常用属性和方法如表 4-3 所示。

表 4-3　Application 对象的常用属性和方法

常用属性	说明
Count 属性	获取 HttpApplicationState 集合中的对象数
Item 属性	获取对 HttpApplicationState 集合中的对象的访问。重载该属性以允许通过名称或数字索引访问对象。在 C#中，该属性为 HttpApplicationState 类的索引器
常用方法	**说明**
Add 方法	将新的对象添加到 HttpApplicationState 集合中
Clear 方法	从 HttpApplicationState 集合中移除所有对象
Get 方法	通过名称或索引获取 HttpApplicationState 对象
GetKey 方法	通过索引获取 HttpApplicationState 对象名
Lock 方法	锁定对 HttpApplicationState 变量的访问以促进访问同步
Remove 方法	从 HttpApplicationState 集合中移除命名对象
RemoveAll 方法	从 HttpApplicationState 集合中移除所有对象
Set 方法	更新 HttpApplicationState 集合中的对象值
UnLock 方法	取消锁定对 HttpApplicationState 变量的访问以促进访问同步

【例 4-4】 显示访问网站的在线总人数。

使用 Application 对象对网站在线人数进行统计显示，运行结果如图 4-5 所示。

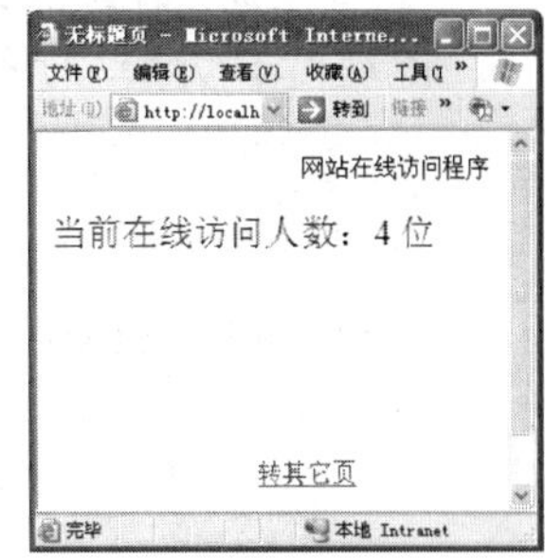

图 4-5　显示网站在线总人数

程序设计过程如下。

① 建立一个主页文件 Default.aspx，程序代码如下。

```
<html>
<script language="c#" runat=server>
      void Page_Load(Object src,EventArgs e)
      {
           if(!Page.IsPostBack)
           //如果页面是初始化时首次加载
           {
                int num;
                Application.Lock;    // 在线人数 num 计数值加 1
                Application["counter"]=(int)Application["counter"]+1;
                num=(int)Application["counter"];
                Application.UnLock;
                label1.Text="当前在线访问人数" + Convert.ToString(num)+ "位";
           }
      }
</script>
<body>
      <form runat=server>
      <asp:Label id="label1" Text="" runat=server></asp:Label>
      <br>
```

```
        <asp:HyperLink id="hLink1" NavigaterUrl="Other.aspx" Target=
"_blank" runat=server>
        //单击此处转到 other.aspx 页面，计数器不加 1
        </asp:HyperLink >
        </form>
    </body>
    </html>
```

② 建立 Other.aspx 网页文件，程序代码如下。

```
    <html>
    <script language="c#" runat=server>
       void Page_Load(Object src,EventArgs e)
       {
             Int num=(Int)Application["counter"];
             label1.Text=Convert.ToString(num);
         }
       }
    </script>
    <body>
      <form runat=server>
      <asp:Label id="label1" Text="" runat=server></asp:Label>
      <br>
      <asp:HyperLink id="hLink1" NavigaterUrl="Default.aspx" runat=server>
      //单击此处转到 Default.aspx，计数器不加 1
      </asp:HyperLink >
      </form>
    </body>
    </html>
```

③ 建立 global.asax 文件，程序代码如下。

```
    <script language="c#" runat=server>
        void Application_OnStart(Object src,EventArgs e)
        {
             Application.Add("counter",0);
        }
    </script>
```

④ 三个文件都存到宿主目录中，在浏览器重输入 URL 地址：http://Localhost/，查看显示的计数器数值，单击刷新按钮，查看显示的计数器数值是否改变，转到 Other.aspx 网页，再转回 default.aspx 网页，查看显示的计数器数值是否改变。关闭网站，再打开 default.aspx 网页，显示的计数器值从 0 开始，这是因为关闭网站后，Application 对象被自动撤销。再打开新网页，产生 Application_OnStart 事件，将 counter 变量的值设为 0。为了解决此问题，可以建立一个文件，记录访问网站总人数，初值为 0，Application_OnStart 事件函数中，从文件取出已访问网站总人数，赋值给 counter，Application_OnEnd 事件函数中，将 counter 存到文件中。

⑤ 用记事本创建文件 counter_File.txt，其中内容为字符 0。存文件到宿主目录中。

⑥ 修改 global.asax 文件如下。

```
    <script language="c#" runat=server>
```

```
        void Application_OnStart(Object src,EventArgs e)
        {//用 Server 对象对象得到 counter_File 文件绝对路径
        string s=Serve.MapPath(\counter_File.txt);
        Application.Add("counterFile",s);//保存供 Application_OnEnd 事件函数使用
        System.IO.FileStream fs=new System.IO.FileStream("s",FileMode.
OpenOrCreate);
        System.IO.StreamReader r=new System.IO.StreamReader(fs);
         s=r.ReadLine();
         r.Close();
         Application.Add("counter",Convert.ToInt(s));
    }
    void Application_OnEnd(Object src,EventArgs e)
    {//此时 Server 对象已不存在，无法用 Server 对象得到 counter_File 文件绝对路径
       string s= (string)Application("counterFile");//取出保存的计数文件的全路径地址
       System.IO.FileStream fs=new System.IO.FileStream("s",FileMode.Open
OrCreate);
       System.IO.StreamWrite w=new System.IO.StreamWrite(fs);
       int num=(int)Application("counterFile");
       w.Write(num.ToString());
       w.Close();
       }
    </script>
```

4.5 Session 对象

4.5.1 Session 对象概述

Session 对象派生自 HttpSessionState 类，主要用来记录客户浏览器端的用户会话信息，可为某个用户的不同网页程序提供共享信息，但不同的客户端之间无法存取 Session 变量，作用于用户联机会话期。

4.5.2 Session 对象常用属性和方法

Session 用于保存每个用户的专用信息。每个客户端用户访问时，服务器都为每个用户分配一个唯一的会话 ID（Session ID），其生存期是用户持续请求时间再加上一段时间（一般 20min 左右）。Session 中的信息保存在 Web 服务器中，保存的数据量可大可小。当 Session 超时或被关闭时将自动释放保存的数据信息。使用 Session 对象存储信息的语法如下。

```
Session["Session 名称"] = 值;          //存储
变量 = Session["Session 名称"];      //读取
```

Session 对象的常用属性和方法如表 4-4 所示。

表 4-4　Session 对象的常用属性和方法

常用属性	说　明
Count 属性	获取会话状态集合中的项数

续表

常用属性	说　明
IsCookieless 属性	获取一个值，该值指示会话 ID 是嵌入在 URL 中还是存储在 HTTP Cookie 中
IsNewSession 属性	获取一个值，该值指示会话是否是与当前请求一起创建的
Item 属性	获取或设置个别会话值。在 C#中，该属性为 HttpSessionState 类的索引器
Keys 属性	获取存储在会话中的所有值的键的集合
Timeout 属性	获取并设置在会话状态提供程序终止会话之前各请求之间所允许的超时期限(以分钟为单位)
常用方法	**说　明**
Abandon 方法	取消当前会话
Add 方法	将新的项添加到会话状态中
Clear 方法	清除会话状态中的所有值
Remove 方法	删除会话状态集合中的项
RemoveAll 方法	清除所有会话状态值

【例 4-5】 使用 Session 对象防止页面的直接访问。

设计一个包含登录（Default.aspx）和系统欢迎（Welcome.aspx）两个页面的网站。要求用户只能通过 Default.aspx 登录页面，输入合法的用户名和密码后才能打开系统欢迎（Welcome.aspx）页面。

程序设计步骤如下。

① 设计程序界面　用 VS.NET 创建一个 ASP.NET 网站，向默认主页（Default.aspx）添加 2 个文本框控件 TextBox1 和 TextBox2 用于输入用户名和密码，一个用以登录的按钮控件(Button1)。

② 设置对象属性　设置 TextBox1 的 ID 属性为 txtUsername。TextBox2 的 ID 属性为 txtPassword，TextMode 属性为 Password(密码输入)。设置 Button1 的 ID 属性为 btn_Login，Text 属性为“登录”。

③ 向网站添加新网页　在解决方案资源管理器中的项目文件夹点击右键执行快捷菜单的“添加新项”命令，在打开的模板列表中选择 Web 窗体，指定其名称为 Welcome.aspx。

④ 编写事件代码　登录（Default.aspx）页面的事件代码如下。

```
protected void Page_Load(object sender, EventArgs e)
 {  Session["admin"] = "admin";
   //初始时用 Session 对象存储了 3 个用户的用户名（对应变量名）和密码（对应变量值）
以便于演示。实际应采用数据库存储
    Session["U111"] = "123456";
    Session["tohappy"] = "240413";
    Session["pass"] = "no";              //建立登录通过标志
  }
  protected void btnLogin_Click(object sender, EventArgs e)
  {       string psw;
          psw = txtUsername.Text;
          if ((string)(Session[psw]) == txtPassword.Text)
          // 按用户输入的用户名取相应密码
          {
              //与其输入的密码进行比较
              Session["pass"] = "yes";//若相等，则登录验证通过，转欢迎页面
```

```
            Response.Redirect("Welcome.aspx?name=" + txtUsername.Text);
        }
        else      //否则，无该用户名或密码比较不等，显示出错提示
        {
            Response.Write("<script language = javascript>alert('用户名或密码错！');</script>");
        }
    }
```

欢迎页面（Welcome.aspx）的事件代码如下。

```
protected void Page_Load(object sender, EventArgs e)
    {
        if ((string)(Session["pass"]) != "yes")
            Response.Write("<script language = javascript>alert('拒绝直接访问本页！');</script>");
        else {
            Page.Title = "欢迎光临";
            Response.Write("欢迎" + Request.QueryString["name"]+ "光临本站");
        }
    }
```

程序的运行界面如图 4-6 和图 4-7 所示。

图 4-6 Session 对象应用的登录页面

图 4-7 Session 对象应用的欢迎页面

4.6 Cookie 对象

4.6.1 Cookie 对象概述

Cookie 对象实际是 HttpCookie 类的对象，主要用来保存客户浏览器请求的服务器页面地址和非敏感性的用户信息，与 Session 对象和 Application 对象保存在服务器端不同的是，Cookie 将信息保存在客户端。

4.6.2 Cookie 对象常用属性和方法

Cookie 对象信息保存的时间可以根据需要设置。如果没有设置 Cookie 失效时间，它们

仅保存到关闭浏览器程序为止。如果将 Cookie 对象的 Expires 属性设置为 Minvalue，则表示 Cookie 永远不会过期。Cookie 存储的数据量很受限制，大多数浏览器支持最大容量为 4KB，Cookie 对象的使用语法如下。

```
Response.Cookie["Cookie 对象名"].Value="值" ;   //写入 Cookie
Request.Cookies["Cookie 对象名"].Value          //读取 Cookie
```

Cookie 对象的常用属性和方法如表 4-5 所示。

表 4-5　Cookie 对象的常用属性和方法

常用属性	说　明
Expires 属性	设置 Cookie 变量的失效时间，若设为 0,则可删除 Cookie 变量
Name 属性	获取 Cookie 变量的名称
Value 属性	获取或设置 Cookie 变量的内容值
Path 属性	获取或设置与当前 Cookie 一起传输的虚拟路径
常用方法	**说　明**
Equals 方法	确定指定 Cookie 是否等于当前的 Cookie
Tostring 方法	返回此 Cookie 对象的一个字符串表示形式
Clear 方法	清除 Values 属性的 Cookie 变量

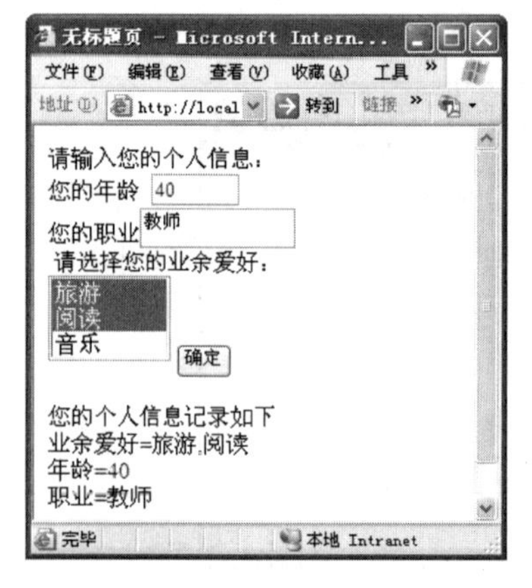

图 4-8　Cookie 应用实例

【例 4-6】 利用 Cookie 保存个人信息。

设计一个个人信息的输入页面，用户可以输入年龄、职业和业余爱好等信息，这些信息可用 Cookie 对象变量存储起来，并将结果显示在页面中。程序运行结果如图 4-8 所示。

主要控件的属性设置如下。

输入业余爱好的列表控件(listboxsports)Items 属性值为：[“旅游”,“阅读”,“音乐”]，SelectionMode 属性值为：Multiple。输入年龄的文本框控件 txtage，输入职业的文本框控件 txtjob。输出信息的标签控件 labcontent。程序代码如下。

```
void button_click(object sender,EventArgs e)
{
        int i;
        HttpCookie cookie1 = new HttpCookie
("preference");
    DateTime dn = DateTime.Now;
    TimeSpan ts = new TimeSpan(30,0,0,0);    //设置过期时间为 30 天
    cookie1.Expires = dn+ts;
    For ( i = 0;i<=listboxsports.Items.Count-1;i++){
    If (listboxsports.Items[i].Selected)     //添加键值对
            cookie1.Values.Add("sports", listboxsports.Items[i].Value);
    }
    cookie1.Values.Add("age",txtage.Text);
    cookie1.Values.Add("job",txtjob.Text);
    Response.AppendCookie(cookie1);
    string Strtemp;
  Strtemp = "您的个人信息记录如下"+"<br>";
    Strtemp += "业余爱好="+Request.Cookies["preference"]["sport"]+
```

```
"<br>";
    Strtemp += "年龄="+Request.Cookies["preference"]["age"]+"<br>";
           Strtemp += "职业="+Request.Cookies["preference"]["job"]+"<br>";
           labcontent.Text = Strtemp;
    }
```

本章小结

本章重点介绍了ASP.NET中内置的几个重要对象，这些对象有Page对象、Response对象、Request对象、Application对象、Session对象和Cookie对象。它们可以使编程者方便地获得系统服务器和客户机的相关信息，有效地实现Web用户和页面之间的信息存储和共享，提高Web程序的开发效率。

习 题 4

4-1 ASP.NET中有哪些常用的内置对象？其主要作用是什么？

4-2 使用Response对象的Write方法向页面中写入一个热点文字“关闭窗口”，当用户单击该超链接时能关闭当前浏览器窗口。

4-3 如何用Request对象的QueryString属性来实现页面间的传值？

4-4 如何实现记录访问网站的在线人数。（提示：增加一个Application对象变量作为计数器，Application_Start 事件函数中计数器为 0，Session_Start 事件函数中计数器加 1，Session_End事件函数中计数器减1，每个网页的Page_Load事件函数中用Label控件显示计数器值。）

4-5 用Application对象建立一个2人聊天室。如果是多人聊天室，又如何实现？

第5章 ADO.NET 访问数据库

5.1 ADO.NET 概述

数据访问一直是开发 Web 应用程序的一个关键问题，几乎每个商业应用程序都离不开数据库。由于数据访问如此普遍，开发人员需要从格式各异的不同数据源中快速访问数据，ADO.NET 解决了这一问题。

ADO.NET 是为.NET 框架而创建的，ADO 是 ActiveX Data Objects 的缩写。ADO.NET 是数据库应用程序和数据源之间沟通的桥梁，主要提供一个面向对象的数据访问架构，用来开发数据库应用程序。简单地说，ADO.NET 提供了一个统一的编程模式和一组公用的类来进行任何类型的数据访问。

应用程序可以使用 ADO.NET 来连接到 Microsoft SQL Server、Oracle 等数据源，并检索、操作和更新数据。ADO.NET 是对 ADO 的一个跨时代的改进，是一种全新的数据访问方法，它提供了平台互用性和可伸缩的数据访问。

5.1.1 ADO.NET 对象模型

为了更好地理解 ADO.NET 对象模型，图 5-1 显示了包含 ADO.NET 对象模型的类。对象模型分为两部分。左边的对象是连接对象，这些对象直接与数据库通信，用来管理连接和事务，以及从数据库检索数据和向数据库提交所做的更改。右边的对象是非连接（断开连接）对象，让用户脱机处理数据。

如图 5-1 所示，ADO.NET 有两个重要组成部分：.NET 数据提供程序（.NET Data Provider）和数据集（DataSet）。

.NET 数据提供程序是一个类的集合，用来同特定类型的数据存储区进行通信。表 5-1 列出了.NET Framework 中所包含的数据提供程序。

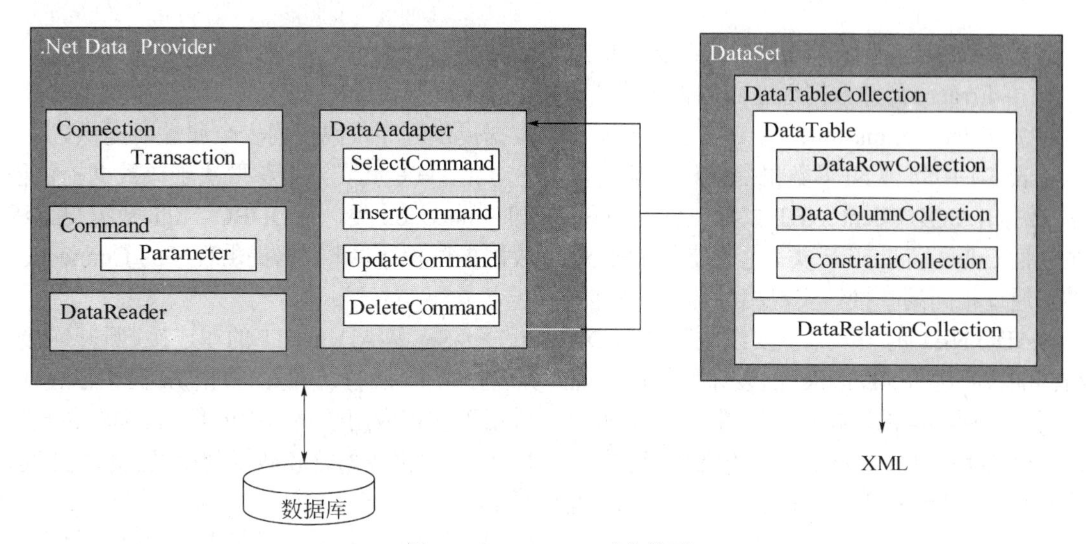

图 5-1　ADO.NET 对象模型

表 5-1　.NET Framework 包含的数据提供程序

.NET Framework 数据提供程序名称	说　明
.NET Framework 用于 SQL Server 的数据提供程序	提供对 Microsoft SQL Server 7.0 或更高版本中数据的访问。使用 System.Data.SqlClient 名称空间
.NET Framework 用于 OLE DB 的数据提供程序	提供对使用 OLE DB 公开的数据源中数据的访问。使用 System.Data.OLEDB 名称空间
.NET Framework 用于 ODBC 的数据提供程序	提供对使用 ODBC 公开的数据源中数据的访问。使用 System.Data.Odbc 名称空间
.NET Framework 用于 Oracle 的数据提供程序	适用于 Oracle 数据源。用于 Oracle 的 .NET Framework 数据提供程序支持 Oracle 客户端软件 8.1.7 和更高版本，并使用 System.Data.Oracle.Client 名称空间
EntityClient 提供程序	提供对实体数据模型（EDM）应用程序的数据访问。使用 System.Data.Entity.Client 名称空间

.NET 数据提供程序包括四个核心对象。

① Connection 对象：提供与数据源的连接。

② Command 对象：使用户能够访问用于返回数据、修改数据、运行存储过程以及发送或检索参数信息的数据库命令。

③ DataReader 对象：从数据源中提供高性能的数据流。

④ DataAdapter 对象：提供连接 DataSet 对象和数据源的桥梁。DataAdapter 使用 Command 对象在数据源中执行数据库命令，以便将数据加载到 DataSet 中，并使对 DataSet 中数据的更改与数据源保持一致。

除了这四个核心对象之外，.NET Framework 数据提供程序还包含以下对象。

① Transaction 对象：将命令登记在数据源处的事务中。

② CommandBuilder：一个帮助器对象，它自动生成 DataAdapter 的命令属性或从存储过程中派生参数信息，并填充 Command 对象的 Parameters 集合。

③ ConnectionStringBuilder：一个帮助器对象，它提供一种用于创建和管理由 Connection 对象使用的连接字符串的内容的简单方法。

④ Parameter：定义命令和存储过程的输入、输出和返回值参数。

⑤ Exception：在数据源中遇到错误时返回。对于在客户端遇到的错误，.NET Framework

数据提供程序会引发一个.NET Framework 异常。

⑥ Error：公开数据源返回的警告或错误中的信息。

⑦ ClientPermission：为 .NET Framework 数据提供程序代码访问安全属性而提供。

表 5-1 中每种.NET 数据提供程序都包含上述对象，只是其实际名称取决于该数据提供程序。例如，SQL Client .NET 数据提供程序具有 SqlConnection 类，而 ODBC .NET 数据提供程序包括 OdbcConnection 类。无论使用哪种.NET 数据提供程序，此数据提供程序的 Connection 类都通过相同的基接口实现相同的基本特性。

ADO.NET 的另一个重要组成部分是 DataSet。DataSet 是 ADO.NET 的非连接（断开连接）结构的核心组件。DataSet 的设计目的很明确：实现独立于任何数据源的数据访问。因此它可以用于多种不同的数据源，如用于 XML 数据，或用于管理应用程序本地的数据。DataSet 包含一个或多个 DataTable 对象的集合，这些 DataTable 对象由数据行和数据列以及主键、外键、约束和有关 DataTable 对象中数据的关系信息组成。

DataSet 对象可以把从数据库中查询到的数据保留起来，甚至可以将整个数据库显示出来。DataSet 的能力不只是可以储存多个 Table，还可以透过 DataAdapter 对象取得一些例如主键等的数据表结构，并可以记录数据表间的关联。

应用程序使用 ADO.NET 连接数据库时，首先需要用 Connection 对象连接数据库，然后用 Command 对象对数据库进行操作，Command 对象的执行结果可以被 DataReader 对象读取，也可以被 DataAdapter 对象用来填充 DataSet 对象。当 DataRcader 读取时，只读一条数据，而 DataAdapter 对象则把所有数据填充给 DataSet。因此 DataAdapter 对象是 DataSet 对象与数据库的桥梁。这个过程如图 5-2 所示。

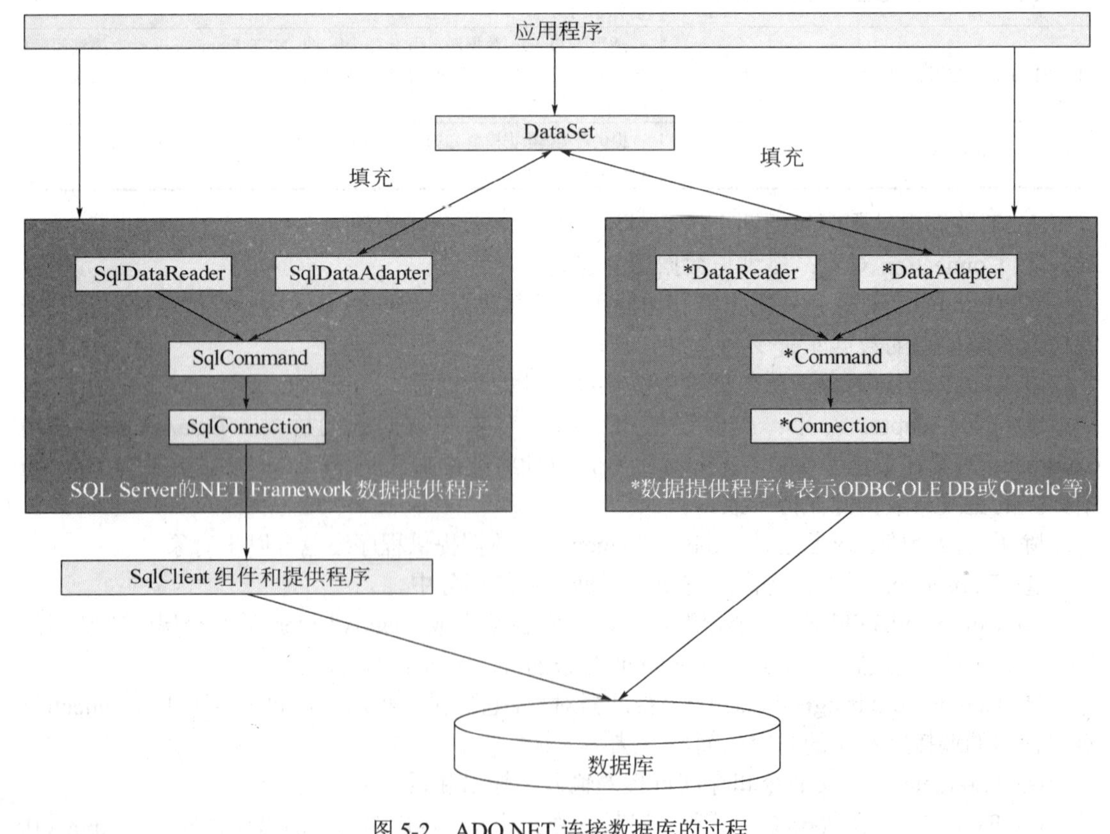

图 5-2　ADO.NET 连接数据库的过程

5.1.2 ADO.NET 名称空间

名称空间（NameSpace）是多个对象的逻辑分组。.NET Framework 很大，所以为了更容易地利用.NET Framework 开发应用程序，微软将对象划分到不同的名称空间中。名称空间记录了对象的名称与所在的路径。使用 ADO.NET 中的对象时，必须首先声明名称空间，这样编译器才知道去哪里去加载这些对象。根据 ADO.NET 数据提供程序和主要数据对象，ADO.NET 的名称空间可分为基本对象类、数据提供程序对象类和辅助对象类等。

① System.Data：这个名称空间是 ADO.NET 的核心，它包含所有数据提供程序使用的类，如 DataSet、DataTable、DataRow 等，故在编写 ADO.NET 程序时，必须先声明此名称空间。

② System.Data.OLEDB：当使用 Microsoft OLE DB.NET 数据提供程序连接 SQL Server 6.5 以下版本数据库或其他数据库时，必须首先声明此名称空间。

③ System.Data.SQLClient：当使用 Microsoft SQL Server.NET 数据提供程序连接 SQL Server 7.0 以上版本数据库时，必须首先声明此名称空间。

④ System.Data.Odbc：当使用 Microsoft ODBC.NET 数据提供程序连接 ODBC 数据源连接的数据库时，必须首先声明此名称空间。

⑤ System.Data.OracleClient：当使用 Oracle.NET 数据提供程序连接 Oracle 数据库时，必须首先声明此名称空间。

⑥ System.Data.Common：包含由.NET Framework 数据提供程序共享的类。数据提供程序描述一个类的集合，这些类用于在托管空间中访问数据源，例如数据库。

⑦ System.Data.Sql：支持特定于 SQL Server 的功能的类。

⑧ System.Data.SqlTypes：提供一些类，它们在 SQL Server 内部用于本机数据类型。这些类提供了其他数据类型的更安全、更快速的替代方式。

⑨ Microsoft.SqlServer.Server：专用于 Microsoft .NET Framework 公共语言运行库（CLR）与 Microsoft SQL Server 和 SQL Server 数据库引擎进程执行环境的集成的类、接口和枚举。

⑩ System.Transactions：允许用户编写自己的事务性应用程序和资源管理器的类。具体来说，可以创建事务并和一个或多个参与者参与事务（本地或分布式）。

图 5-3 显示了 ADO.NET 名称空间的结构。

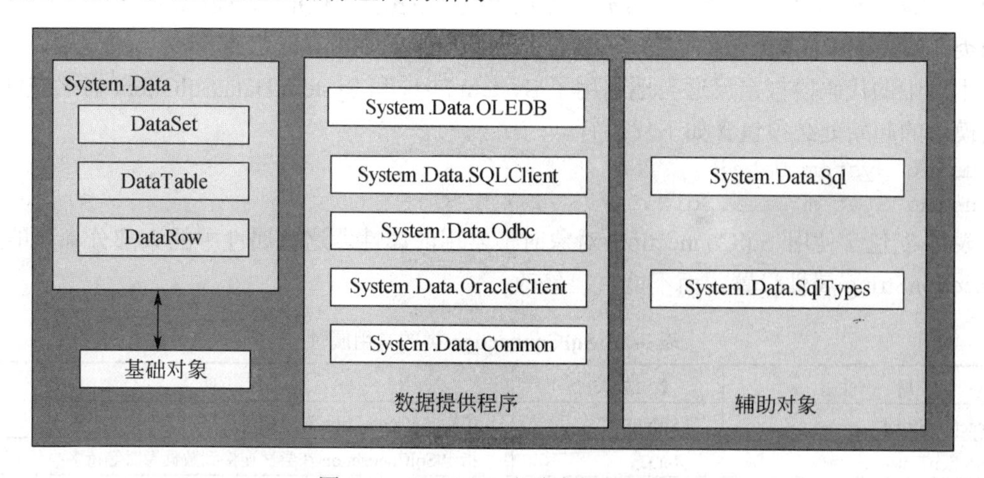

图 5-3 ADO.NET 名称空间的结构

5.2 在连接环境下处理数据

连接环境下，客户机一直保持和数据库服务器的连接，这种模式适合数据传输量少、系统规模不大、应用程序与数据库之间必须存在直接且持续的连接时的情况。连接环境下处理数据的一些例子如下。

① 需要通过与数据源的实时连接来监控产品产量、库存的工厂。

② 证券公司股票交易软件需要实时显示股票报价。

③ 银行软件需要实时查询货币汇率。

连接环境下数据访问的步骤如下。

① 使用 Connection 对象连接数据库。

② 使用 Command 对象向数据库检索数据，或对数据库数据进行增删改。

③ 把 Command 对象检索回来的数据放在 DataReader 对象中进行读取。

④ 完成读取操作后，关闭 DataReader 对象。

⑤ 关闭 Connection 对象。

提示：ADO.NET 的连接模式只能返回向前的、只读的数据，这是由 DataReader 对象的特性决定的。

5.2.1 Connection 对象

在建立数据库应用程序的过程中，有时可能需要连接到数据源，并对连接进行管理。在 ADO.NET 对象模型中，Connection 对象就代表了与数据源之间的连接。没有利用 Connection 对象将数据库打开，是无法从数据库中取得数据的。这个对象在 ADO.NET 的最底层，可以在应用程序中自己创建这个对象，或由其他的对象自动创建。Connection 对象还用作创建查询和事务的起始点。

在 ADO.NET 对象模型中，所有 Connection 类都派生自 System.Data.Common 命名空间中的 DbConnection 类。本节将主要介绍专门为与 Microsoft SQL Server 数据库进行通信而设计的类：SqlConnection 类。

本章中的代码段假定已适当地引用了 System.Data 和 System.Data.SqlClient 命名空间。在代码模块的起始处必须包含如下代码行。

```
using System.Data;
using System.Data.SqlClient;
```

表 5-2 包含使用 SqlConnection 对象时最常用的属性。这些属性中的大部分都只能通过 ConnectionString 属性设置，而不能直接修改。

表 5-2 SqlConnection 类的常用属性

属　性	数 据 类 型	说　明
ConnectionString	String	控制 SqlConnection 对象如何连接到数据源
ConnectionTimeout	Int32	指定 SqlConnection 在尝试连接到数据源时等待多少秒（只读）
Database	String	返回已连接或将要连接数据库的名称（只读）
DataSource	String	返回已连接或将要连接数据库的位置（只读）

续表

属　性	数 据 类 型	说　明
FireInfoMessageEventOnUserErrors	Boolean	控制发生用户错误时是否激发 InfoMessage 事件。默认情况下，这一属性被设置为 False。可以在关闭和开放式的 SqlConnection 上修改此属性
PacketSize	Int32	返回与 SQL Server 进行通信时所使用的数据包大小（只读）
ServerVersion	String	返回数据源的版本（只读）
State	ConnectionState	指示 SqlConnection 对象的当前状态（只读）
StatisticsEnabled	Boolean	控制是否为该连接启用统计。默认情况下，此属性被设置为 False。可以对关闭和开放式的 SqlConnection 修改此属性
WorkstationId	String	返回数据库客户端的名称。默认情况下，这一属性被设置为机器名称（只读）

表 5-3 列出了 SqlConnection 类的方法。其中省略了.NET Framework 中大多数对象所共用的一些方法，诸如 GetType 和 ToString。

表 5-3　SqlConnection 类的常用方法

方 法 名 称	说　明
BeginTransaction	开始该连接上的一个事务
ChangeDatabase	修改一个开放式连接的当前数据库
ClearAllPools	清除所有 SqlConnection 池中的自由连接（静态）
ClearPool	清除与所提供 SqlConnection 相关的连接池中的自由连接（静态）
Close	关闭该连接
CreateCommand	为当前连接生成 SqlCommand
EnlistDistributedTransaction	在一个 COM+分布式事务手动登记该连接
EnlistTransaction	在一个 System.Transactions 事务手动登记该连接
GetSchema	返回该连接的架构信息
Open	打开该连接
ResetStatistics	重置当前连接的统计信息
RetrieveStatistics	返回当前连接的统计信息

（1）定义连接字符串

要创建一个 Connection 对象，必须指定该 Connection 对象的连接字符串，Connection 对象的 ConnectionString 属性设置或者获取连接字符串。连接字符串由一系列用分号隔开的参数名称-值对组成。

表 5-4 描述了连接字符串的几个常用参数。表中包含了参数的部分列表，建立一个连接并不需要所有的参数。

表 5-4　连接字符串的常用属性

参 数 名 称	描　述
Provider	这个属性用于设置或返回连接提供程序的名称，仅用于 OleDbConnection 对象
Connection Timeout 或 Connect Timeout	在终止尝试并产生异常前，等待连接到服务器的时间（以秒为单位）。默认是 15s
Initial Catalog	数据库名称
Data Source	连接打开时使用的 SQL Server 名称，或者是 Microsoft Access 数据库的文件夹名

续表

参数名称	描　述
Password	SQL Server 账户的登录密码
User ID	SQL Server 登录账户
Integrated Security	此参数决定连接是否是安全连接。可能的值有 True、False 和 SSPI（SSPI 和 True 同义）

如果用户在网页中需要通过 SqlConnection 对象连接 SQL Server 2005 数据库，服务器名称为“DJ”，数据库名称为“mywebsite”，登录数据库的方式为混合模式，登录数据库的用户名为“sa”，密码为“123456”，尝试连接的等待时间为 15s，则在网页中设置连接字符串的源代码如下所示。

```
string mycons= "Data Source=DJ;Initial Catalog= mywebsite;User ID=sa;
Password=123456; Connectior Timeout=15";
```

定义连接字符串有以下原则。

① 如果用户在网页中需要通过 SqlConnection 对象连接 SQL Server 2005 数据库的本地默认实例，连接字符串中“Data Source”的值可设置为“(local)”、“localhost”或“.”。

② 如果用户在网页中需要通过 SqlConnection 对象连接本地计算机中 SQL Server2005 的一个已命名实例，连接字符串中“Data Source”的值需在本地计算机名称后添加一个反斜杠（\），然后添加 SQL Server 实例的名称。由于在 Visual C# 中，反斜杠字符是一个特殊字符。如果正使用 Visual C#编写代码，可以使用双反斜杠，也可以在字符串之前加上@符号，以表明此反斜杠只是反斜杠。例如连接本地计算机上的 SQLExpress 已命名实例，数据库名称为“mywebsite”，登录数据库的方式为混合模式，登录数据库的用户名为“sa”，密码为“123456”，则在网页中设置连接字符串的源代码如下所示。

```
string mycons= " Data Source =.\\SQLExpress; ; Initial Catalog=
mywebsite; User ID=sa; Password=123456; ";
```

③ 可以通过 Initial Catalog 参数指定希望访问的数据库，还可以使用 Database 参数代替 Initial Catalog。

④ 当 SQL Server 的登录方式是“Windows 身份验证”，而不是通过用户名称和密码。则在网页中设置连接字符串的源代码如下所示。

```
string mycons= "Data Source=.\\SQLExpress;;Initial Catalog= mywebsite;
Integrated Security=True;";
```

设置连接字符串的最简单的方法就是利用 Visual Studio .NET 2008 开发环境。步骤如下。

① 从工具箱“数据”选项卡中将 SqlDataSource 控件放置到当前页面上。

② 在设计视图中选择 SqlDataSource 控件，在 SqlDataSource 任务中选中“配置数据源”。

③ 在图 5-4 所示的配置数据源窗口中，点击“新建连接”。

④ 在图 5-5 所示的“添加连接”窗口中的“服务器名”下拉框中，选择服务器名（本地服务器可直接输入“.”），然后选择登录服务器的方式，在“选择或输入一个数据库名”下拉框中选择需要连接的数据库名称，最后点击测试连接，连接测试成功后，单击“确定”按钮。

⑤ 在图 5-6“配置数据源”窗口中即获得当前配置的连接字符串。

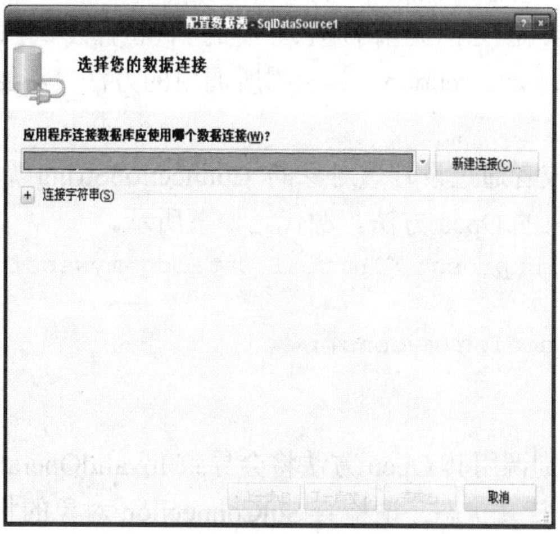

图 5-4　配置数据源

图 5-5　添加连接

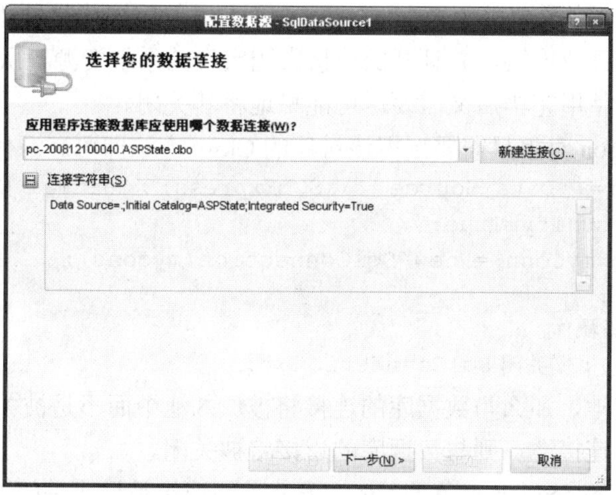

图 5-6　配置好的连接字符串

（2）创建 SqlConnection 对象

常用两种方式在运行时创建 SqlConnection 对象。

一种方式可以使用无参数构造函数简单地生成一个未初始化的 SqlConnection 对象，然后设置其 ConnectionString 属性，源代码如下所示。

```
SqlConnection myconn = new SqlConnection();
Myconn. ConnectionString=" Data Source =.\\SQLExpress; ;
Initial Catalog=mywebsite; Integrated Security=True;"
```

另一种方式为使用带连接字符串参数的构造函数创建 SqlConnection 对象，源代码如下所示。

```
string  mycons= "Data Source=.\\SQLExpress;;Initial Catalog=mywebsite;
Integrated Security=True;";
SqlConnection myconn = new SqlConnection(mycons);
```

（3）打开和关闭 SqlConnection 对象

在创建 SqlConnection 对象后，其被初始化为“关闭”状态。换句话说，无论其名称是什么，它都没有实际连接到数据存储区。如果在没有提前打开连接的情况下尝试执行SqlConnection的查询，将会接收到InvalidOperationException，其说明所调用的方法“需要一个打开的可用连接。该连接的当前状态为关闭状态。”

要连接至数据存储区，首先利用构造函数或者通过设置该对象的ConnectionString属性来提供一个有效的连接字符串，然后调用该对象的Open方法。源代码如下所示。

```
string  mycons= "Data Source=.\\SQLExpress;;Initial Catalog=mywebsite;
Integrated Security=True;";
SqlConnection myconn = new SqlConnection(mycons);
//打开SqlConnection对象
myconn.open();
```

如果SqlConnection对象已经为打开状态，则调用其Open方法将会导致InvalidOperation Exception。如果不能确定SqlConnection是否为打开状态，请检查SqlConnection对象的状态特性，即查看SqlConnection对象的State属性值。

打开SqlConnection对象后，可在SqlConnection对象的基础上，执行对数据库的操作。当对数据库操作完成后，需要关闭SqlConnection对象。关闭连接是必要的，因为大部分数据源仅支持有限数量的开放连接，并且开放连接占用宝贵的系统资源，所以在使用连接时应该尽可能晚地打开，而使用完毕后又需要尽可能早地将其关闭。

关闭SqlConnection对象只需要调用该对象的Close方法即可。源代码如下所示。

```
string  mycons= "Data Source=.\\SQLExpress;;Initial Catalog=mywebsite;
Integrated Security=True;";
SqlConnection myconn = new SqlConnection(mycons);
myconn.open();
……………//执行数据操作
myconn.close();//关闭SqlConnection对象
```

如果使用了连接池，那么与数据库的连接将被放入池中而不是被关闭，以便在以后重复利用。如果没有使用连接池，则与数据库的连接将被关闭。

上述使用该SqlConnection对象的Close方法关闭连接是显式关闭连接，更常用的是使用错误处理代码以确保在发生任何异常时数据库连接都会被关闭，常用方式有两种。

一种方法是利用Using语句，在有异常触发时强制关闭数据库连接，代码如下所示。

```
string  mycons= "Data Source=.\\SQLExpress;;Initial Catalog=mywebsite;
Integrated Security=True;";
SqlConnection myconn = new SqlConnection(mycons);
using ( con )
{
con.Open();
…………………//执行数据库命令
}
```

上述代码不管在执行数据库命令时是否有错误产生，using语句都会确保强制关闭连接，同时还将销毁（dispose）这个Connection对象（如果要再次使用该Connection对象，那么需要对其重新进行初始化）。

另一种方法是使用try…finally语句来强制关闭连接，代码如下所示。

```
string  mycons= "Data Source=.\\SQLExpress;;Initial Catalog=mywebsite;
Integrated Security=True;";
```

```
    SqlConnection myconn = new SqlConnection(mycons);
    //命令对象
    SqlCommand cmd = new SqlCommand ( "INSERT student (name) VALUES('张三')",
con);
    try
    {
    con.Open();
    cmd.ExecuteNonQuery();
    }
    finally
    {
    con.Close();
    }
```

上述代码不管数据库命令的执行中是否产生错误，try…finally 语句中的 finally 子句都会确保强制关闭数据源连接。

5.2.2 Command 对象

Command 对象主要可以用来对数据库发出一些指令，例如可以对数据库下达查询、新增、修改、删除数据等指令，以及调用存在于数据库中的存储过程等。这个对象是构建在 Connection 对象上的，也就是说，Command 对象是通过连接到数据源的 Connection 对象来下命令的，所以 Connection 连接到哪个数据库，Command 对象的命令就下到哪里。

Command 对象允许在有连接环境中直接访问数据库中的数据。可以使用 Command 对象执行以下任务。

① 执行返回单一值的 SELECT 语句，如行数、总和、平均值等。

② 执行返回行的 SELECT 语句。这是向控件（如 Web 窗体 DataList 或 ListView 等）加载大量只读数据高效的方法。

③ 执行 DCL 语句创建、编辑以及删除表、存储过程和其他数据库结构。不过，这需要必需的权限来执行这些操作。

④ 执行 DCL 语句授权或取消授权。

⑤ 执行语句获取数据库目录信息。

⑥ 执行命令以 XML 格式返回 Microsoft SQL Server（7.0 或更高版本）数据库中的数据。通常的做法是使用查询并以 XML 格式返回数据，应用 XSLT 把数据转换成 HTML 格式，然后将结果发送到浏览器。

Command 对象根据数据提供程序不一样名称不同，本节主要介绍访问 Microsoft SQL Server 数据库的 SqlCommand 类。

表 5-5 和表 5-6 列出了 SqlCommand 对象的常用属性和方法。

表 5-5 SqlCommand 对象的常用属性

属 性	数据类型	说 明
CommandText	String	希望执行的查询的文本
CommandTimeout	Int32	在超时之前，适配器等待查询执行的时间(单位为秒，默认为 30s)
CommandType	CommandType	指定要执行查询的类型，Text、StoredProcedure 和 TableDirect 中的一种类型（默认为 Text）

续表

属　性	数 据 类 型	说　明
Connection	SqlConnection	与数据存储区的连接，SqlCommand 使用此连接执行查询
Notification	SqlNotificationRequest	包含绑定到 SqlCommand 的 SqlNotificationRequest 对象
NotificationAutoEnlist	Boolean	决定查询是否自动从 SqlDependency 对象中接收 SQL Notifications (默认为 True)
Parameters	SqlParameterCollection	查询的参数集合
Transaction	SqlTransaction	指定用于查询的事务
UpdatedRowSource	UpdateRowSource	如果通过调用 DataAdapter 对象的 Update 方法来使用 Command，那么该属性就用于控制该查询的结果如何影响当前 DataRow(默认值为 Both)

表 5-6　SqlCommand 对象的常用方法

方　法	说　明
BeginExecuteNonQuery，BeginExecuteReader，BeginExecuteXmlReader	开始查询的异步执行
Cancle	退出查询的执行
Clone	返回 SqlCommand 的一个副本
CreateParameter	为查询创建一个新参数
EndExecuteNonQuery，EndExecuteReader，EndExecuteXmlReader	完成查询的异步执行
ExecuteNonQuery	执行查询(用于不返回行的查询)
ExecuteReader	执行查询，并获取 SqlDataReader 中的结果
ExecuteScalar	执行查询，并获取第一行第一列的数据，是为如下所示的单独查询而设计的："SELECT COUNT(*) FROM MyTable WHERE..."
ExecuteXmlReader	执行返回 XML 形式的结果的命令。SQL Server 7.0 或更高版本支持本功能
Prepare	在数据存储区中创建一个查询的预备版本
ResetCommandTimeout	将 CommandTimeout 属性重置为其默认值为 30s

（1）创建 SqlCommand 对象

可以通过三种方式创建 SqlCommand 对象。以网页连接到本地的 SQL Server 2005 的默认实例，登录数据库的方式为“Windows 身份验证”，要求执行检索“mywebsite”数据库中“student”表中所有记录为例。

第一种方法使用 new 关键字直接创建 SqlCommand 对象的一个新实例，然后设置适当属性，代码如下所示。

```
    string strConn, strSQL;
    strConn = "Data Source=. ; Initial Catalog= mywebsite; Integrated Security=
True;";
    strSQL = "SELECT * FROM student";
    SqlConnection cn = new SqlConnection(strConn);
    SqlCommand cmd = new SqlCommand();
    cmd.Connection = cn;
    cmd.CommandText = strSQL;
```

```
using ( cn)
{
cn.Open();
.....................//执行数据库命令
}
```

第二种方法使用一个可用的构造函数来指定查询字符串及SqlConnection对象，代码如下所示。

```
string strConn, strSQL;
strConn = "Data Source=. ; Initial Catalog= mywebsite; Integrated Security=True;";
strSQL = "SELECT * FROM student";
SqlConnection cn = new SqlConnection(strConn);
SqlCommand  cmd = new SqlCommand(strSQL, cn);
using ( cn)
{
cn.Open();
.....................//执行数据库命令
}
```

第三种方法调用SqlConnection类的CreaterCommand方法，代码如下所示。

```
string strConn, strSQL;
strConn = "Data Source=. ; Initial Catalog= mywebsite; Integrated Security=True;";
strSQL = "SELECT * FROM student";
SqlConnection cn = new SqlConnection(strConn);
SqlCommand  cmd = cn.CreateCommand();
cmd.CommandText = strSQL;
using ( cn)
{
cn.Open();
.....................//执行数据库命令
}
```

（2）执行返回单值的SqlCommand对象

SqlCommand 对象执行对数据库的操作主要使用表 5-6 中以“Execute”打头的方法。ExecuteScalar 方法允许执行返回单个值的 SQL 语句或存储过程。ExecuteScalar 方法返回 Object 类型的值，所以经常需要把该值转换为效率更高的数据类型。例如，要在网页中获取本地的 SQL Server 2005 的默认实例，登录数据库的方式为 Windows 身份验证，要求执行检索“mywebsite”数据库中“student”表中姓名为李雨的学生的 ID 信息，源代码如下。

```
string strConn, strSQL;
strConn = "Data Source=. ; Initial Catalog= mywebsite; Integrated Security=True;";
strSQL = "SELECT id  FROM student WHERE  name= '李雨'" ;
SqlConnection cn = new SqlConnection(strConn);
SqlCommand  cmd = new SqlCommand(strSQL, cn);
using ( cn)
{
cn.Open();
```

```
int sid = (int) cmd.ExecuteScalar(); // Command对象执行 SQL语句并返回单个值
}
```

（3）执行返回多行的 SqlCommand 对象

SqlCommand 对象的 ExecuteReader 方法允许执行返回多行数据的 SQL 语句或存储过程。SqlCommand 对象的 ExecuteReader 方法返回 SqlDataReader 对象（5.2.3 详细介绍）。SqlDataReader 对象是一个快速、只向前的游标，它可以在数据行的流中进行循环遍历。SqlDataReader 对象允许使用基于流的方法检查查询结果。在同一时间可以查看结果中的一行数据。在移到下一个数据行之后，上一行中的内容将不再可用。例如，要在网页中获取本地的 SQL Server 2005 的默认实例，登录方式为 Windows 身份验证，要求执行检索“mywebsite”数据库中“student”表中性别为女的学生信息，源代码如下所示。

```
string strConn, strSQL;
strConn = "Data Source=. ; Initial Catalog= mywebsite; Integrated Security=
True;";
strSQL = "SELECT * FROM student WHERE  sex= '女'" ;
SqlConnection cn = new SqlConnection(strConn);
SqlCommand  cmd = new SqlCommand(strSQL, cn);
using ( cn)
{
cn.Open();
SqlDataReader rdr = cmd.ExecuteReader();//Command对象执行 SQL语句并返回多行
…………// 可用 SqlDataReader 循环遍历结果，获取特定记录的相关信息
}
```

（4）执行不返回结果集的 SqlCommand 对象

不返回结果集的查询通常被称为“操作查询(action query)”，操作查询共有两大类。

第一类为数据操作语言(DML)查询，也称为“基于查询的更新(QBU)”。这些查询修改数据库的内容，如下例所示。

```
//插入记录
INSERT INTO student (id, name) VALUES ('1401060735', '张三')
//更新记录
UPDATE student SET name = '王宇' WHERE id = '1401060735'
//删除记录
DELETE FROM student WHERE id = '1401060735'
```

第二类为数据定义语言(DDL)查询。这些查询修改数据库的结构，如下例所示。

```
USE [mywebsite]
GO
CREATE TABLE stuedent (
[id] [varchar](20) COLLATE Chinese_PRC_CI_AS NOT NULL,
[name] [varchar](20) COLLATE Chinese_PRC_CI_AS NOT NULL,
[pwd] [varchar](20) COLLATE Chinese_PRC_CI_AS NOT NULL,
[sex] [varchar](10) COLLATE Chinese_PRC_CI_AS NOT NULL,
[phone] [varchar](15) COLLATE Chinese_PRC_CI_AS NOT NULL,
CONSTRAINT [PK_student] PRIMARY KEY CLUSTERED
(
    [id] ASC
```

```
)WITH (PAD_INDEX  = OFF, STATISTICS_NORECOMPUTE  = OFF, IGNORE_DUP_KEY = OFF, ALLOW_ROW_LOCKS  = ON, ALLOW_PAGE_LOCKS  = ON) ON [PRIMARY]
) ON [PRIMARY]
```

SqlCommand 对象使用 ExecuteNonQuery 方法执行操作查询。ExecuteNonQuery 方法返回受影响的行数。例如，要在网页中获取本地的 SQL Server 2005 的默认实例，登录方式为 Windows 身份验证，要求把"mywebsite"数据库中"student"表 id 为"1401060735"的学生姓名修改为"王雨"，源代码如下所示。

```
string strConn, strSQL;
strConn = "Data Source=. ; Initial Catalog= mywebsite; Integrated Security= True;";
strSQL = " UPDATE student SET name = '王雨' WHERE id = '1401060735'";
SqlConnection cn = new SqlConnection(strConn);
cn.Open();
SqlCommand  cmd = new SqlCommand(strSQL, cn);
int intRecordsAffected = cmd.ExecuteNonQuery();
//Command 对象执行 操作查询，并返回受影响的行数，以下代码用受影响的行数判断操作成功与否
if (intRecordsAffected == 1)
     Console.WriteLine("Update succeeded");
else
    Console.WriteLine("Update failed");
cn.Close();
```

上述源代码对"mywebsite"数据库中"student"表 id 为"1401060735"的学生姓名的更新操作，即 SqlCommand 对象的 ExecuteNonQuery 方法执行结果有两种，更新成功或者失败。SqlCommand 对象可以用 ExecuteNonQuery 方法的返回值判断更新是否成功。如果返回值（更新操作受影响的行数）为 1，则更新操作成功，如果返回结果为 0，则操作失败。如果执行 DML 查询之外的任何查询，ExecuteNonQuery 将返回–1。还存在其他一些情景，DML 将修改多于一个数据行。

（5）使用参数化查询

在网页中最常见的对数据库的操作是参数化查询，例如，根据用户输入的学生姓名查询"mywebsite"数据库中"student"表中该学生的信息。由于 SQL Server .NET 数据提供程序需要用"@"作前缀来命名参数，此带参数的 SQL 语句如下面代码所示，用户将在运行时为此参数提供一个值。

```
SELECT * FROM student WHERE name=@name;
```

要使用 SqlCommand 对象执行这样一个参数化查询，需要向 SqlCommand 对象的 Parameters 属性中添加一个表示该参数的 SqlParameter 对象，查询语句中有几个参数，需向 SqlCommand 对象的 Parameters 属性中添加几个 SqlParameter 对象，SqlParameter 对象的常见属性如表 5-7 所示。

表 5-7　SqlParameter 对象的常见属性

属　性	描　　述
ParameterName	参数名称，如"@CatID"
SqlDbType	参数的数据类型。是链接到 SqlDbType 属性还是 OleDbType 属性依赖于正在使用的数据提供程序

续表

属　性	描　述
Size	参数中数据的最大字节数
Direction	ParameterDirection 枚举指定的值，使用下列值之一。 ParameterDirection.Input（默认值）：输入参数。 ParameterDirection.InputOutput：输入输出参数。 ParameterDirection.Output：输出参数。 ParameterDirection.ReturnValue：返回值

SqlCommand 对象的 Parameters 属性的数据类型是 SqlParameterCollection，SqlParameter Collection 拥有 4 个重载 Add 方法，如表 5-8 所示，可以用这些方法来创建 SqlParameter 对象，并将其追加到集合中。

表 5-8　SqlParameterCollection 集合添加参数的方法

方法名称	说　明
Add(SqlParameter)	将指定的 SqlParameter 对象添加到 SqlParameterCollection 中。需先创建 SqlParameter 对象
Add(String, SqlDbType)	将 SqlParameter 添加到指定了参数名和数据类型的 SqlParameterCollection 中
Add(String, SqlDbType, Int32)	将 SqlParameter 添加到 SqlParameterCollection 中（给定了指定的参数名、SqlDbType 和大小）
Add(String, SqlDbType, Int32, String)	将 SqlParameter 及其参数名、数据类型和列宽添加到 SqlParameterCollection 中

在根据用户输入的学生姓名查询“mywebsite”数据库中“student”表中该学生的信息，假设用户输入的学生姓名是“张三”或者为网页中 ID 为 TextBox1 的 TextBox 中运行时输入的值。执行此参数化查询的方法主要有如下几种。

① 使用 SqlCommand 对象 Parameters 属性的 Add(SqlParameter)方法，源代码如下所示。

```
string strConn, strSQL;
strConn = "Data Source=. ; Initial Catalog= mywebsite; Integrated Security= True;";
strSQL = " SELECT * FROM student WHERE name=@name";
SqlConnection cn = new SqlConnection(strConn);
SqlCommand  cmd = new SqlCommand(strSQL, cn);
p = new SqlParameter(); //不带参数的构造函数, SqlParameter 类拥有 7 个构造函数
p.ParameterName = "@ name ";
p.Value = "张三";
cmd.Parameters.Add(p);
using ( cn)
{
cn.Open();
SqlDataReader rdr = cmd.ExecuteReader();// Command 对象执行带参的查询操作
..............
}
```

② 使用 SqlCommand 对象 Parameters 属性的 Add(String, SqlDbType)方法，上述代码中带下划线的部分可替换成下面的部分。Add(String, SqlDbType)方法中第二个参数 SqlDbType 枚举中的值，可取 SqlDbType.NVarChar，SqlDbType.Int，SqlDbType.DateTime，SqlDbType.Bit，SqlDbType.Money，SqlDbType.Text，SqlDbType.Image 等。

```
SqlParameter param = command.Parameters.Add("@name", SqlDbType.VarChar);
```

```
param.Size = 20;
param.Value = TextBox1.Text;//参数化查询的参数值赋值为运行时用户输入的值
```

③ 使用 SqlCommand 对象 Parameters 属性的 Add(String, SqlDbType, Int32, String)与 Add(String, SqlDbType)方法执行参数化查询的方法类似。

注意：如果参数化查询中有输出参数，向 SqlCommand 对象的 Parameters 属性中添加一个表示该输出参数的 SqlParameter 对象时，必须指定该 SqlParameter 对象的 Direction 属性值为 ParameterDirection.Output，然后再添加其他参数，其他参数的设置顺序是无关紧要的。

（6）使用存储过程

更多的时候使用存储过程既可以简化程序员的工作，又可以保证数据的安全，所以在 ADO.NET 中也提供了利用 SqlCommand 对象调用存储过程。

SqlCommand 对象调用存储过程时，需要首先指定 SqlCommand 对象的 CommandType 属性值为 CommandType.StoredProcedure，其次指定 SqlCommand 对象的 CommandText 属性值为具体的存储过程的名称，最后和执行 SQL 语句一样，调用 SqlCommand 对象以“Execute”单词打头的方法执行该存储过程。

存储过程和 SQL 语句一样可以指定输入、输出参数，存储过程也可以指定一个单独的返回值，必须配置 SqlCommand 对象以便它能够正确地处理输入、输出参数和返回值。在开发期间配置这些参数将确保命令能在运行期间高效地执行，而且也不需要为了确定参数的数据类型而进行额外的服务器往返。

下面的存储过程返回了本地 SQL Server 2005 数据库 mywebsite 的 course 表中指定学生的选课信息。@name 输入参数指定了学生名称。存储过程将该学生选课的总数赋值给 @CourseCount 输出参数，并且返回此学生选课的数量。

```
CREATE PROCEDURE GetStudentCourses
@name varchar(20),
@CourseCount int OUTPUT
AS
BEGIN
SELECT @CourseCount = count(*)
FROM course
WHERE name = @name
RETURN @ CourseCount
END;
```

SqlCommand 对象执行该带参数的存储过程和执行带参数的 SQL 语句一样，要向 SqlCommand 对象的 Parameters 属性中添加表示参数的 SqlParameter 对象，在添加参数的过程中，首先添加输出参数，并指定其 Direction 属性值为 ParameterDirection.Output，然后再添加其他输入参数，其他输入参数的设置顺序可以任意，代码如下所示。

```
string strConn, strSQL;
strConn = "Data Source=. ; Initial Catalog= mywebsite; Integrated Security=
True;";
SqlConnection cn = new SqlConnection(strConn);
SqlCommand cmd = new SqlCommand();              //创建一个 Command 对象
cmd.CommandType = CommandType.StoredProcedure;//指定 Command 对象将调用存
储过程
cmd.CommandText = " GetStudentCourses ";       //存储过程的名称
```

```
    cmd.Connection = cn;
    //添加输出参数
    SqlParameter param1 = new SqlParameter(  "@CourseCount ",SqlDbType.
Int,4);
    param1.Direction = ParameterDirection.ReturnValue;
    cmd.Parameters.Add(param1);
    //添加输入参数
    SqlParameter param2 = command.Parameters.Add("@name", SqlDbType.
VarChar);
    Param2.Size = 20;
    Param2.Value = TextBox1.Text; //参数化查询的参数值赋值为运行时用户输入的值
    cmd.Parameters.Add(param2);
    //执行存储过程
    try
    {
    cn.Open();
    SqlDataReader dr = cmd.ExecuteReader();
       ………….
    }
    finally
    {
    cn.Close();
    }
```

5.2.3 DataReader 对象

数据提供程序不一样，DataReader 对象的名称不同，本节主要介绍 SqlDataReader 对象。

SqlDataReader 对象可以用来表示数据库查询的结果。该对象可以通过调用 SqlCommand 对象的 ExecuteReader()方法来获得。

当只需要顺序地读取数据而不需要进行其他操作时，可以使用 SqlDataReader 对象。SqlDataReader 对象是一个只读、前向的游标，使用游标 SqlDataReader 对象只是一次一行向下顺序地读取数据源中的数据，SqlDataReader 对象在从结果集中读取一行并移动到下一数据行之后，前一行将不再可用，如果需要再次读取前一行数据，必须另创建一个 SqlDataReader 对象。因为 SqlDataReader 对象在读取数据的时候限制了每次只读取一行，而且只能读取，所以使用起来不但节省资源而且效率很高。此外，因为不用把数据全部传回，故可以降低网络的负载。

SqlDataReader 对象与.NET Framework 中的其他读取器对象相似，例如，XmlReader，TextReader 和 StreamReader 对象。可以利用它们（以只读方式）查看对象所公开的数据。例如，TextReader 拥有允许读取文本文件内容的方法，每次阅读一行。

SqlDataReader 对象常用的属性和方法如表 5-9 和 5-10 所示。

表 5-9　SqlDataReader 对象常用属性

属　性	数 据 类 型	说　明
Depth	Int32	指示当前行的嵌套深度(只读)
FieldCount	Int32	返回 DataReader 中所包含的字段数(只读)

续表

属　　性	数 据 类 型	说　　明
HasRows	Boolean	指示 SqlCommand 的查询是否返回行(只读)
IsClosed	Boolean	指示 DataReader 是否被关闭(只读)
Item	Object	返回当前行的列内容(只读)
RecordsAffected	Int32	指示受所提交查询影响的记录数(只读)

表 5-10　SqlDataReader 对象常用方法

方　　法	说　　明
Close	关闭 SqlDataReader
Get<DataType>	根据一个字段的序号，以指定类型返回当前行内该字段的内容
GetBytes	从当前行的字段中获取一个字节数组
GetChars	从当前行的字段中获取一个字符数组
GetData	从一个字段中返回一个新的 SqlDataReader
GetDataTypeName	根据一个字段的序号，返回该字段的数据类型名称
GetFieldType	根据一个字段的序号，返回该字段的.NET 数据类型
GetName	根据一个字段的序号，返回该字段的名称
GetOrdinal	根据一个字段的名称，返回该字段的序号
GetProivderSpecificFieldType	类似于 GetFieldType，但根据一个字段的名称返回该字段的 SqlType
GetProviderSpecificValue	类似于 GetValue，但根据一个字段的序号返回该字段的值，作为 SqlType
GetProviderSpecificValues	类似于 GetValues，但返回 SqlType 对象数组，而不是.NET 对象
GetSchemaTable	返回 SqlDataReader 的架构信息(字段名称和数据类型)，作为一个 DataTable
GetSqlValue	根据一个字段的序号，返回该字段的值，作为 SqlType
GetValue	根据一个字段的序号，返回该字段的值，作为.NET 数据类型
GetValues	接收一个数组，SqlDataReader 将利用该数组返回当前行的内容。该调用返回一个 32 位整数，表示数组中返回项的数目
IsDBNull	指示一个字段是否包含 Null 值
NextResult	移动到下一个结果
Read	移动到下一行

（1）检查查询结果

SqlDataReader 对象通过调用 SqlCommand 对象的 ExecuteReader 方法获得数据库查询的结果集。通过检查 SqlDataReader 对象的 HasRows 属性或者调用 SqlDataReader 对象的 Read 方法，可以判断 SqlDataReader 对象所表示的查询结果集中是否包含数据行记录。在任意时刻上 SqlDataReader 对象只表示查询结果集中的某一行记录。如果要获取当前记录行的下一行数据，就需要调用 Read()方法。每调用 Read 方法一次，如果下一行有数据，也就是当前数据行不是结果集中的最后一行，那么，SqlDataReader 对象指向下一行，并返回结果 True。但是当读取到集合中最后的一行数据时，调用 Read()方法将返回 False，因此，SqlDataReader 对象可调用 Read()方法在查询结果集中遍历并获取每一条记录的字段值。

【例 5-1】 遍历本地 SQL Server 2005 数据库 mywebsite 的 student 表中性别为“女”的所有学生的信息，并把每一个女学生的 id 和姓名输出到控制台。

```
    string strConn, strSQL;
    strConn = "Data Source=. ; Initial Catalog= mywebsite; Integrated Security=
True;";
```

```
strSQL = "SELECT id,name FROM student WHERE  sex= '女'" ;
SqlConnection cn = new SqlConnection(strConn);
SqlCommand  cmd = new SqlCommand(strSQL, cn);
using  (cn)
{
cn.Open();
SqlDataReader rdr = cmd.ExecuteReader();
while (rdr.Read())//调用 SqlDataReader 对象的 Read 方法遍历结果集，在遍历前必须首先调用一次 Read 方法获取结果集中第一条记录，并且只要有记录读取就返回真。在数据流中所有的最后一条记录被读取了，Read 方法就返回 false。
  {
    Console.WriteLine(String.Format("{0}, {1}",
    rdr [0], rdr [1]));
   }
rdr.Close();//调用 SqlDataReader 对象的 Close 方法关闭 SqlDataReader 对象
}
```

在例 5-1 中，SqlConnection 对象在 using 代码块的结尾处自动关闭。

使用 SqlDataReader 对象时要注意以下几点。

① 当使用完 SqlDataReader 对象时应立即调用 Close 方法将其关闭（因为在未关闭之前，与 SqlDataReader 对象关联的 SqlConncction 一直为其服务，对 SqlConnection 无法执行任何其他操作）。

② 当创建多个 SqlDataReader 对象时必须每个对象创建一个 SqlConnection 连接对象（因为一个 SqlConnection 连接对象只能被一个 SqlDataReader 对象使用）。

③ 如果实例化 SqlDataReader 对象的是存储过程的返回值或输出参数时，需调用 SqlDataReader 的 Close 方法后才能准确地获得存储过程的返回值或者输出参数。

④ 如果要在 SqlDataReader 对象中的数据未读取完之前关闭 SqlDataReader 对象，则应首先调用 Command 对象的 Cancel 方法，然后再关闭 SqlDataReader 对象。

⑤ 读取 SqlDataReader 对象时尽量使用和数据库字段类型匹配的方法，以减少类型转换。

有很多种方法都可以从 SqlDataReader 对象中返回其当前所表示的数据行的字段值。例如上例中用一个名为"rdr"的 SqlDataReader 对象来表示 student 表中所有女学生的 id，name 信息。如果要得到该 SqlDataReader 对象所表示的当前数据行中的 name 字段的值，那么就可以使用下面方法中的任意一个。

① string name = (string) rdr ["name "]：通过字段的名称来返回该字段的值，不过该字段的值是以 Object 类型返回。因此，在将该返回值赋值给字符串变量之前，必须对其进行显式的类型转换。

② string name = (string) rdr [1]：通过字段的位置来返回该字段的值，不过该字段的值也是以 Object 类型返回。因此在使用前也必须对其进行显式的类型转换。

③ string name = rdr.GetString(1)：通过该字段的位置来返回其字段值。然而，这个方法得到的返回值类型是字符串。因此使用这种方法就不用对返回结果进行任何类型转换。

④ string name = rdr.GetSqlString(1)：通过字段的位置来返回字段值，但该方法得到的返回值的类型是 SqlString 而不是普通的字符串。SqlString 类型表示在 System.Data.SqlTypes 命名空间定义的专门类型值。

SqlTypes 是 ADO.NET 2.0 提供的新功能。每一个 SqlType 分别对应于微软 SQL Server 2005 数据库所支持的一种数据类型。例如，SqlDecimal，SqlBinary 和 SqlXml 类型等。

对不同的返回数据行字段值的方法进行权衡可以知道，通过字段所在的位置来返回字段值比通过字段名称来返回字段值要快一些。然而，使用这个方法会使程序代码变得十分脆弱。如果查询中字段返回的位置稍有改变，那么程序就将无法正确工作。

（2）查看结果集的架构

SqlDataReader 对象表示查询的结果集，如果使用“SELECT * FROM student”这样的 SQL 语句，选择在编写代码时，程序员可能不知道结果集中有多少个字段。在这种情况下，则可以利用 SqlDataReader 对象的各种方法来确定结果集的架构。

① 确定可用字段的数目　SqlDataReader 对象提供一个 FieldCount 属性，可以用来确定查询返回了多少个字段。

② 确定返回行的数目　在 SqlDataReader 对象中没有指示可用行的属性。SqlDataReader 对象代表一个数据流，因为 SqlDataReader 对象事先不知道查询将会返回多少行。

③ 确定字段的名称　如果需要确定一个字段的名称，可以调用 SqlDataReader 对象的 GetName 方法。此方法接受一个整数，指定字段的序号，并在一个字符串中返回其名称。

④ 确定字段的.NET 数据类型　要确定用于存储一特定字段内容的.NET 数据类型，可以调用 SqlDataReader 对象的 GetFieldType 方法。与 GetName 方法类似，GetFieldType 接受一个整数，指定字段的序号。GetFieldType 方法在一个 Type 对象中返回其数据类型。

⑤ 确定字段的数据库数据类型　如果需要确定一个字段的数据库数据类型，可以调用 SqlDataReader 对象的 GetDataTypeName 方法。此方法接受字段的序号(一个整数)，并返回一个字符串，其中有该字段在数据库中的数据类型名称。

【例 5-2】 使用 SqlCommand 对象重载的 ExecuteReader 方法返回结果集架构，但不返回行，在控制台中输出 student 表中每一个字段的名称，.NET 数据类型，数据库数据类型。

```
    string strConn, strSQL;
    strConn = "Data Source=. ; Initial Catalog= mywebsite; Integrated Security=
True;";
    strSQL = "SELECT * FROM student " ;
    SqlConnection cn = new SqlConnection(strConn);
    SqlCommand  cmd = new SqlCommand(strSQL, cn);
    using (cn)
    {
    cn.Open();
    //只返回架构，不返回行
    SqlDataReader rdr = cmd.ExecuteReader(CommandBehavior.SchemaOnly);
    //for 循环每一个字段
    for (int intField = 0; intField < rdr.FieldCount; intField++)
    {
        Console.WriteLine("Field #{0}", intField);
        Console.WriteLine(" Name: {0}", rdr.GetName(intField));
        Console.WriteLine(" .NET data type: {0}",
                    rdr.GetFieldType(intField).Name);
        Console.WriteLine(" Database data type: {0}",
                    rdr.GetDataTypeName(intField));
```

```
        Console.WriteLine();
    }
    rdr.Close();
    }
```

⑥ 确定字段的序号　如果知道待访问字段的名称，但不知道此字段的序号，可以调用SqlDataReader对象的GetOrdinal方法。此方法接受一个表示字段名称的字符串，并返回该列的序号。

⑦ 附加的结果集架构信息　如果想知道结果集中某字段是否为只读的，字段的长度是多少，字段是否能包括null值，此字段是否为键值的一部分，此字段来自哪个表，它是否是一个自动增量字段，它是否为行版本字段，该字段的位数与精度是多少等这些附加问题。可以调用SqlDataReader对象的GetSchemaTable方法，该方法把附加的架构信息以DataTable的形式返回。

5.2.4 DataAdapter对象

包含在.NET Framework中的每一个.NET数据提供程序都有一个DataAdapter对象：OLE DB .NET数据提供程序包含一个OleDbDataAdapter对象，SQL Server .NET数据提供程序包含一个SqlDataAdapter对象。本节主要介绍SqlDataAdapter对象。

SqlDataAdapter对象用于获取数据源中的数据，并填充DataSet中的DataTable对象和约束，还可以将DataSet产生的改变返回数据源。它使用.NET数据提供程序的Connection对象连接数据源，使用Command对象获取DataSet对象中的数据，并将DataSet对象中数据的变化返回数据源。所以，SqlDataAdapter对象是ADO.NET连接环境和非连接环境的桥梁。

SqlDataAdapter对象常用的属性和方法如表5-11和表5-12所示。

表5-11　SqlDataAdapter对象常用的属性

属　　性	数 据 类 型	说　　明
AcceptChangesDuringFill	Boolean	确定由SqlDataAdapter所获取行的RowState(默认为True)
AcceptChangesDuringUpdate	Boolean	确定在提交DataRow中的挂起更改之后，SqlDataAdapter是否隐式调用AcceptChanges(默认为True)
ContinueUpdateOnError	Boolean	控制SqlDataAdapter在遇到一个错误之后是否继续提交更改(默认为False)
DeleteCommand	SqlCommand	用于提交挂起的删除命令
FillLoadOption	LoadOption	控制DataTable如何处理已经存在于DataTable中的加载行(需要设置DataTable的PrimaryKey属性，默认为OverwriteChanges)
InsertCommand	SqlCommand	用于提交挂起的插入命令
MissingMappingAction	MissingMappingAction	在获取TableMappings集合中未出现的列时，用于控制SqlDataAdapter对象的操作(默认为Passthrough)
MissingSchemaAction	MissingSchemaAction	在获取DataTable对象的Colunms集合中未出现的列时，用于控制SqlDataAdapter对象的操作(默认为Add)
ReturnProviderSpecificTypes	Boolean	控制SqlDataAdapter是使用标准.NET数据类型还是提供程序专用类型(在本例中为SqlTypes)来存储查询结果(默认为False)
SelectCommand	SqlCommand	用于查询数据库，以及获取结果，并将结果存储在DataSet或DataTable的SqlCommand
TableMappings	DataTableMappingCollection	SqlDataAdapter用来将查询的结果映射到DataSet的信息集合
UpdateBatchSize	Int32	控制SqlDataAdapter每批提交多少个DataRow(默认为1)
UpdateCommand	SqlCommand	用于提交挂起更新的SqlCommand

表 5-12　SqlDataAdapter 对象常用的方法

方　法	说　明
Fill	执行 SelectCommand 中的查询后向 DataSet 添加一个 DataTable。如果查询返回多个结果集，该方法将依次添加多个 DataTable 对象。还可以用该方法向现有的 DataTable 添加数据
FillSchema	执行 SelectCommand 中的查询，但只获取架构信息，它向 DataSet 中添加一个 DataTable。该方法并不往 DataTable 中添加任何数据。相反，它只利用列名、数据类型、主键和唯一约束等信息预配置 DataTable
GetFillParameters	返回一个数组，其中包含 SelectCommand 的参数
Update	将存储在 DataSet(或 DataTable 或 DataRows)中的更改通过执行适当的 InsertCommand、UpdateCommand 和 DeleteCommand 操作更新到数据库。

从表 5-11 中可以看出 SqlDataAdapter 对象有 SelectCommand，InsertCommand、Update Command 和 DeleteCommand 属性，这四个以单词 Command 结尾的属性，属性值都是 SqlCommand 对象。

调用 SqlDataAdapter 对象的 Fill 方法从数据库中检索记录，并填充到 DataSet 中，检索数据库的 SQL 语句或者存储过程存放在 SelectCommand 属性中。

InsertCommand、UpdateCommand 和 DeleteCommand 这三个属性让 DataAdapter 能够编辑、删除或添加数据库中的行。调用 SqlDataAdapter 对象的 Update 方法的目的是将存储在 DataSet(或 DataTable 或 DataRows)中的更改更新到数据库。可以显式设置 InsertCommand、UpdateCommand 和 DeleteCommand 这三个属性，调用 SqlDataAdapter 对象的 Update 方法时，执行这三个属性中设置的 SqlCommand 对象。如果没有设置这三个属性，需要设定 DataAdapter 对象的 InsertCommand、UpdateCommand 和 DeleteCommand 属性。利用 DataAdapter 填充 DataSet，必须设定 SelectCommand。

（1）创建 SqlDataAdapter 对象

在创建 SqlDataAdapter 对象时，通常希望将 SqlDataAdapter 对象 SelectCommand 属性设置为一个有效的 SqlCommand 对象。一般可以通过以下三种方法来创建 SqlDataAdapter 对象。

方法一：通过连接字符串和查询语句，代码如下所示。

```
    string strConn, strSQL;
    strConn = "Data Source=. ; Initial Catalog= mywebsite; Integrated Security=
True;";
    strSQL = "SELECT * FROM student " ;
    SqlDataAdapter da=new SqlDataAdapter(strSQL,strConn);
```

如果在 SqlDataAdapter 的构造函数中提供了一个查询字符串，这一查询字符串将变为 SqlDataAdapter 对象的 SelectCommand 的 CommandText 属性。

这种方法有一个潜在的缺陷。假设应用程序中需要多个 SqlDataAdapter 对象，用这种方式来创建的话，会导致创建每个 SqlDataAdapter 对象时，都同时创建一个新的 SqlConnection 对象，方法二可以解决这个问题

方法二：通过查询语句和 SqlConnection 对象来创建，代码如下所示。

```
    string strConn, strSQL;
    strConn = "Data Source=. ; Initial Catalog= mywebsite; Integrated Security=
True;";
    strSQL = "SELECT * FROM student " ;
    SqlConnection cn = new SqlConnection(strConn);
    SqlDataAdapter da=new SqlDataAdapter(strSQL,cn);
```

方法三：通过 SqlCommand 对象来创建，代码如下所示。

```
    string strConn, strSQL;
    strConn = "Data Source=. ; Initial Catalog= mywebsite; Integrated Security=
True;";
    strSQL = "SELECT * FROM student " ;
    SqlConnection cn = new SqlConnection(strConn);
    SqlCommand  cmd = new SqlCommand(strSQL, cn);
    SqlDataAdapter da=new SqlDataAdapter(cmd);
```

如果提供了 SqlCommand 对象而不仅仅是查询字符串，SqlCommand 对象将被分配给 SqlDataAdapter 对象的 SelectCommand 属性。

（2）使用 Fill 方法

① 使用 Fill（DataSet）方法　调用 SqlDataAdapter 类的 Fill 方法会执行存储在 SqlData Adapter 对象的 SelectCommand 属性中的查询，并将结果存储在 DataSet。

【例 5-3】 调用 SqlDataAdapter 对象的 Fill 方法，检索本地 SQL Server 2005 数据库 mywebsite 的 student 表中所有学生的信息，存储在 DataSet 中，并在控制台中显示 DataSet 中存储的结果。

```
    string strConn, strSQL;
    strConn = "Data Source=. ; Initial Catalog= mywebsite; Integrated Security=
True;";
    strSQL = "SELECT * FROM student " ;
    SqlDataAdapter da = new SqlDataAdapter(strSQL, strConn);
    DataSet ds = new DataSet();
    da.Fill(ds);
    foreach (DataRow row in ds.Tables[0].Rows)
        Console.WriteLine("{0} - {1}", row["id"],row["name"]);
```

在例 5-3 中，调用 SqlDataAdapter 对象 Fill 方法将创建 DataSet 对象中的一个新 DataTable 对象。这个新的 DataTable 对象包含与数据库中查询 student 表的结果相同的对应的列，即数据库中 student 表如果有“id”和“name”字段，那么这个 DataTable 中也有“id”和“name”字段。但这个新的 DataTable 对象的名称为“Table”，而不是“student”。原因在于，SqlData Adapter 对象调用 Fill 方法执行 SelectCommand 属性中的查询时，SqlDataAdapter 对象将隐式创建一个 SqlDataReader 对象，以获取查询结果。在 SqlDataAdapter 对象检查其第一行之前，它收集来自 SqlDataReader 架构特性的信息，以确定列名称和数据类型，所以 DataSet 对象中新建的 DataTable 拥有和数据库中 sutdent 表相同的列名和数据类型。在默认情况下，查询引用的表名称不能通过 SqlDataReader 的架构获得，所以 DataSet 对象中新建的 DataTable 对象的名称不能复制数据库中的表名“sutdent”，而是自动被命名为 Table。如果查询返回多个结果集，则 DataSet 中的表名被自动命名为 Table，Table1，Table2 等，以此类推。

② 使用 Fill（DataSet，String）方法　如果希望新创建的 DataTable 对象复制数据库中的表名，则可使用 SqlDataAdapter 对象的 Fill（DataSet，String）方法，第二个参数指定 DataTable 对象复制的数据库中源表的名称。

【例 5-4】 检索本地 SQL Server 2005 数据库 mywebsite 的 student 表中所有学生的信息，存储在 DataSet 中名称为 student 的 DataTable 中。

```
    string strConn, strSQL;
```

```
    strConn = "Data Source=. ; Initial Catalog= mywebsite; Integrated Security=
True;";
    strSQL = "SELECT * FROM student " ;
    SqlDataAdapter da = new SqlDataAdapter(strSQL, strConn);
    DataSet ds = new DataSet();
    //如果 ds 中名称为"student"的 DataTable 对象不存在，则创建，并填充
    da.Fill(ds, "student");
```

如果例 5-4 中 DataAapter 对象执行查询返回多个结果集，则 DataSet 中的表名被自动命名为 student，student1，student2 等，以此类推。

③ 使用 Fill（DataTable）方法　在调用 SqlDataAdapter 对象 Fill 方法时，还可以在参数中只指定 DataTable 对象的名称，而不是 DataSet 对象的名称。

【例 5-5】 检索本地 SQL Server 2005 数据库 mywebsite 的 student 表中所有学生的信息，存储在名称为 student 的 DataTable 中，并在控制台中显示该 DataTable 对象中存储的结果。

```
    string strConn, strSQL;
    strConn = "Data Source=. ; Initial Catalog= mywebsite; Integrated Security=
True;";
    strSQL = "SELECT * FROM student " ;
    SqlDataAdapter da = new SqlDataAdapter(strSQL, strConn);
    DataTable tb = new DataTable("student");
    da.Fill(tb);
    foreach (DataRow row in tb.Rows)
        Console.WriteLine("{0} - {1}", row["CustomerID"],
                    row["CompanyName"]);
```

④ 使用 Fill(DataSet, intStartRecord, intNumRecords, "TableName")方法　如果在上述代码上检索出的学生信息有 500 条记录，在实际应用中只希望把前 50 条记录存储在 DataTable 对象中，可以调用 SqlDataAdapter 对象 Fill(DataSet, intStartRecord, intNumRecords, "TableName") 方法，该方法执行时从第二个参数指定的记录号开始起，检索第三个参数指明的记录条数，填充到第一个参数指定的 DataSet 对象中的名称为第四个参数的 DataTable 对象中。在使用时第二个参数指定的记录号时，序号从零开始。

【例 5-6】 检索本地 SQL Server 2005 数据库 mywebsite 的 student 表中所有学生的信息，并把前 50 条记录存储在名称为 student 的 DataTable 对象中。

```
    string strConn, strSQL;
    strConn = "Data Source=. ; Initial Catalog= mywebsite; Integrated Security=
True;";
    strSQL = "SELECT * FROM student " ;
    SqlDataAdapter da = new SqlDataAdapter(strSQL, strConn);
    DataSet ds = new DataSet();
    da.Fill(ds,0,50 "student");
```

在实际应用过程中，可以应用此方法对记录进行分页显示，每页仅显示一部分查询结果。

通过上述四种重载的 SqlDataAdapter 对象的 Fill 方法示例可以看出，SqlDataAdapter 和 SqlCommand 处理 SqlConnection 对象的方式有一点重要不同。在调用 SqlCommand 对象的执行方法之前，打开一个与该 SqlCommand 相关联的 SqlConnection 对象。否则，SqlCommand 将引发一个异常。而 SqlDataAdapter 不需要打开 SqlConnection 对象。

但如果调用 SqlDataAdapter 对象的 Fill 方法并且 SelectCommand 属性的 SqlConnection

被关闭，则 SqlDataAdapter 将打开连接，提交查询，提取结果，然后关闭连接。也就是说，SqlDataAdapter 对象总是将 SelectCommand 属性的 SqlConnection 返回到其初始状态。如果在调用 Fill 方法之前，SqlConnection 处于打开状态，调用 Fill 方法之后 SqlConnection 仍然处于打开状态。

（3）使用 TableMappings 属性

SqlDataAdapter 对象的 TableMappings 属性返回一个 DataTableMappingCollection 对象。该对象包含一个 DataTableMapping 对象的集合。每个对象 DataTableMapping 允许在数据库中的一个表(或视图或存储过程)与 DataSet 中相对应的 DataTable 的名称之间建立一种映射。该属性的默认值是一个空集合。TableMappings 对象具有 ColumnMappings 属性，它返回 DataColumnMappings 对象组成的集合，每个 DataColumnMappings 对象对应数据库查询结果中的一列映射到 DataSet 中 DataTable 中的一列。

① 表映射　在表映射过程中，SqlDataAdapter 对象使用 TableMappings 集合，该集合中包含 DataTableMapping 对象，每个 DataTableMapping 对象提供对数据源的查询所返回的数据与 数据表之间的主映射。

【例 5-7】 检索本地 SQL Server 2005 数据库 mywebsite 的 student 表中所有学生的信息及 course 表中的所有课程信息，并将这些信息保存在 DataSet 对象中的 student 表和 course 表中。

```
    string strConn, strSQL;
    strConn = "Data Source=. ; Initial Catalog= mywebsite; Integrated Security=
True;";
    strSQL = "SELECT * FROM student;SELECT * FROM course " ;
    SqlDataAdapter da = new SqlDataAdapter(strSQL, strConn);
    da.TableMappings.Add("Table", "student");
    da.TableMappings.Add("Table1", "course");
    DataSet ds = new DataSet();
    da.Fill(ds);
```

例 5-7 通过 SqlDataAdapter 对象的 DataTableMapping 对象集合的 Add 方法创建了两个表映射。如果没有创建这两个表映射，SqlDataAdapter 对象的 Fill 方法将查询第一部分的结果(其引用 student 表)存储在名为“Table”的 DataTable 中。第二部分的结果(其引用 cource 表)存储在名为“Table1”的 DataTable 中。SqlDataAdapter 对象的 Fill 方法将按查询次序填充 DataSet 对象中默认名称为 Table 和 Table1 的 DataTable 对象；创建了这两个表映射后，SqlDataAdapter 对象的 Fill 方法将填充 DataSet 对象中指定名称为 student 和 course 的 DataTable 对象。

使用表映射的好处在于可以为 DataSet 中的表起个更具有描述性的名称，在处理 DataSet 中数据的时候，可以使用熟悉的表操作数据，而不是使用表达性较差的 Table 和 Table1 等。除此之外，还可以使用表映射把数据库中的表映射为 DataSet 中一个自定义的新表名。

只使用表映射，不进一步使用列映射的话，例 5-7 代码等同于下面的源代码。

```
    string strConn, strSQL;
    strConn = "Data Source=. ; Initial Catalog= mywebsite; Integrated Security=
True;";
    strSQL = "SELECT * FROM student;SELECT * FROM course " ;
    SqlDataAdapter da = new SqlDataAdapter(strSQL, strConn);
    DataSet ds = new DataSet();
    da.Fill(ds);
```

```
ds.Tables["Table"].TableName = "student";
ds.Tables["Table1"].TableName = "course";
```

② 列映射　在没有建立表映射之前，使用 DataSet 对象的 Fill 方法填充 DataSet 时，将在 DataSet 中使用与数据库中相同的列名称。建立表映射后，如果数据库中检索结果的列名称（字段名）过长或者不好记忆，可以使用列映射将数据库检索结果的列名映射到 Dataset 中改了的列名。例如，数据库中 emp 表中有字段 eid，fn 和 ln 分别表示雇员 id 号，雇员的姓，雇员的名，可读性较差。检索 emp 表信息到 DataSet 中时，可以用列映射修改列名，代码如下所示。

```
string strConn, strSQL;
strConn = "Data Source=. ; Initial Catalog= mywebsite; Integrated
Security=True;";
strSQL = "SELECT * FROM emp " ;
SqlDataAdapter da = new SqlDataAdapter(strSQL, strConn);
DataTableMapping tableMap=da.TableMappings.Add("Table", "employee");
tableMap.ColumnMappings.Add("eid", "employeeid");
tableMap.ColumnMappings.Add("fn", "firstname");
tableMap.ColumnMappings.Add("ln", "lastname");
DataSet ds = new DataSet();
da.Fill(ds);
```

在上面的代码中，首先用表映射将数据库中的 emp 表映射为 DataSet 中的 employee 表，同时将数据库中的 emp 表的 eid 字段映射为 DataSet 中 employee 表的 employeeid 字段，将数据库中的 emp 表的 fn 字段映射为 DataSet 中 employee 表的 firstname 字段，将数据库中的 emp 表的 ln 字段映射为 DataSet 中 employee 表的 lastname 字段。

建立列映射后，当 SqlDataAdapter 对象查看查询结果，并发现在其映射集合中不存在的列时（如数据库 emp 表中，除了 eid，fn，ln 列外，还有别的列），它将检查其 MissingMapping Action 属性，以确定对这些列进行何种操作。MissingMappingAction 属性接受来自 System.Data 命名空间中 MissingMappingAction 枚举的值。默认情况下，这一属性被设置为 Passthrough。当 MissingMappingAction 属性被设置为此值时，SqlDataAdapter 假定未出现在该映射集合中的列应当仍然被映射到 DataSet 中，它使用来自结果集中的列名称。将这一属性设置为 Ignore 将告诉 SqlDataAdapter 忽略未出现在映射集合中的列。还可以将 MissingMappingAction 属性设置为 Error，这样，如果它检测到查询结果中的列未出现在映射集合中时，会导致 SqlDataAdapter 引发异常。

5.3 在非连接环境下处理数据

非连接模式适合网络数据量大、系统节点多、网络结构复杂，尤其是通过 Internet/Intranet 进行连接的网络。 非连接模式下应用程序进行数据访问的步骤如下。

① 使用 Connection 对象连接数据库。

② 使用 Command 对象获取数据库的数据。

③ 把 Command 对象的运行结果存储在 DataAdapter（数据适配器）对象中。

④ 把 DataAdapter 对象中的数据填充到 DataSet（数据集）对象中。

⑤ 关闭 Connection 对象。

⑥ 在客户机本地内存保存的 DataSet（数据集）对象中执行数据的各种操作。

⑦ 操作完毕后，启动 Connection 对象连接数据库。

⑧ 利用 DataAdapter 对象更新数据库。

⑨ 关闭 Connection 对象。

由于使用了非连接模式，服务器不需要维护和客户机之间的连接，只有当客户机需要将更新的数据传回到服务器时再重新连接，这样服务器的资源消耗就少，可以同时支持更多并发的客户机。当然，这需要 DataSet 对象的支持和配合才能完成， ADO.NET 可以在与数据库断开连接的方式下通过 DataSet，DataTable 对象进行数据处理，当需要更新数据时才重新与数据源进行连接，并更新数据源。DataTable 对象表示保存在本机内存中的表，它提供了对表中行列数据对象的各种操作。可以直接将数据从数据库填充到 DataTable 对象中，也可以将 DataTable 对象添加到现有的 DataSet 对象中。在非连接的方式下，DataSet 对象提供了和关系数据库一样的关系数据模型，代码中可以直接访问 DataSet 对象中的 DataTable 对象，也可以添加、删除 DataTable 对象。

5.3.1 DataSet 对象

DataSet 对象是 ADO.NET 的一个重要部分，是支持 ADO.NET 非连接的，分布式的数据方案的核心对象，它允许将数据库中检索到的数据存储在内存中，可以理解为一个临时数据库。可以从任何有效的数据源将数据加载到数据集中。

简单地说，DataSet（数据集）就是内存中的一个临时数据库。如何理解这个概念呢？可以通过下面这个比喻形象地理解 DataSet 对象：工厂（应用程序）一般在每天上班时要把今天用的原料由专人从仓库（数据库）领出来，放在车间（内存）的临时仓库（DataSet）中，由每个工人（应用程序和数据库相关的操作）直接从临时仓库领取，而不是每个人要用材料都去仓库领取。下午下班时要把没有用的材料和制作好的成品都要由专人存放到仓库中。在这个比喻中数据集就相当于临时仓库，将需要的数据从数据库一次提取出来，提供给用户使用，修改后的结果可以再经由数据集提交给数据库进行保存。

DataSet 对象把应用程序需要的数据临时保存在内存中，可以实现数据库的非连接访问，应用程序需要数据时，直接从内存中的数据集读取数据，也可以修改数据集中的数据，将修改后的数据一起提交给数据库。

DataSet 对象的结构和数据库很相似，由表组成，每张表由行和列组成，DataSet 对象的结构模型如图 5-7 所示。

从图 5-7 可以看出，DataSet 对象的结构还是非常复杂的，在 DataSet 对象的下一层中是 DataTableCollection 对象、DataRelationCollection 对象和 ExtendedProperties 对象。

DataTableCollection 对象是数据表集合，每个 DataSet 对象由若干个数据表组成，所有的数据表组成 DataTableCollection 对象。每个数据表就是一个 DataTable 对象（数据表），而每个数据表都由行和列组成，所有的列构成一个 DataColumnCollection 对象（数据列集合），每个列就是 DataColumn 对象（数据列）。数据表所有行构成 DataRowCollection 对象（数据行集合），每行就是一个 DataRow 对象（数据行）。数据表与数据表之间的关系用 DataRelation 对象表示，所有 DataRelation 对象（数据表关系）组成 DataRelationCollection 集合（数据表关系集合)。

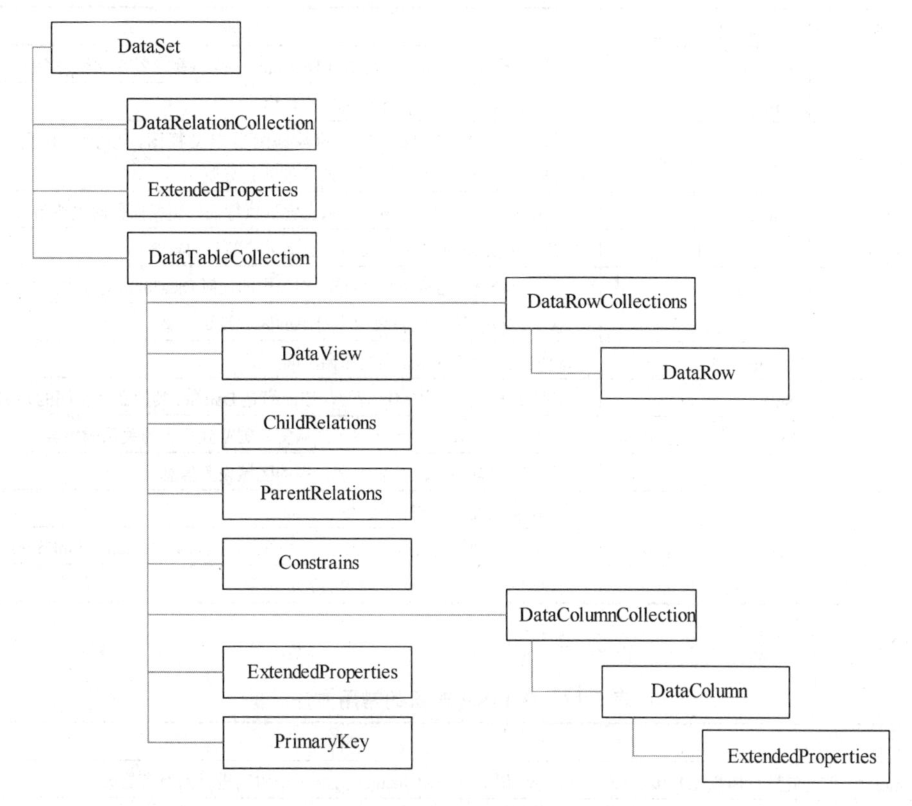

图 5-7 DataSet 对象的结构模型

表示 DataSet 对象中两个 DataTable 对象之间的父/子关系是 DataRelation 对象。它使一个 DataTable 对象中的行与另一个 DataTable 对象中的行相关联。这种关联类似于关系数据库中数据表之间的主键列和外键列之间的关联。DataRelationCollection 对象就是管理 DataSet 中所有 DataTable 之间的 DataRelation 关系的。

在 DataSet 结构模型中 DataSet 对象、DataTable 对象和 DataColum 对象都具有 ExtendedProperties 属性。ExtendedProperties 其实是一个属性集(PropertyCollection),用以存放各种自定义数据,如生成数据集的 SELECT 语句等。

DataSet 对象及 DataTable 对象、DataColumn 对象、DataRow 对象都在 System.Data 命名空间中,使用数据集要先引入该命名空间。

DataSet 对象不考虑其中的表结构和数据是来自数据库、XML 文件还是程序代码,因此 DataSet 对象不维护到数据源的连接。这缓解了数据库服务器和网络的压力。对数据集 DataSet 的特点总结可以总结为四点。

① 使用数据集对象 DataSet 无需与数据库直接交互。

② DataSet 对象是存储从数据库检索到的数据的对象。

③ DataSet 对象是零个或多个表对象的集合,这些表对象由数据行和列、约束和有关表中数据关系的信息组成。

④ DataSet 对象既可容纳数据库的数据,也可以容纳非数据库的数据源。

DataSet 对象的常见属性如表 5-13 所示。

表 5-13　DataSet 对象的常用属性

名　称	数据类型	说　明
CaseSensitive	Boolean	获取或设置一个值，该值指示 DataTable 对象中的字符串比较是否区分大小写
DataSetName	String	获取或设置当前 DataSet 对象的名称
DefaultViewManager	DataViewManager	获取 DataSet 对象所包含的数据的自定义视图，以允许使用自定义的 DataViewManager 属性进行筛选、搜索和导航
EnforceConstraints	Boolean	获取或设置一个值，该值指示在尝试执行任何更新操作时是否遵循约束规则
ExtendedProperties	PropertyCollection	获取与 DataSet 对象相关的自定义用户信息的集合
HasErrors	Boolean	获取一个值，指示在此 DataSet 对象中的任何 DataTable 对象中是否存在错误
Locale	CultureInfo	获取或设置用于比较表中字符串的区域设置信息
Namespace	String	获取或设置 DataSet 类的命名空间
Prefix	String	获取或设置一个 XML 前缀，该前缀是 DataSet 类的命名空间的别名
Relations	DataRelationCollection	获取用于将表链接起来并允许从父表浏览到子表的关系的集合
Locale	CultureInfo	获取或设置用于比较表中字符串的区域设置信息
Namespace	String	获取或设置 DataSet 类的命名空间
RemotingFormat	SerializationFormat	为远程处理期间使用的 DataSet 对象获取或设置 SerializationFormat 属性
Tables	DataTableCollection	获取包含在 DataSet 对象中的表的集合

DataSet 对象的常见方法如表 5-14 所示。

表 5-14　DataSet 对象的常用方法

方法名称	说　明
AcceptChanges	提交自加载此 DataSet 对象或上次调用 AcceptChanges 方法以来对其进行的所有更改
Clear	通过移除所有表中的所有行来清除任何数据的 DataSet 对象
Clone	复制 DataSet 对象的结构，包括所有 DataTable 对象架构、关系和约束。不要复制任何数据
Copy	复制该 DataSet 对象的结构和数据
GetChanges	返回一个 DataSet 的结构，只包含自它上一次被调用以来的或自 AcceptChanges 被调用以来对它做出的变更
GetXml	返回存储在 DataSet 对象中数据的 XML 表示形式
GetXmlSchema	返回存储在 DataSet 对象中数据的 XML 表示形式的 XML 架构
HasChanges	获取一个值，该值指示 DataSet 对象是否有更改，包括新增行、已删除行或已修改行
InferXmlSchema	将 XML 架构应用于 DataSet 对象
Merge	将指定的 DataSet 对象、DataTable 对象或 DataRow 对象的数组合并到当前的 DataSet 对象或 DataTable 对象中
ReadXml	将 XML 架构和数据读入 DataSet 对象
ReadXmlSchema	将 XML 架构读入 DataSet 对象
ReferenceEquals	确定指定的 Object 对象实例是否是相同的实例
RejectChanges	回滚自创建 DataSet 对象以来或上次调用 DataSet.AcceptChanges 方法以来对其进行的所有更改
Reset	将 DataSet 对象重置为其初始状态。子类应重写 Reset 方法，以便将 DataSet 对象还原到其原始状态
WriteXml	从 DataSet 对象写 XML 数据，还可以选择写架构
WriteXmlSchema	写 XML 架构形式的 DataSet 对象结构

DataSet(数据集)分为两类：类型化数据集和非类型化数据集。

类型化数据集先是从基 DataSet 派生，然后使用“数据集设计器”中的信息（存储在.xsd 架构文件中）生成一个新的强类型数据集类。架构中的信息（表、列等）被作为一组第一类对象和属性生成并编译为此新数据集类。由于类型化数据集继承自基 DataSet 类，因此类型化类具有 DataSet 类的所有功能，可以与 DataSet 类的实例作为参数的方法一起使用。创建类型化数据集有两种方式，一种是通过编写代码并使用作为.Net Framework SDK 一部分的命令行工具；另一种方法比较简单，只需要 Visual Studio 开发环境即可。类型化数据集在使用过程中可以通过名称引用表和列。例如，在类型化数据集 mydataset 中包含表 mytable，需要引用 mytable 表中第一条记录的 name 字段值，可以使用如下代码。

```
mydataset.mytable[0].name;
```

非类型化数据集没有相应的内置架构。与类型化数据集一样，非类型化数据集也包含表、列等，但它们只作为集合公开（不过，在手动创建了非类型化数据集中的表和其他数据元素后，可以使用数据集的 WriteXmlSchema 方法将数据集的结构导出为一个架构）。例如，在非类型化数据集 mydataset 中包含表 mytable，需要引用 mytable 表中第一条记录的 name 字段值，可以使用如下代码。

```
mydataset.Tables["mytable"].Rows[0]["name"];
```

尽管类型化数据集有许多优点，但在许多情况下需要使用非类型化数据集。最显而易见的情形是数据集无架构可用。例如，当应用程序正在与返回数据集的组件交互而且事先不知道其结构是哪种时，便会出现这种情况。同样，有些时候使用的数据不具有静态的可预知结构，这种情况下使用类型化数据集是不切实际的做法，因为对于数据结构中的每个更改，都必须重新生成类型化数据集类。在以下章节的例子中，都使用非类型化数据集。

（1）创建和填充 DataSet 对象

创建 DataSet 对象时，可以使用下列默认语句。默认创建的 DataSet 对象的 DataSetName 属性为 NewDataSet。

```
DataSet ds=new DataSet();
```

也可以直接指定 DataSetName 属性值创建 DataSet 对象。

```
DataSet ds=new DataSet("MyDataSet");
```

或者通过下列语句来创建一个 DataSet 对象并指定其 DataSetName 属性。

```
DataSet ds=new DataSet();
ds.DataSetName="MyDataSet";
```

创建完 DataSet 对象后，需要对该对象进行数据填充。最常见的填充 DataSet 对象数据的方法是使用 DataAdapter 对象的 Fill 方法。第 5.2.4 介绍 DataAdapter 对象时，已经介绍了如何使用 Fill 方法来填充 DataSet 对象。其原理是通过 DataAdapter 对象的 SelectCommand 对象设置的 Select 语句来完成的。

（2）向数据库提交更新

很多情况下，应用程序中使用 DataSet 对象并不仅仅是检索数据，而是需要在离线状态下修改数据，然后将修改后的数据提交到数据库中。SqlDataAdapte 对象的 Update 方法就可以完成这样的功能。当程序员在.NET 程序中不论使用什么样的语言开发程序，对数据库的操作实际上都是通过标准的 Select，Update，Delete 和 Insert 这样的语句来完成的。SQL 语句才是数据库支持的操作语言。

当调用 SqlDataAdapte 对象的 Update 方法时，实质上 DataAdapter 对象分析在 DataSet 中已作出的数据更改并将用户的需求转换为标准的 Update，Delete 或 Insert 语句来完成对数据库数据的操作。DataAdapter 对象实际上是通过 3 个属性封装相应的语句来完成这样的功能的。

```
InsertCommand 属性：封装 Insert 语句；
```

UpdateCommand属性：封装Update语句；

DeleteCommand属性：封装Delete语句。

当DataAdapter对象遇到对DataSet对象中更改DataRow时，它将使用InsertCommand、UpdateCommand或DeleteCommand来处理该更改。这样，开发人员通过设置这3个属性所使用的SQL语句就可以完成不同的数据更新功能。一般来说，在调用Update之前，必须显式设置这些命令。如果调用了Update但不存在用于特定更新的相应命令（例如，不存DeleteCommand，但在DataSet中已经执行删除操作，并调用Update更新数据库），则将引发异常。

【例5-8】 在DataSet对象中发生数据更改时，如何显式设置SqlDataAdapter的Update Commmand属性？通过调用SqlDataAdapter的Update方法来完成数据的更新。

```
    string strConn, strSQL;
    strConn = "Data Source=. ; Initial Catalog= mywebsite; Integrated Security=
True;";
    SqlConnection connection = new SqlConnection(strConn);
    strSQL = "SELECT * FROM student " ;
    SqlDataAdapter da = new SqlDataAdapter(strSQL, connection);
    try
    {
    connection.Open();
    //定义da对象的UpdateCommand属性使用的Update语句，这里仅按照指定的id（学号）
字段来更新表 student 的相应记录的 name 字段的值 da.UpdateCommand = new Sql
Command("UPDATE student SET name = @StudentName " +"WHERE id = @StudentID",
connection);
    //定义UpdateCommand属性使用的参数名称、类型、长度、使用的表的字段名称，需要和表中
的定义吻合起来
    da.UpdateCommand.Parameters.Add
    ("@StudentName", SqlDbType.NVarChar, 40, "name");
    //定义一个参数对象，并给其赋值
    SqlParameter parameter=
    da.UpdateCommand.Parameters. Add("@StudentID", SqlDbType.BigInt);
    parameter.SourceColumn = "id";
    parameter.SourceVersion = DataRowVersion.Original;
    parameter.SqlValue=1401070605;
    //定义数据集对象
    DataSet MyDataSet = new DataSet();
    //用表student的内容填充数据集对象
    da.Fill(MyDataSet, "student");
    //定义数据行对象
    DataRow MyRow=MyDataSet.Tables["student"].Rows[0];
    //在这里更改字段的取值，调用Update方法更新数据库，然后可以发现数据库中的数据会被更改
    MyRow["name"] = "王风";
    da.Update(MyDataSet, "student");
    }
    catch (SqlException se)
            {
            //异常处理
```

```
            }
finally
{
connection.Close();
}
```

但是如果 DataTable 映射到单个数据库表或从单个数据库表生成，则可以利用 SqlCommandBuilder 对象自动生成 DataAdapter 的 DeleteCommand、InsertCommand 和 UpdateCommand。为了自动生成命令，必须设置 SelectCommand 属性，这是最低的要求。除此之外，使用 SqlCommandBuilder 对象自动生成命令还需要注意，数据库表中必须有主键，并且一开始创建 SqlDataAdapter 时的那个 sql 语句必须包含有主键的列；更新的表中字段不能有 image 类型。例 5-8 中代码可修改为如下所示。

```
string strConn, strSQL;
strConn = "Data Source=. ; Initial Catalog= mywebsite; Integrated Security=
True;";
SqlConnection connection = new SqlConnection(strConn);
strSQL = "SELECT * FROM student " ;
SqlDataAdapter da = new SqlDataAdapter(strSQL, connection);
try
{
  connection.Open();
  //创建 SqlCommandBuilder 对象(批量更新)
  SqlCommandBuilder cb=new SqlCommandBuilder(da);
  //创建并填充 dataset(逐行)
  DataSet ds=new DataSet();
  da.Fill(ds, 0, 1, "student");
  //修改数据集
DataRow MyRow = ds.Tables["student"].Rows[0];
  MyRow["name"] = "王风";
  da.Update(ds, "student");
}
catch (SqlException se)
   {
   //异常处理
   }
   finally
   {
        connection.Close();
   }
```

5.3.2 DataTable 对象

DataSet 对象的 Tables 属性的数据类型是 DataTable 对象集合。每一个 DataSet 都是一个或多个 DataTable 对象的集合，而这些 DataTable 对象由数据行（DataRow）、数据列（DataColumn）、字段名（Column Name）、数据格（Item）以及约束（Constraint）和有关 DataTable 对象中数据的关系（Relations）与数据视图（DataView）信息组成。

DataView 用来在观察数据时提供排序和过滤的功能。DataColumn 用来对表中的数据值进行一定的规限。例如，哪一列数据的默认值是什么、哪一列数据值的范围是什么、哪个是主键、数据值是否是只读等。

由于一个 DataSet 可能存在多张表，这些表可能存在关联关系，因此用 ParentRelations 和 ChildRelations 来表述。ParentRelations 表是父表，ChildRelations 是子表，子表是对父表的引用，这样就使得一个表中的某行与另一个表中的某一行甚至整个表相关联。

常用的 DataTable 对象属性如表 5-15 所示。

表 5-15 DataTable 对象的常用属性

属性名称	数据类型	说明
CaseSensitive	Boolean	指示表中的字符串比较是否区分大小写
ChildRelations	DataRealationgCollection	获取此 DataTable 的子关系的集合
Columns	DataCollomnCollenction	获取属于该表的列的集合
Constraints	ConstraintCollection	获取由该表维护的约束的集合
DataSet	DataSet	获取此表所属的 DataSet
DefaultView	DataView	获取可能包括筛选视图或游标位置的表的自定义视图
DesignMode	Boolean	获取指示组件当前是否处于设计模式的值
DisplayExpression	String	获取或设置一个表达式，该表达式返回的值用于表示用户界面中的此表
ExtendedProperties	PropertyCollection	获取自定义用户信息的集合
HasErrors	Boolean	获取一个值，该值指示该表所属的 DataSet 的任何表的任何行中是否有错误
IsInitialized	Boolean	获取一个值，该值指示是否已初始化 DataTable
Locale	CultureInfo	获取或设置用于比较表中字符串的区域设置信息
MinimumCapacity	Integer	获取或设置该表最初的起始大小
Namespace	String	获取或设置 DataTable 中所存储数据的 XML 表示形式的命名空间
ParentRelations	DataRealationCollection	获取该 DataTable 的父关系的集合
Prefix	String	获取或设置 DataTable 中所存储数据的 XML 表示形式的命名空间
PrimaryKey	DataColum 对象数组	获取或设置充当数据表主键的列的数组
Rows	DataRowCollection	获取属于该表的行的集合
TableName	String	包含 DataTable 的名称

常用的 DataTable 方法如表 5-16 所示。

表 5-16 DataTable 对象的常用方法

方法	说明
AcceptChanges	提交自上次调用 AcceptChanges 以来对该表进行的所有更改
BeginLoadData	在加载数据时关闭通知、索引维护和约束
Clear	清除所有数据的 DataTable
Clone	克隆 DataTable 的结构，包括所有 DataTable 架构和约束
Compute	计算用来传递筛选条件的当前行上的给定表达式
Copy	复制该 DataTable 的结构和数据
CreateDataReader	返回与此 DataTable 中的数据相对应的 DataTableReader
GetChanges	已重载。获取 DataTable 的副本，该副本包含自上次加载以来或自调用 AcceptChanges 以来对该数据集进行的所有更改
GetDataTableSchema	此方法返回 XmlSchemaSet 实例，此实例包含描述 Web 服务的 DataTable 的 WSDL
GetErrors	获取包含错误的 DataRow 对象的数组
Load	已重载。通过参数中所提供的 IDataReader，用某个数据源的值填充 DataTable。如果 DataTable 已经包含行，则从数据源传入的数据将与现有的行合并

续表

方　法	说　明
LoadDataRow	已重载。查找和更新特定行。如果找不到任何匹配行，则使用给定值创建新行
Merge	已重载。将指定的 DataTable 与当前的 DataTable 合并
NewRow	创建与该表具有相同架构的新 DataRow
ReadXml	已重载。将 XML 架构和数据读入 DataTable
ReadXmlSchema	已重载。将 XML 架构读入 DataTable
RejectChanges	回滚自该表加载以来或上次调用 AcceptChanges 以来对该表进行的所有更改
Reset	将 DataTable 重置为其初始状态
Select	已重载。获取 DataRow 对象的数组
WriteXml	已重载。将 DataTable 的当前内容以 XML 格式写入
WriteXmlSchema	已重载。将 DataTable 的当前数据结构以 XML 架构形式写入

（1）创建 DataTable 对象

创建 DataTable 对象的方式有如下几种。

① 通过构造函数得到 DataTable 对象，代码如下所示。

```
//不带参数初始化 DataTable 类的新实例
DataTable();
//用指定的表名初始化 DataTable 类的新实例
DataTable(string tableName);
//用指定的表名和命名空间初始化 DataTable 类的新实例
DataTable(string tableName, string tableNamespace);
```

用这种方法创建的 DataTable 对象是空表，没有字段也没有数据，通常要通过 DataRow 对象自定义该 DataTable 的结构。以下代码创建一个新的表名为 mytable 的 DataTable 对象，然后为其添加两个字段，名称分别为 id 和 name，数据类型分别为 int 和 string。

```
DataTable dt= new DataTable("mytable");
DataColumn colUserID = new DataColumn("id", Type.GetType("System.Int"));
dt.Columns.Add(colUserID);
DataColumn colUserName= new DataColumn("name",Type.GetType("System.
String"));
dt.Columns.Add(colUserName);
```

这样得到是一个表的结构，里面没有任何数据。要向表里添加数据，必须向表中插入新记录。

② 填充完 DataSet 对象后，可通过 DataSet 获取 DataTable 对象，代码如下所示。

```
// ds 是 DataSet 对象，Tables 属性获取 DataTableCollection 实例，表示 DataSet
中包含的表的集合
DataTableCollection dtc = ds.Tables;
//按表名在 DataTableCollection 中获取 DataTable 对象
DataTable customerTable = dtc["Product"];
```

③ 通过已有的 DataTable 得到新的 DataTable 可以使用 DataTable 的 Clone 方法获得现有 DataTable 的表的结构，这在实际中也是常用的。

④ 通过 DataAdapter 对象直接填充 DataTable，获取已填充带数据的 DataTable 对象。

（2）读写 DataTable 对象中的数据

读写 DataTable 对象中的数据，即读写 DataTable 中某条记录的字段值，需要使用 Data

Table 对象的 Rows 集合，记录数从零开始。例如某 DataSet 对象拥有表名为 mytable 的数据表，以下代码把该表中第一条记录 name 字段的值改为王风。

```
//按表名在 DataTableCollection 中获取 DataTable 对象
// ds 是 DataSet 对象
DataTable tbl=ds.Tables["mytable"];
DataRow dr1=tbl.Row[0] ;
dr1["name"]="王风";
```

（3）插入一条记录

在 DataTable 对象中插入一条记录，首先需要创建一个 DataRow 对象，然后在 DataTable 对象的 DataRowCollection 中添加该 DataRow 对象，代码如下。

```
// ds 是 DataSet 对象，使用 DataTable 对象的 NewRow 方法可以使新创建的 DataRow 对象和 mytable 表具有相同的字段
DataRow newrow=ds.Tables["mytable"].NewRow();
//给新创建的 DataRow 对象每个字段赋值
newrow["name"]="王风";
…………….
ds.Tables["mytable"].Rows.Add(newrow);
```

（4）从 DataTable 中删除一条记录

从数据表中删除一条记录，可以采用下列两种方法。

① 使用 DataRowCollection 对象的 Remove 方法，首先在 DataRowCollection 对象中定位需要删除的记录，然后调用 Remove 方法，例如，要求删除表名为 mytable 的数据表中的第 4 条记录，代码如下。

```
//ds 是 DataSet 对象
DataTable tb=ds.Tables["mytable"];
DataRow dr = tb.Rows(3);
tb.Rows.Remove(dr);
```

② 使用 DataRow 对象的 Delete 方法，代码如下。

```
// ds 是 DataSet 对象
DataTable tb=ds.Tables["mytable"];
DataRow dr = tb.Rows(3);
dr.Delete;
```

比较：Remove 方法时从 DataRowCollection 中删除 DataRow，而 Delete 方法只是对删除的行做标记。DataRow 类包括 RowState 属性。RowState 属性值表示从第一次创建 DataTable（或从数据库加载 DataTable）开始，行是否发生更改，如何更改以及通过何种方式更改。属性的可选值：Modified | Detached | Added。

（5）动态筛选和排序

在 DataTable 对象中对数据进行排序、搜索和筛选，需要使用 DataTable 对象的 Select 方法，获取 DataRow 对象的数组。DataTable 对象的 Select 方法使用方式有如下几种。

① 获取所有行，代码如下。

```
//dt 是 DataTable 对象
DataRow[] rows = dt.Select();
```

② 按主键顺序（如没有主键，则按照添加顺序）获取符合筛选条件的行，代码如下。

```
//dt 是 DataTable 对象
DataRow[] rows = dt.Select("id>1401");
```

③ 获取符合筛选条件的行,并按指定的排序条件排序，代码如下。

```
//dt 是 DataTable 对象
 DataRow[] rows = dt.Select("id>1401","id DESC");
```

④ 获取符合筛选条件和指定状态的行,并按指定的排序条件排序。

```
string strExpr = "id>52";
string strSort = "name DESC";
//dt 是 DataTable 对象
DataRow[] foundRows = dt.Select(strExpr, strSort, DataViewRowState.
OriginalRows);
```

上述代码中第三个参数是 DataViewRowState 枚举值，表示获取的记录行的状态，DataViewRowState 枚举值可取以下几种。

```
Added : 一个新行。
CurrentRows：包括未更改行、新行和已修改行的当前行。
Deleted：已删除的行。
ModifiedCurrent：修改过后的记录行的当前版本。
ModifiedOriginal：修改过后的记录行的原始版本。
None：无。
OriginalRows：包括未更改行和已删除行的原始行。
Unchanged：未更改的行。
```

（6）数据统计

使用 DataTable 对象的 Compute 方法可以对数据进行求和、平均、计数等数据统计，该方法与 SQL Server 中使用 Sum、Aver、Count 等操作获得数据的统计结果类似。

使用 DataTable 对象的 Compute 方法函数说明如下。

```
public object Compute(string strExpression,string strFilter);
```

参数说明如下。

strExpression：要计算的表达式字符串，基本上类似于 Sql Server 中的统计表达式。

strFilter：统计的过滤字符串，只有满足这个过滤条件的记录才会被统计。

返回值：Object，设置为计算结果。

例如表名为 student 的 DataTable 对象，包含主键 id，数据类型为 int，表示学生的学号；name 列，数据类型为 varchar，表示学生的姓名；sex 列，数据类型为 samllint，0 表示女，1 表示男；age 列，数据类型为 int，表示学生的年龄。

统计所有性别为女的学生的数量。

```
// ds 是 DataSet 对象
DataTable tb=ds.Tables["student"];
 object n = table.Compute("count(id)", "sex =0");
```

统计所有年龄大于 20 岁的学生的数量。

```
// ds 是 DataSet 对象
DataTable tb=ds.Tables["student"];
Int c = (int)table.Compute("count(id)", "age>20");
```

统计所有学生的平均年龄。

```
// ds 是 DataSet 对象
DataTable tb=ds.Tables["student"];
```

```
object n  = table.Compute("avg(age)", "true");
```

5.3.3 DataRelation 对象

DataSet 对象的 Relations 属性的数据类型是 DataRelation 集合。DataRelation 对象表示不同表中多组列之间的父/子关系。

假设数据库包含 student 表和 testscores 表。student 表包含 FirstName、LastName 和 StudentId 字段。testscores 表具有 StudentId、TestNumber 和 Score 字段，其中，StudentId 字段值取自 student 表的 StudentId 字段值。StudentId 字段连接父/子关系中的两个表。每个 student 表记录可能对应于任何数量的 testscores 表记录，student 表是父表，testscores 表是子表。

使用 DataAdapter 对象的 Fill 方法把这两张表添加到 DataSet 中表名为 mystudent 和 mytestscore 的两个 DataTable 对象中，代码如下所示。

```
string strConn, strSQL, strSQL1;
strConn = "Data Source=. ; Initial Catalog= mywebsite; Integrated Security=
True;";
strSQL = "SELECT * FROM student ";
strSQL1 = "SELECT * FROM testscores";
DataSet ds = new DataSet();
SqlDataAdapter da = new SqlDataAdapter(strSQL, strConn);
da.Fill(ds, "mystudent");
SqlDataAdapter da1 = new SqlDataAdapter(strSQL1, strConn);
da.Fill(ds, "mytestscores");
```

由于 ADO.NET 没有提供任何从数据源中读取关系并自动应用到 DataSet 的方法。在上述过程中，数据库中的父子关系并没有复制到 DataSet 中已创建的名称为 mystudent 和 mytestscore 的两个 DataTable 对象中，因此，需要手工创建 DataTable 对象之间的关系。关系通过定义一个 DataRelation 对象并把它加入 DataSet.Relations 集合来创建。创建关系时，需要提供构造函数的 3 个参数：关系的名称、父表中作为主键的 DataColumn、子表中作为外键的 DataColumn。

```
DataRelation relat = new DataRelation("Student Test Scores", ds.Tables
["mystudent"].Colums["StudentId"],ds.Tables["mytestscores"].Colums["Stude
ntId"]);
ds.Relations.Add( relat);
```

DataRelation 对象的一个最主要的用途是查找相关记录，即定位父表中某条记录，查找子表中的相关记录，或者定位子表中某条记录，查找父表中的相关记录。不过，DataRelation 对象不直接处理查找，这个功能实际上是通过 DataRow 对象的 GetChildRows,GetParentRow 和 GetParentRows 方法提供的，在调用这些方法时，必须指定 DataRelation 对象作为参数。

例如，定位父表中某条记录，查找子表中所有和父表中相关的记录，即由上向下搜索。假定针对父表（表名为 mystudent 的 DataTable 对象）中的第一条记录，用户希望获得子表中（表名为 mytestscore 的 DataTable 对象）与该条记录 StudentId 字段值相同的所有记录行，就可以使用 DataRow 对象的 GetChildRows 方法，在调用时，关系的名称传递给该方法。然后获得子表中与父表的 DataRow 相对应的 DataRow 对象的数组，具体代码如下所示。

```
DataRelation relat = new DataRelation("Student Test Scores", ds.Tables
["mystudent"].Colums["StudentId"],ds.Tables["mytestscores"].Colums["Stude
```

```
ntId"]);
    ds.Relations.Add( relat);
    DataRow r= ds.Tables["mystudent"].Rows[0];
    //创建子表 DataRow 对象的数组
    DataRow[] childr;
    //从关系中获取子表记录行数组
    childr = r.GetChildRows("Student Test Scores ");
```

同样，可以定位子表中某条记录，查找父表和子表相关的记录，实现由下向上搜索，使用的是 DataRow 对象 GetParentRow 和 GetParentRows 方法。

DataRelation 对象的第二个用途是可用来增强对相关 DataTable 对象的约束。约束对表列中的数据强加一个限制。DataSet 支持以下三种约束。

外键约束：基于一个表中的值限制另一个表中的值。例如，可能要求 mytestscores 表的 StudentId 字段值必须存在于 mystudent 表的 StudentId 字段中。如果删除 mystudent 表中某条记录，mytestscores 表中和被删记录相关的所有记录必须被删除。外键约束可用来维护数据集中的父表和子表之间的引用完整性。

唯一约束：要求相同表中一个或多个字段的组合必须唯一。例如，mystudent 表可能要求 StudentId 字段值必须唯一。这就可以防止程序创建具有相同 StudentId 的两个 mystudent 记录。唯一约束用来保证表中的列不包含重复内容。

更新和删除约束：在对父表中的列(或行)执行某种操作时，使用更新和删除约束，可以确定应对子表中的行进行什么操作。更行和删除约束通过 Rule 枚举可以应用 4 种不同的规则。

① Cascade：如果更新了父键，就应把新的键值复制到所有的子记录上。如果删除了父记录，也将删除子记录，这是默认选项。

② None：如果更新和删除了父记录，子记录不执行任何操作，这个选项会留下子表中的孤立行。

③ SetDefault：如果更新和删除了父记录，那么每个受影响的子记录都把外键值设置为默认值（由列的 DefaultValue 属性建立）。

④ SetNull：如果更新和删除了父记录，不删除子记录，但子记录中的外键设置为 DBNull。使用该设置后，子记录可以作为“孤行”保留，即子记录与父记录没有关系。注意使用此规则会导致子表中出现无效数据。

【例 5-9】 在表名为 mystudent 和 mytestscores 的两个 DataTable 中设置这三种约束。

```
DataColumn parent = ds.Tables["mystudent"].Columns["StudentId "];
 //设置主键之前创建唯一约束
dt.Constraints.Add(new UniqueConstraint("PK_studentid", parent ));
//设置主键
dt.PrimaryKey = new DataColumn[] { parent };
DataColumn child = ds.Tables["mytestscores"].Columns["StudentId "];
//设置外键
ForeignKeyConstraint fk = new ForeignKeyConstraint("FK_testscore_Stud
entId ", parent, child);
 //设置更新约束
fk.UpdateRule = Rule.Cascade;
//设置删除约束
fk.DeleteRule = Rule.SetNull;
```

```
//添加外键
ds.Tables["Products"].Constraints.Add(fk);
```

例 5-9 中采用创建 UniqueConstraint 对象和 ForeignKeyConstraint 对象的方法实现约束。怎样使用 DataRelation 对象实现对相关的 DataTable 对象的约束呢？在默认情况下，创建 DataRelation 对象时，同时也在父表上创建了一个唯一约束，在子表上创建了一个外键约束。如果新创建的 DataRelation 对象添加的唯一约束和外键约束与 DataSet 中已存在的约束相匹配，那么 DataRelation 对象只是使用这些已经存在的约束。

5.4 数据绑定控件

通过前面介绍的 DataSet 模型结构，数据可以从后台数据库取到前台内存中，然后即可使用 ASP.NET 提供的数据绑定控件将数据呈现在页面上。

5.4.1 数据绑定

众所周知，Web 系统的一个典型的特征是后台对数据的访问和处理与前台数据的显示是分离的，而前台显示是通过 HTML 来实现的。一种将数据呈现的最直接的方式是将需要显示的数据和 HTML 标记拼接成字符串并输出，但这种方案的缺点也是显而易见的，不但复杂而且难以重用，尤其是有大宗数据需要处理时。因此，为了简化开发过程，ASP.NET 环境中提供了多种不同的服务器端控件来帮助程序员更快更高效地完成数据的呈现。这些用于数据呈现的 ASP.NET 控件，集成了常见的数据显示框架和数据处理功能，因而，在使用时只需要设置某些属性，并将需要显示的数据交付给控件，控件就可以帮助我们按照固定的样式（例如表格）或通过模板自定义样式将一系列数据呈现出来，并自动继承某些内置的数据处理功能，例如排序、分页等，当然，也可以通过编程定制或扩展控件的行为。这些控件称为数据绑定控件，而将数据交付给数据绑定控件的过程就被称为数据绑定。

数据绑定实现方式有三种：自动绑定、手工绑定和直接在页面中放置数据绑定表达式三种方式。

（1）自动绑定

自动绑定首先需要创建数据源控件实例。创建数据源控件实例可以在设计时从工具箱中直接选择数据源控件放置到页面中，或者在运行时以编码的形式创建。

常见的数据源控件如表 5-17 所示。

表 5-17 常见的数据源控件

名　称	说　明
SqlDataSource	可以连接到 ADO.NET 支持的任何 SQL 数据库
AccessDataSource	连接到使用 Microsoft Office 创建的 Access 数据库
ObjectDataSource	连接到应用程序的 Bin 或 App_Code 目录中的中间层业务对象或数据集
XmlDataSource	连接到 XML 文件
SitemapDataSource	连接到此应用程序的站点导航树（要求应用程序根目录处有一个有效的站点地图文件，默认的文件名为“Web.sitemap”），站点地图文件其实也是一个 XML 文件

创建完数据源控件实例后，自动绑定需要将数据绑定控件的 DataSourceID 设定为数据源

控件，支持数据源的数据绑定控件即可充分利用数据源控件的功能实现对数据的增删改查。

在工具箱的标准控件组中，支持数据源的数据绑定控件有 DropDownList、ListBox、CheckBoxList、RadioButtonList 和 BulletedList 等。

在工具箱的数据控件组中，支持数据源的数据绑定控件如表 5-18 所示。

表 5-18　常见的数据绑定控件

服务器控件名称	说　明
GridView	以表格的方式显示和编辑数据
DetailsView	一次显示、编辑、插入或删除一条记录。默认情况下，DetailsView 控件将记录的每个字段显示在它自己的一行内
FormView	FormView 控件与 DetailsView 控件相似，一次也只能显示或编辑一条记录。FormView 需要给其设定一个模板
DataList	控件可以用某种用户指定的格式来显示数据（如分列显示），这种格式由模板和样式进行定义
Repeater	Repeater 控件没有包含内置的布局或样式，需要由 Web 开发者指定所有的用于显示数据的内部控件和显示样式
ListView	ASP.NET 3.5 新增，以嵌套容器模板和占位符的方式提供灵活的数据显示模式

表 5-18 中的数据绑定控件提供了大量的功能帮助用户对数据进行进一步操作，例如，排序、过滤、新增、修改和删除等，从而使得数据呈现的过程变得简单而灵活。

无论是标准控件组或者数据控件组中支持数据源的数据绑定控件通常包含以下属性。

DataSource：包含要显示的数据的数据对象，该对象必须实现 ASP.NET 数据绑定支持的集合，通常是 ICollection。

DataSourceID：使用该属性连接到一个数据源控件，使开发人员能用声明式编程而不用编写程序代码。

DataTextField：指定列表控件将显示为控件文本的值，数据源集合通常包括多个列或者多个属性，使用 DataTextField 属性可以指定哪一列或属性数据进行显示。

DataTextformatString：指定 DataTextField 属性将显示的格式。

DataValueField：该属性与 DataTextField 属性类似，但是该属性的值是不可见的，可以使用代码对该属性的值进行访问，比如列表控件的 SelectedValue 属性。

【例 5-10】 在页面上用 DropDownList 控件自动绑定本地 SQL Server 2005 数据库的 ssort 表中的 ssname 字段，页面部分代码如下所示。

```
<div>
        <asp:SqlDataSource ID="SqlDataSource1" runat ="server" Connection
String="<%$ ConnectionStrings:zjwebsiteConnectionString %>"
        SelectCommand="SELECT [ctype1], [ssname] FROM [ssort]"> </asp:Sql
DataSource>
      <asp:DropDownList ID="DropDownList1" runat="server" DataSourceID=
"SqlDataSource1"
DataTextField="ssname" DataValueField="ctype1">
        </asp:DropDownList>
</div>
```

从代码中可以看出，为了实现自动绑定，创建了 SqlDataSource 对象，并把该数据源对象赋值给 DropDownList 控件的 DataSourceID 属性，例 5-10 浏览效果如图 5-8 所示。

图 5-8　自动绑定 DropDownList 控件

（2）手工绑定

手工绑定不使用数据源控件，而是直接通过编码的方式将数据源赋值给数据绑定控件的 DataSource 属性，然后再调用数据绑定控件的 DataBind()方法实现。根据数据绑定控件的类型不同，在手工绑定中，可把 DataSet 对象、DataTable 对象、DataView 对象、DataColumn 对象、数组或者集合赋值给数据绑定控件的 DataSource 属性。

【例 5-11】 在 default.aspx 页用 DropDownList 控件手动绑定数组，default.aspx 页部分代码如下所示。

```
<div>
    <asp:DropDownList ID="DropDownList1" runat="server">
    </asp:DropDownList>
</div>
```

default.aspx.cs 部分代码如下所示。

```
protected void Page_Load(object sender, EventArgs e)
    {
        String[] strArr = new String[] { "北京", "上海", "天津" };
        DropDownList1.DataSource = strArr;        //设置数据源
        DropDownList1.DataBind();                 //使用 databind 实现绑定
    }
```

从代码中可以看出，为了实现手工绑定，DropDownList 控件和数据源的绑定由用户通过编码完成，例 5-11 浏览效果如图 5-9 所示。

图 5-9　手工绑定 DropDownList 控件

（3）直接在页面中放置绑定表达式

直接在页面中放置绑定表达式，然后在 Page_Load 中调用页面类的 DataBind()方法实现数据绑定。

绑定表达式包含在<%#和%> 分隔符之内，格式为：<%#绑定表达式%>。数据绑定表达式可以作为服务器控件或者 Html 控件的属性值出现，也可以直接出现在页面上。

常见的绑定表达式如下所示。

① 变量。例如，把页面中的 ID 为 Label1 的服务器控件 Label 的 Text 属性值绑定到一个变量。

```
<asp:Label ID="Label1" runat="server" Text="<%#变量名%>"></asp:Label>
```

② 服务器控件的属性值。例如，把页面中 ID 为 Label1 的服务器控件 Label 的 Text 属性值绑定到服务器控件 TextBox 的 Text 属性值。

```
<asp:Label ID="Label1" runat="server" Text="<%#TextBox2.Text %>"></asp:
Label>
```

③ 数组等集合对象。例如把一个数组绑定到列表控件，例如 ListBox 等，或者 Repeater,DataList,GridView 这样的控件等，此时只需要把属性 DataSource='<%# 数组名%>' 。

④ 表达式。例如，Person 是一个对象，Name 和 City 是它的 2 个属性，则数据绑定表达式可以这样写：<%#(Person.Name + " " + Person.City)%>。

⑤ 方法。例如，<%#GetUserName()%>。GetUserName()是一个已经定义的 C#方法，一般要求有返回值。例如，将服务器控件 Label 的 Text 属性绑定到当前日期。

```
<asp:Label ID="Label1" runat="server"
Text="<%#DataTime.Now.ToString()%>"></asp:Label>
```

【例 5-12】 default.axpx 页面中的控件 Label，采用第三种方式，绑定到的一个公有变量。

default.axpx 页面部分代码如下所示。

```
<body>
    <form id="form1" runat="server">
    <div>
        <asp:Label ID="Label1" runat="server" Text="<%#myvalue %>"></asp:
Label></div>
    </form>
</body>
```

在 default.axpx 页面中，添加一个服务器控件 Label，把它的 Text 属性值使用数据绑定表达式绑定到变量 myvalue。

default.axpx.cs 部分代码如下所示。

```
public string myvalue = "";
    protected void Page_Load(object sender, EventArgs e)
    {
        if (!this.IsPostBack)
        {
            myvalue = "欢迎您！";
            Page.DataBind();
        }
}
```

在代码中，首先初始化公有变量 myvalue，然后在 Page_Load 中调用页面类的 DataBind() 方法实现数据绑定。

例 5-12 中 Default.aspx 页面的运行结果如图 5-10 所示。

5.4.2 GridView 控件

从 ASP.NET 2.0 开始，Microsoft 延用了基本的 DataGrid，但对它进行了改进，创建了一个新的服务器控件 GridView。这个新控件更容易使用 DataGrid 的高级功能，大多数功能都不需要编写任何代码，它还添加了许多新功能。

无标题页 - Windows Internet Explorer
欢迎您！

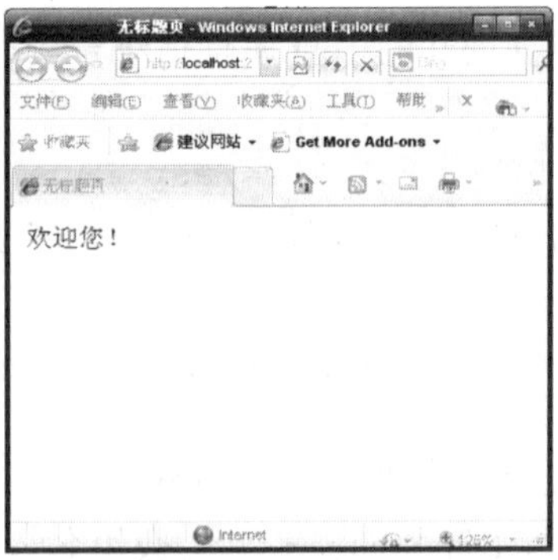

图 5-10　在页面上放置绑定表达式运行结果

GridView 是一个功能强大的数据绑定控件，主要用于以表格的形式呈现、编辑关系数据集。对应于关系数据集的结构，GridView 控件以列为单位组织其所呈现的数据，除了普通的文本列，还提供了多种不同的内置列样式，例如，按钮列、图像列、复选框形式的数据列等，可以通过设置 GridView 控件的绑定列属性以不同的样式呈现数据，也可以通过模板列自定义列的显示样式。

在数据绑定时，通常将访问关系数据库得到的结果集作为 GridView 控件的数据源，GridView 控件对其所呈现的数据集提供内置的编辑、修改、更新、删除以及分页和排序功能，但是若要使用控件的内置数据处理功能，则需要使用 ASP.NET 提供的数据源控件(如 SqlDataSource 和 ObjectDataSource)，否则就需要手动编写事件处理程序来实现相应的功能。虽然采用数据源控件来连接数据库并处理数据更加方便，但手动编写代码却更加灵活，并且在编写代码的过程中可以更深入地了解 GridView 控件的运行方式，因而也更具有参考意义，因此本节的例子将采用查询数据库得到的 DataTable 对象作为控件数据源，然后通过编写事件程序的方式来实现数据处理功能，而在下一节中将采用数据源控件绑定 FormView 控件并使用内置的数据处理功能。

（1）使用 GridView 控件显示数据

开始使用 GridView 控件时，先把该控件从工具箱中拖放到 ASP.NET Web 页面的设计界面上，此时 ASP.NET 会提示选择一个要绑定到网格上的数据源控件。对于 Sql Server2005 数据库，可以选择工具箱中的 SqlDataSource 数据源控件实现与 GridView 控件的自动绑定，也可以编码完成手工绑定。

【例 5-13】 在网站中新建一个名为 GridView.aspx 的页面实现 GridView 控件的自动绑定。

首先在页面中添加一个 SqlDataSource 控件，并如图 5-4～图 5-6 所示配置数据源连接本地 Sql Server 2005 数据库中的 student 表，然后在页面上添加一个 GridView 控件，如图 5-11 所示。单击 GridView 右上角的小箭头打开“GridView 任务”面板（如图 5-12 所示），在选择数据源下拉列表中，选择刚才配置的数据源 SqlDataSource1，自动将 GridView 控件绑定到 student 表。

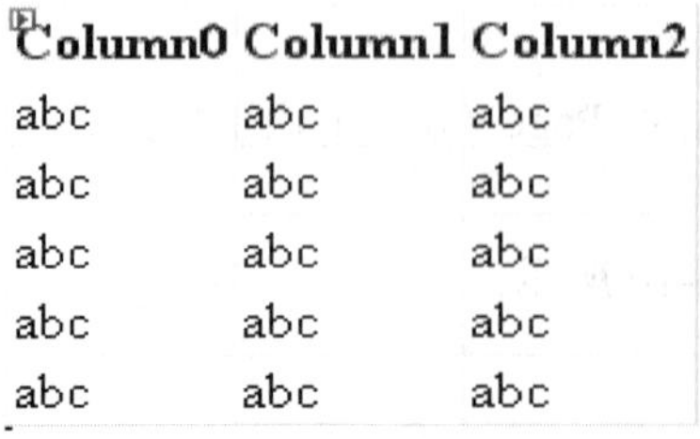

Column0 Column1 Column2
abc abc abc
abc abc abc
abc abc abc
abc abc abc
abc abc abc

图 5-11　GridView 控件设计视图

GridView 任务
自动套用格式...
选择数据源: (无)
编辑列...
添加新列...
(无)
SqlDataSource1
<新建数据源...>
编辑模板

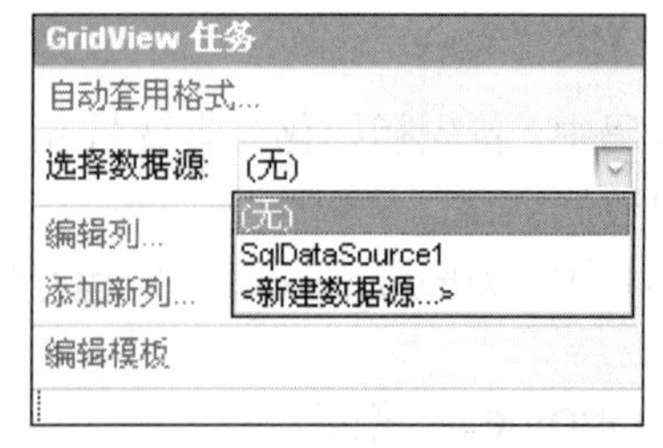

图 5-12　GridView 控件任务面板

对应的代码如下所示。

```
<asp:GridView ID="GridView1" runat="server" AutoGenerateColumns="False">
        </asp:GridView>
        <asp:SqlDataSource ID="SqlDataSource1" runat="server" Connection
String="<%$ ConnectionStrings:myconConnectionString %>"
            SelectCommand="SELECT [id], [name], [sex], [age] FROM [student]">
</asp:SqlDataSource>
```

自动绑定后的 GridView.aspx 页运行效果如图 5-13 所示。

GridView 的数据绑定方式非常简单，只用几句简单的代码就可以将数据集以表格的形式呈现出来，但这种方式的呈现效果很简陋。为了改善 GridView 控件的呈现效果，可以使用 GridView 控件的内置样式。在上例的 GridView.aspx 页面中，单击 GridView 右上角的小箭头打开“GridView 任务”面板（如图 5-12 所示），该面板上包含“自动套用格式”选项，通过“自动套用格式”可以快速便捷地为 GridView 控件应用一些内置的表格呈现样式。例如，在自动套用格式面板中选择“彩色形”，图 5-13 所示的 GridView 运行效果如图 5-14 所示。

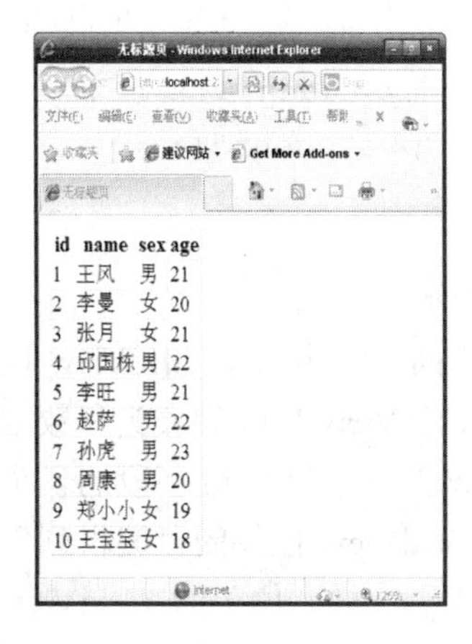

图 5-13　GridView 手工绑定的运行效果

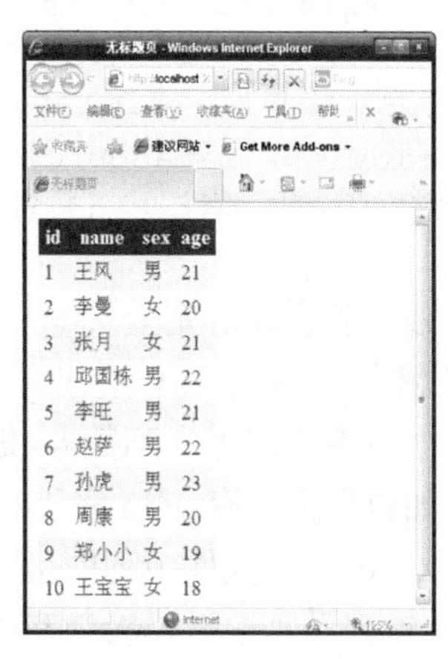

图 5-14　使用内置样式后 GridView 的外观

（2）设定 GridView 的编辑列和编辑模板

除了可以使用内置样式外，还可以通过设置 GridView 控件的“编辑列”使其呈现不同的列样式，实现数据的编辑和修改，或者“编辑模板”定制所需的列样式和功能。

【例 5-14】 在网站中新建一个名为 GridView1.aspx 的页面，在该页面中使用 GridView 控件手工绑定到连接本地 Sql Server 2005 数据库中的 student 表。

首先在页面上添加一个 GridView 控件，如图 5-11 所示。

对应的代码如下所示。

```
<div>
        <asp:GridView ID="GridView2" runat="server">
        </asp:GridView>
</div>
```

在 GridView1.aspx.cs 中添加数据绑定代码，为 GridView 控件实现手工绑定到本地 SQL Server2005 数据库中 student 表，显示表中所有记录，代码如下所示。

```
protected void Page_Load(object sender, EventArgs e)
    {
        if (Page.IsPostBack == false)
```

```
            {
               GridViewBind();
      }
       }
    private void GridViewBind()
        {
            //在配置文件中取连接字符串
            string sqlconnstr = ConfigurationManager.ConnectionStrings["my
ConnectionString"].ConnectionString;
            DataSet ds = new DataSet();
            using (SqlConnection sqlconn = new SqlConnection(sqlconnstr))
            {
               SqlDataAdapter sqld = new SqlDataAdapter("select * from student",
sqlconn);
               sqld.Fill(ds, "mystudent");
            }
            //把GridView的DataSource属性设置为mystudent数据表
            GridView2.DataSource = ds.Tables["mystudent"];
            GridView2.DataBind();
        }
```

页面运行效果和自动绑定效果一样（如图 5-12 所示）。

从例 5-13 和例 5-14 中可以看出，无论自动绑定还是手工绑定，GridView 控件可用表格的形式显示数据表中的多行多列数据，默认的情况下 GridView 控件的表头和数据表中的字段名是一样的，如数据表中存在 id 字段，那么 GridView 控件中显示 id 字段的表头就是 id。

为了改善 GridView 控件中列的呈现格式，可用 GridView 控件的“编辑列”和“编辑模板”属性。“编辑列”、“编辑模板”和“自动套用格式”一样，位于的 GridView“任务”窗口中。其中“编辑列”选项用于设置表格的绑定列属性，而“编辑模板”选项用于编辑模板列中的显示项的样式。单击“编辑列”选项打开设置 GridView 列样式的“字段”对话框，如图 5-15 所示。

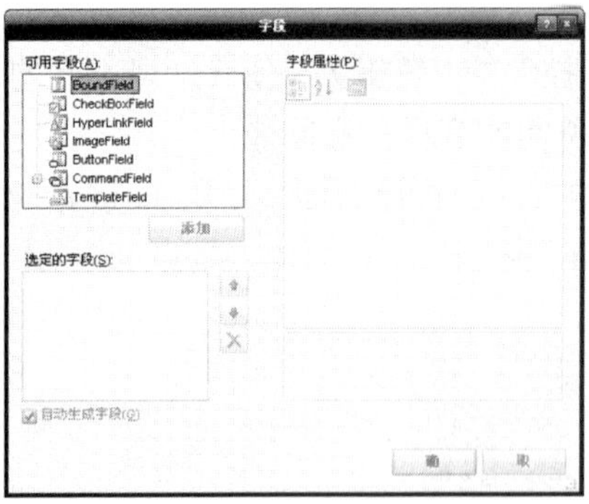

图 5-15 GridView 控件编辑列面板

图 5-15“可用字段”列表列出了可用的绑定列类型，单击“添加”按钮即可设置 GridView 控件中显示的列及其类型。GridView 控件中可用如下 7 种类型字段。

① BoundField：以文字形式呈现数据的普通绑定列类型。

② CheckBoxField：以复选框形式呈现数据，绑定到该类型的列数据应该具有布尔值。

③ HyperLinkField：以链接形式呈现数据，绑定到该类型的列数据应该是指向某个网站或网上资源的地址。

④ ImageField：以图片形式呈现数据。

⑤ ButtonField：以按钮的形式呈现数据或进行数据的操作。

⑥ CommandField：系统内置的一些操作按钮列，可以实现对记录的编辑、修改、删除等操作。

⑦ TemplateField：模板列绑定到自定义的显示项模板，因而可以实现自定义列样式。

在 GridView 控件中如何使用 BoundFied 类型字段呢？在实际应用时，可以根据需要显示数据类型，选择要绑定的 GridView 控件中列的类型并设置其映射到数据集的字段名称和呈现样式（设置绑定列后，GridView 中将只显示映射列数据，否则系统将默认以 BoundField 类型显示数据源表中的所有列）。

【例 5-15】 在例 5-14 的 GridView 中以“姓名”列绑定数据源 student 表中的“name”字段，“学生 ID”列绑定数据源 student 表中的“id”字段，“性别”列绑定数据源 student 表中的“sex”字段，“年龄”列绑定数据源 student 表中的“age”字段。

首先在页面的 GridView 控件中，单击“编辑列”选项打开设置如图 5-15 所示的“字段”窗口，在“字段”窗口中添加一个 BoundField 列，如图 5-16 所示。

在右方字段属性编辑框中设置 DataField 数据为“name”，其中“name”对应于作为数据源的 student 表中的 name 字段，通过该属性完成显示列与源之间的数据映射。而 HeaderText 属性表示该字段呈现在 GridView 控件中时的表头名称，这里设置为“姓名”。按照同样的方法添加另外三个 BoundFied 列，HeaderText 属性为“学生 ID” BoundField 列绑定数据源 student 表中的“id”字段，HeaderText 属性为“性别” BoundField 列绑定数据源 student 表中的“sex”字段，HeaderText 属性为“年龄” BoundField 列绑定数据源 student 表中的“age”字段。除了 HeaderText 属性和 DataField 属性外，每个 BoundFied 列的在属性编辑框中还可以设置列的显示外观或行为等其他属性。

图 5-16 GridView 绑定列 BoundField 类型

通过图 5-16“字段”对话框中“选定字段”列表旁边的向上的箭头按钮、向下的箭头按钮和删除按钮，可以修改选中的字段的在 GridView 控件中的排列次序，以及从 GridView 控件中删除选中的字段。

和 BoundField 类型字段一样，还可以在 GridView 控件中使用其他类型字段。例如，CommandField 类型字段。通过 CommandField 类型，并配合事件处理程序就可以在 GridView 中完成数据的编辑、修改、插入等操作。

【例 5-16】 使用 CommandField 类型字段为例 5-15 的 GridView 中显示的每一行数据增加编辑操作。

首先在页面的 GridView 控件中，单击“编辑列”选项打开如图 5-15 所示的“字段”窗口，在“可用字段”列表中展开 CommandField，如图 5-17 所示。

从图 5-17 中可见 CommandField 有 3 种类型可以选择，不同的类型意味着在 Command Field 列显示不同的命令按钮，选择“编辑、更新、取消”，则在图 5-16 的“选定字段”列表的末端增加了一个 CommandField 字段，名称“编辑、更新、取消”，列样式如图 5-18 所示。

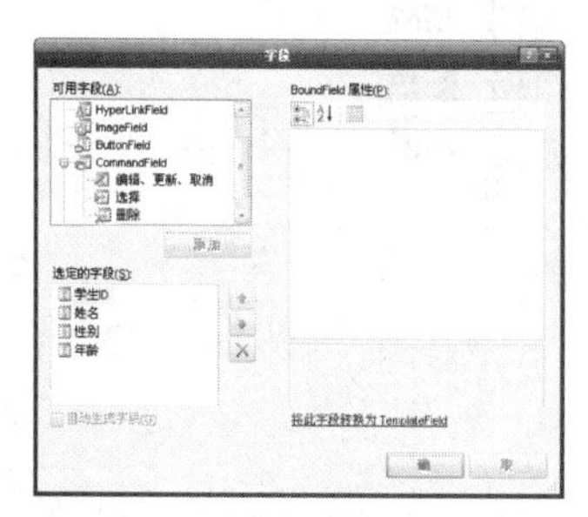

图 5-17 GridViewCommandField 类型图

学生ID	姓名	性别	年龄	
数据绑定	数据绑定	数据绑定	数据绑定	编辑
数据绑定	数据绑定	数据绑定	数据绑定	编辑
数据绑定	数据绑定	数据绑定	数据绑定	编辑
数据绑定	数据绑定	数据绑定	数据绑定	编辑
数据绑定	数据绑定	数据绑定	数据绑定	编辑

图 5-18 GridView 增加“编辑、更新、取消”列

运行时单击“编辑”按钮，列中的“编辑”按钮将会被替换为两个按钮“更新”和“取消”，因此，列的运行时实际上包含了3个命令按钮，单击按钮所发生的行为需要通过设置相应的事件程序完成，由于CommandField类型是一种控件内置的用于编辑数据的绑定类型，因此其事件在GridView控件的属性窗口中设置，GridView控件的属性窗口设置事件列表如图5-19所示。

其中的RowEditing、RowUpdating、RowDeleting、RowCancelingEdit事件分别在编辑、更新、删除、取消按钮被单击时触发。通过为这些事件添加相应的处理程序即可完成数据的编辑和修改功能。

GridView控件中可使用ButtonField类型字段，ButtonField以按钮的形式呈现数据或进行数据的操作。

【例5-17】 为例5-16的GridView控件中显示的每一行数据添加一个删除按钮。

首先在页面的GridView控件中，单击“编辑列”选项打开如图5-15所示的“字段”窗口，在“可用字段”列表中添加一个ButtonField字段，如图5-20所示。设置ButtonField属性列表中其ButtonType属性为“Button”，即外观呈现为按钮形式；设置Text属性为“删除”，即按钮上的文字为删除，设置CommandText属性为“delete”，即执行删除操作。

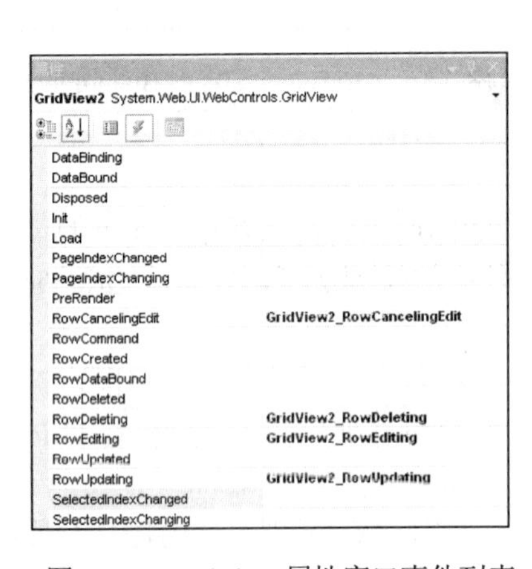

图5-19 GridView属性窗口事件列表

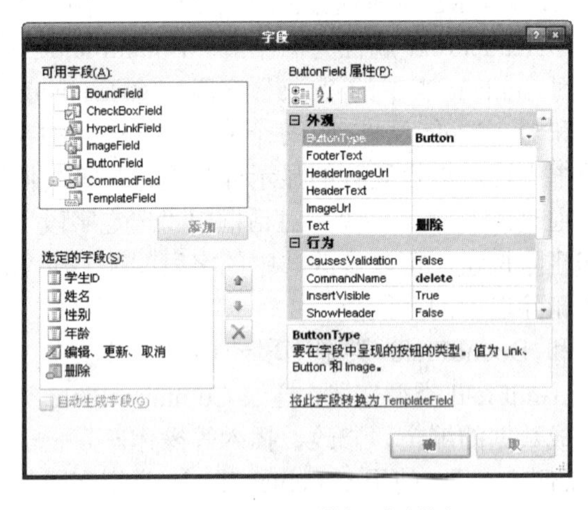

图5-20 GridView增加删除按钮

页面设计效果如图5-21所示。

学生ID	姓名	性别	年龄		
数据绑定	数据绑定	数据绑定	数据绑定	编辑	删除
数据绑定	数据绑定	数据绑定	数据绑定	编辑	删除
数据绑定	数据绑定	数据绑定	数据绑定	编辑	删除
数据绑定	数据绑定	数据绑定	数据绑定	编辑	删除
数据绑定	数据绑定	数据绑定	数据绑定	编辑	删除

图5-21 GridView1.aspx的设计视图

页面代码如下所示。

```
<div>
    <asp:GridView ID="GridView2" runat="server" AutoGenerateColumns=
```

```
"False"
    OnRowCancelingEdit="GridView2_RowCancelingEdit" OnRowDeleting="GridView2_
RowDeleting"
    OnRowEditing="GridView2_RowEditing" OnRowUpdating="GridView2_RowUpdating">
            <Columns>
                <asp:BoundField DataField="id" HeaderText="学生 ID" />
                <asp:BoundField DataField="name" HeaderText="姓名" />
                <asp:BoundField DataField="sex" HeaderText="性别" />
                <asp:BoundField DataField="age" HeaderText="年龄" />
                <asp:CommandField ShowEditButton="True" />
                <asp:ButtonField CommandName="delete" Text="删除" ButtonType=
"Button" />
            </Columns>
        </asp:GridView>
    </div>
```

在 GridView1.aspx.cs 中为命令按钮添加如下代码，实现数据操作。

```
    protected void GridView2_RowUpdating(object sender, GridViewUpdate
EventArgs e)
        {
        string sqlconnstr =ConfigurationManager.ConnectionStrings["my
ConnectionString"].ConnectionString; ;
        SqlConnection sqlconn = new SqlConnection(sqlconnstr);
            //提交行修改
        sqlconn.Open();
        SqlCommand Comm = new SqlCommand();
        Comm.Connection = sqlconn;
        Comm.CommandText = "update student set name=@name,age=@age,sex=@sex
where id=@id";
        Comm.Parameters.AddWithValue("@id", (int)GridView2.DataKeys[e.Row
Index].Value);
        Comm.Parameters.AddWithValue("@name", ((TextBox)GridView2.Rows
[e.RowIndex].Cells[1].Controls[0]).Text);
        Comm.Parameters.AddWithValue("@sex", ((TextBox)GridView2.Rows[e.Row
Index].Cells[2].Controls[0]).Text);
        Comm.Parameters.AddWithValue("@age", ((TextBox)GridView2.Rows[e.Row
Index].Cells[3].Controls[0]).Text);
        Comm.ExecuteNonQuery();
        sqlconn.Close();
        sqlconn = null;
        Comm = null;
        GridView2.EditIndex = -1;
        GridViewBind();
        }
        protected void GridView2_RowEditing(object sender, GridViewEditEvent
```

```
Args e)
        {
            GridView2.EditIndex = e.NewEditIndex;
            GridViewBind();
        }
        protected void GridView2_RowDeleting(object sender, GridViewDelete
EventArgs e)
        {
            //设置数据库连接
            string sqlconnstr =ConfigurationManager.ConnectionStrings["my
ConnectionString"].ConnectionString; ;
            SqlConnection sqlconn = new SqlConnection(sqlconnstr);
            sqlconn.Open();
            //删除行处理
            String sql = "delete from student where id='" + GridView2.Data
Keys[e.RowIndex].Value.ToString() + "'";
            SqlCommand Comm = new SqlCommand(sql, sqlconn);
            Comm.ExecuteNonQuery();
            sqlconn.Close();
            sqlconn = null;
            Comm = null;
            GridView2.EditIndex = -1;
            GridViewBind();
        }
        protected void GridView2_RowCancelingEdit(object sender, GridView
CancelEditEventArgs e)
        {
            GridView2.EditIndex = -1;
            GridView2.DataBind();
    }
```

GridView2.aspx 页面运行效果如图 5-22 所示。

单击“编辑”后，出现编辑和更新界面，如图 5-23 所示。

图 5-22 GridView1. aspx 的运行效果

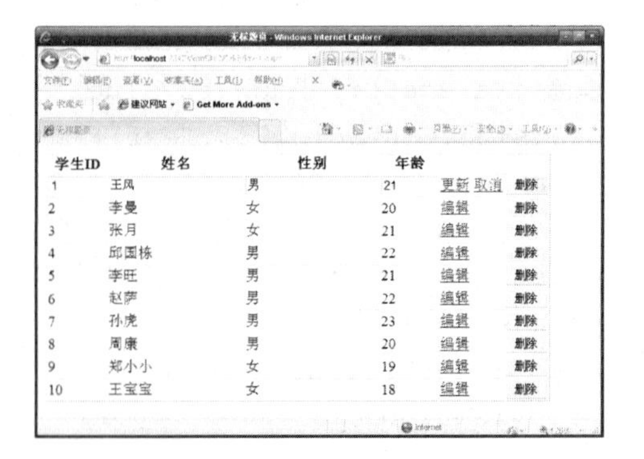

图 5-23 GridView1.aspx 的编辑效果

在默认情况下，GridView 控件以表格形式显示数据，为了改变这种呈现模式，可以使用 TemplateField 编辑模板。要使用 TemplateField 编辑模板，首先需要增加一个新的 TemplateField，加上它需要的标记和句法。例如，在图 5-17“选定的字段”下拉列表中，名称为“姓名”BoundField 列，单击左下角的“将此字段转换为 TemplateField”选项。这时 Grid View 控件在设计视图中并没有改变，实际上 TemplateField 已经为该 BoundField 列绑定的“name”字段 默认设置了 EditItemTemplate （编辑时模版）和 ItemTemplate（自定义普通模版），并把原来的代码

```
<asp:BoundField DataField="name" HeaderText="姓名" />
```

替换为

```
<EditItemTemplate>
    <asp:TextBox ID="TextBox1" runat="server" Text='<%# Bind("name")
%>'></asp:TextBox>
 </EditItemTemplate>
 <ItemTemplate>
     <asp:Label  ID="Label1"  runat="server"  Text='<%#  Bind("name")
%>'></asp:Label>
</ItemTemplate>
```

从代码中可以看出，TemplateField 分为两个模板。ItemTemplate 自定义普通模版用 Lable 标签显示数据字段 name，EditItemTemplate 编辑时模板用 textbox 文本框显示数据字段 name。在两个模板中都有<%#Bind("name")%>语句，用来指定要绑定的数据字段。

在图 5-12 所示的 GridView 任务对话框中选择编辑模板一项，可以进入 GridView 模板的编辑界面。如图 5-24 所示。

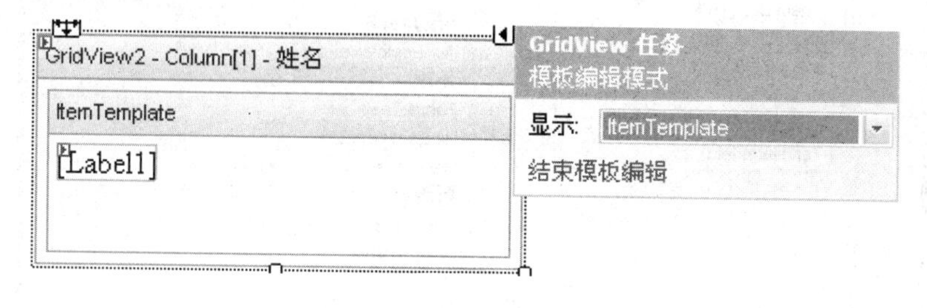

图 5-24　GridView 编辑模板

在图 5-24 中，需要先编辑模板来定义列中各个项的显示样式，然后根据自定义模板绑定模板列，通过编辑模板可以灵活地展现数据，系统将根据模板中定义的样式呈现数据，非常灵活方便。

（3）GridView 的排序

GridView 控件提供了用于实现排序功能的接口，通过设置相关属性并实现排序事件的处理程序就可以完成排序功能。

【例 5-18】 为例 5-17 中 GridView 排序，选择可以按姓名升序或降序排列。

首先在 Visual Studio 中设置 GridView 属性 AllowSorting，令其为 True，如图 5-25 所示。

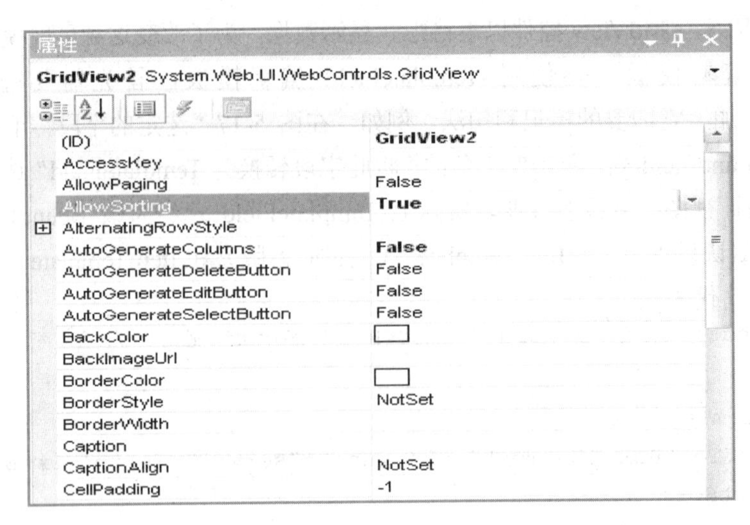

图 5-25　设置 GridView 控件的 AllowSorting 属性

除了 AllowSorting 属性外，还必须设置作为排序关键字的列的 SortExpression 属性，这是因为，GridView 中可以包含按钮列，按钮列一般并不映射到某个数据字段，而排序必须以某个字段作为排序关键字才能完成。

在 GridView 控件的任务面板中选择“编辑列”选项，选择可以作为排序关键字的列，设置其 SortExpression 属性为排序字段名，如图 5-26 所示。

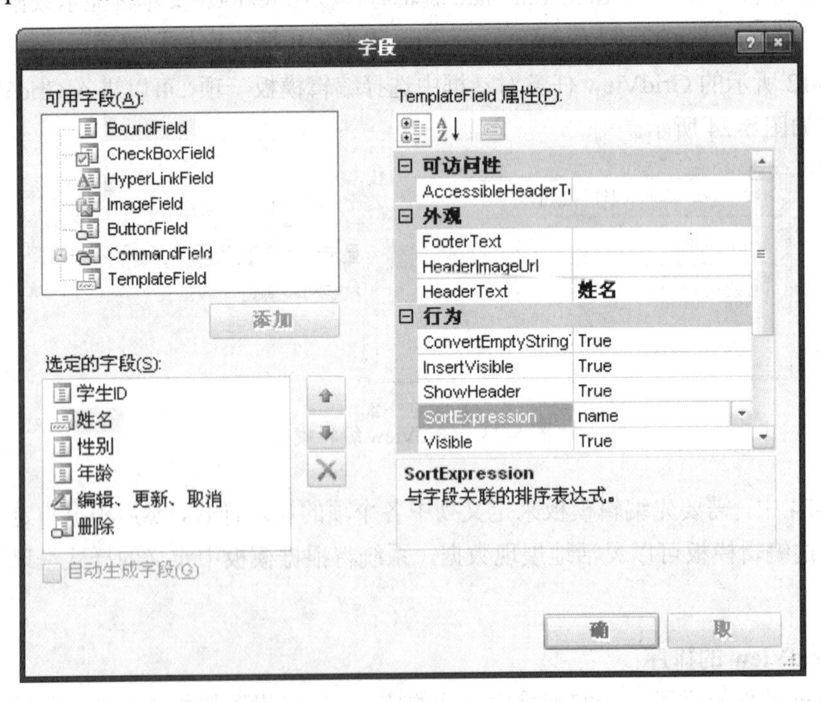

图 5-26　设置 SortExpression 属性

这时，作为排序关键字的列的列名变为超链接样式，如图 5-27 所示。

为 GridView 控件设置排序事件处理方法，即设置 sorting 事件处理方法为 GridView2_Sorting，如图 5-28 所示。

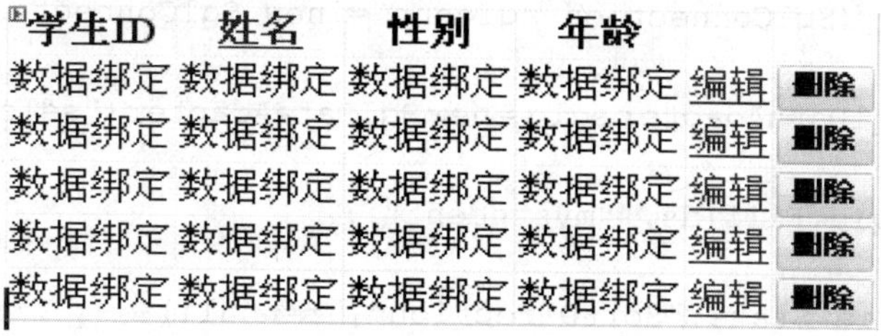

图 5-27　设置排序后的 GridView 控件

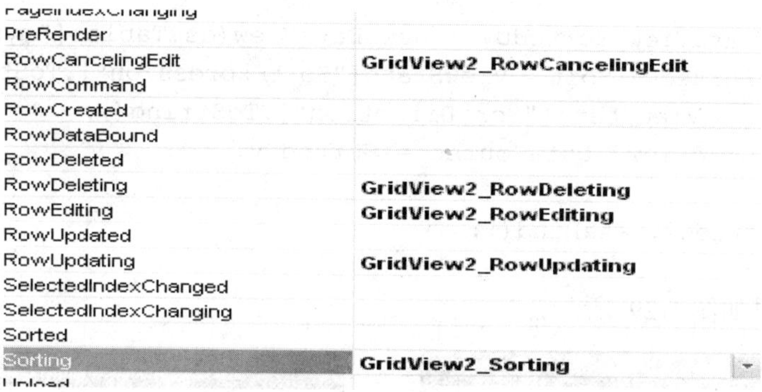

图 5-28　设置 GridView 控件的排序事件处理方法

GridView 控件的排序功能通过响应排序事件在后台生成已排序的数据源，然后重新绑定数据来完成，因此，需要在事件响应代码中获取排序字段名和排序方式(升序、降序)，然后据此对数据源进行排序后重新绑定数据。

为排序事件处理方法 GridView2_Sorting,添加如下代码，代码中用一个 ViewState["SortDirection"]来记录当前的排列顺序，用一个 ViewState["SortExpression"]记录作为排序关键字的字段名，然后重新绑定数据。

```
protected void GridView2_Sorting(object sender, GridViewSortEventArgs e)
    {
        if(ViewState["SortDirection"] == null)
           ViewState["SortDirection"] = "DESC";
       if (ViewState["SortDirection"] .ToString() == "ASC")
          ViewState["SortDirection"] = "DESC";
       else
          ViewState["SortDirection"] = "ASC";
       ViewState["SortExpression"] = e.SortExpression;
       this.bindmygrid();
  }
```

添加 bindmygrid()代码如下，使其根据 ViewState["SortDirection"]的值生成排序后的 DataView 对象作为数据源。

```
void bindmygrid()
    {
        string sqlconnstr =
      ConfigurationManager.ConnectionStrings["myConnectionString"].
ConnectionString;
        DataSet ds = new DataSet();
```

```
            using (SqlConnection sqlconn = new SqlConnection(sqlconnstr))
            {
                SqlDataAdapter sqld = new SqlDataAdapter("select * from student",
sqlconn);
                sqld.Fill(ds, "mystudent");
            }
            if (ViewState["SortDirection"] == null)
                GridView2.DataSource = ds.Tables["mystudent"].DefaultView;
            else
            {
                DataView SortedDV = new DataView(ds.Tables["mystudent"]);
                SortedDV.Sort = ViewState["SortExpression"].ToString() + " " +
                    ViewState["SortDirection"].ToString();
                GridView2.DataSource = SortedDV;
            }
            GridView2.DataBind();
        }
```

本例排序效果如图 5-29 所示。

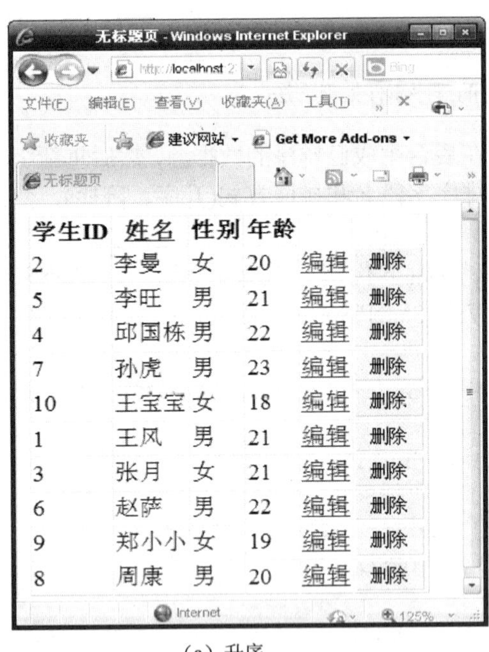

(a) 升序

(b) 降序

图 5-29 GridView 控件的排序效果

(4) GridView 的分页

GridView 控件提供了内置的分页功能，如果是自动绑定，则绑定数据后只要设置分页属性即可。

分页属性主要有以下 3 个。

① AllowPaging：设置是否打开分页功能。

② PageIndex：当前显示的页索引。

③ PageSize：设置每页包含的最大项数。

需要将 AllowPaging 属性为 true；并且设置 PageSize 属性为每页所含的记录数；设置 PageIndex 属性后即可自动完成分页功能。

如果 GridView 控件是手工绑定数据，则比自动绑定数据分页麻烦得多。

【例 5-19】 把 GridView 控件手工绑定到本地 Sql Server 2005 数据库中的 student 表，并且实现分页，每页显示 3 条数据。

在页面中添加一个 GridView 控件后，首先需要设置和分页相关的属性。

在该 GridView 控件属性面板中设置 AllowPaging 属性为 true；如果每页三条记录，则需设置 PageSize 属性为 3；假设分页设置只需查看前一页和后一页，则在 PageSetting 中选择 mode 属性，设置 mode 属性值为 NextPrevious；假设下翻一页的提示文字为“下一页>>”，则在 PageSetting 中设置 NextPageText 属性值为"下一页>>"；假设上翻一页的提示文字为“<<上一页”，则在则在 PageSetting 中设置 PreviousPage-Text 属性值为"<<上一页"。

然后在 GridView 控件下添加一个 Label，用来当前的 GridView 控件共分了多少页，当前页是第几页。

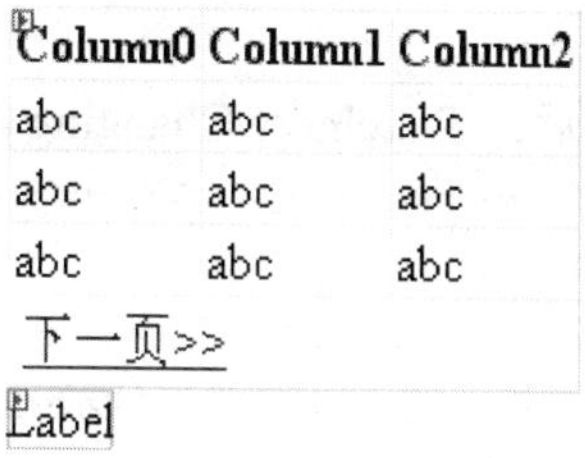

Column0	Column1	Column2
abc	abc	abc
abc	abc	abc
abc	abc	abc
下一页>>		

Label

图 5-30　手工绑定 GridView 控件的设计效果

页面设计如图 5-30 所示。

页面的部分代码如下所示。

```
<div>
        <asp:GridView ID="GridView3" runat="server" AllowPaging="true"
PageSize="3">
            <PagerSettings Mode="NextPrevious" NextPageText="下一页&amp;
gt;&amp;gt" PreviousPageText="&amp;lt;&amp;lt;上一页" />
        </asp:GridView>
        <asp:Label ID="Label1" runat="server" Text="Label"></asp:Label>
</div>
```

设置完分页属性后，就可以为页导航按钮设置分页事件处理按钮。在 GridView 控件的事件面板中，为 PageIndexChanging 事件设置了事件处理方法为 GridView3_PageIndexChanging，该事件在分页导航按钮被单击时触发，并返回导航按钮所指示的，也就是控件中要显示的页的索引，在其事件处理方法中根据该索引设置要显示的页并重新绑定数据即可完成分页。另外，还设置了 DataBound 事件的处理方法为 GridView3_DataBound，用于在分页时重新绑定数据后，设置 Label 控件显示分页信息：总页数和当前页数。

然后添加数据绑定代码，把 GridView 控件绑定到数据库 student 表，代码如下所示。

```
protected void Page_Load(object sender, EventArgs e)
    {
      if (Page.IsPostBack == false)
        {
            GridViewBind();
        }
    }
private void GridViewBind()
    {
        //在配置文件中取连接字符串
        string sqlconnstr = ConfigurationManager.ConnectionStrings
```

```
["myConnectionString"].ConnectionString;
            DataSet ds = new DataSet();
            using (SqlConnection sqlconn = new SqlConnection(sqlconnstr))
            {
                SqlDataAdapter sqld=new SqlDataAdapter("select * from student",
sqlconn);
                sqld.Fill(ds, "mystudent");
            }
            //把GridView的DataSource属性设置为mystudent数据表
            GridView3.DataSource = ds.Tables["mystudent"];
            GridView3.DataBind();
        }
```

最后为 PageIndexChanging 事件和 DataBound 事件完成事件处理程序，代码如下所示。

```
    protected void GridView3_DataBound(object sender, EventArgs e)
        {
            Label1.Text = string.Format("总页数: {0}, 当前页: {1}", GridView3.
PageCount, GridView3.PageIndex + 1);

        }
    protected void GridView3_PageIndexChanging(object sender, GridViewPage-
EventArgs e)
        {
            GridView3.PageIndex = e.NewPageIndex;
            GridViewBind();}
```

页面运行效果如图 5-31 所示。

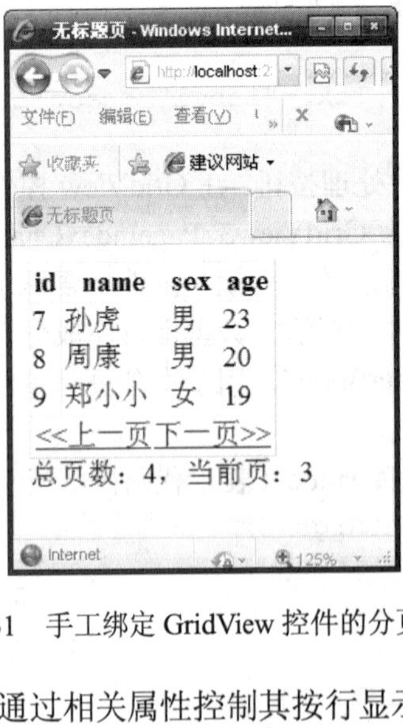

图 5-31　手工绑定 GridView 控件的分页效果

5.4.3　DataList 控件

与 GridView 一样，DataList 控件也用于呈现关系数据库集，但它不像 GridView 控件那样以固定的表格样式显示数据，而必须以自定义模板的方式定制数据的呈现样式，这与 GridView 的自定义模板列非常类似。DataList 控件以项为单位组织和呈现数据（GridView 以列为单位），每一项对应于关系数据集中的一条记录（行），通过定义和设置不同的项模板来定制每一项的显示样式，绑定数据后，控件将按照项模板重复显示数据源的每条记录。呈现数据时，DataList 控件提供了 Table 和 Flow 两种页面布局，在 Table 模式下，在一个行列表中重复每个数据项，可以通过相关属性控制其按行显示或按列显示并设置行（列）中包含的最大项数；Flow 模式下，在一行或者一列中重复显示数据项。

在 DataList 控件中可以实现对关系数据集的编辑、更新、插入、删除和分页等数据处理功能。DataList 控件针对数据源控件提供了内置的数据处理功能，只需某些配置即可自动完成，而针对其他类型的数据源公开特定的属性和事件通过编写代码来实现。

DataList 控件的内容可以通过使用模板控制。表 5-19 列出了 DataList 控件支持的模板。

表 5-19　DataList 控件支持的模板

模板名称	说　明
AlternatingItemTemplate	如果已定义，则为 DataList 中的交替项提供内容和布局，该模板包含一些 HTML 元素和控件，为数据源中的每两行呈现一次这些 HTML 元素和控件。通常，可以使用此模板来为交替行创建不同的外观，例如指定一个与在 ItemTemplate 属性中指定的颜色不同的背景色。如果未定义，则使用 ItemTemplate
EditItemTemplate	如果已定义，则为 DataList 中当前编辑的项提供内容和布局，该模板指定当某项处于编辑模式时的布局。此模板通常包含一些编辑控件，如 TextBox 控件。如果未定义，则使用 ItemTemplate
FooterTemplate	如果已定义，则为 DataList 的脚注部分提供内容和布局。如果未定义，将不显示脚注部分
HeaderTemplate	如果已定义，则为 DataList 的页眉节提供内容和布局。如果未定义，将不显示页眉节
ItemTemplate	为 DataList 中的项提供内容和布局所要求的模板，通常包含一些 HTML 元素和控件，将为数据源中的每一行呈现一次这些 HTML 元素和控件，该项必须有
SelectedItemTemplate	如果已定义，则为 DataList 中当前选定项提供内容和布局，该模板包含一些元素，当用户选择 DataList 控件中的某一项时将呈现这些元素。通常，可以使用此模板来通过不同的背景色或字体颜色直观地区分选定的行，还可以通过显示数据源中的其他字段来展开该项。如果未定义，则使用 ItemTemplate
SeparatorTemplate	如果已定义，则为 DataList 中各项之间的分隔符提供内容和布局，该模板包含在每项之间呈现的元素。典型的示例是一条直线（使用 HR 元素）。如果未定义，将不显示分隔符

在 DataList 控件中必须使用 ItemTemplate 模板以显示 DataList 控件中的项(一条记录)。可以使用附加的模板来提供 DataList 控件的自定义外观。

此外，可以在 DataList 控件的不同部分设置样式属性来自定义该控件的外观。表 5-20 列出了不同的样式属性。

表 5-20　DataList 控件支持的样式属性

样式名称	说　明
AlternatingItemStyle	指定 DataList 控件中交替项的样式
EditItemStyle	指定 DataList 控件中正在编辑的项的样式
FooterStyle	指定 DataList 控件中页脚的样式
HeaderStyle	指定 DataList 控件中页眉的样式
ItemStyle	指定 DataList 控件中项的样式
SelectedItemStyle	指定 DataList 控件中选定项的样式
SeparatorStyle	指定 DataList 控件中各项之间的分隔符的样式

【例 5-20】 通过设置模板为 DataList 控件定义数据的呈现样式并完成数据自动绑定。

在网站中新建 DataList.aspx 页，在页面中放置一个 DataList 控件，同时放置一个数据源控件 SqlDataSource 控件，把 SqlDataSource 控件配置连接到本地 Sql Server 数据库的 student 表。配置数据源的步骤参照图 5-4、图 5-5，然后在图 5-6 单击“下一步”按钮，在显示的“配置 Select 语句”窗口中（图 5-32），单击“下一步”按钮显示“测试查询”窗口（图 5-33），在该窗口中测试连接，完成配置。

需要注意的是，如果要使用 DataList 控件更新数据（例如，通过编写该控件的 UpdateCommand 或 DeleteCommand 事件代码完成更新数据），则必须确保数据源控件是用适当的查询定义的且这些查询包括一个主键。在图 5-32 中首先单击“高级”按钮，显示“高级 SQL 生成选项”窗口（图 5-34），在该窗口中选中“生成 INSERT，UPDATE 和 DELETE”选项，单击“确定”按钮，显示如图 5-32 所示的“测试查询”窗口，在该窗口中测试连接，完成配置。

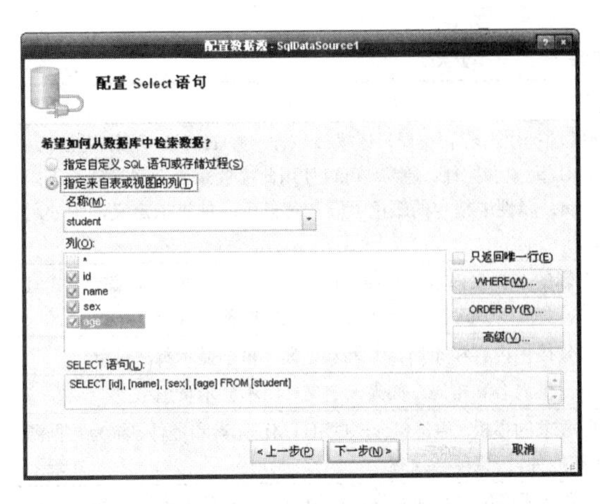

图 5-32　配置 Select 语句

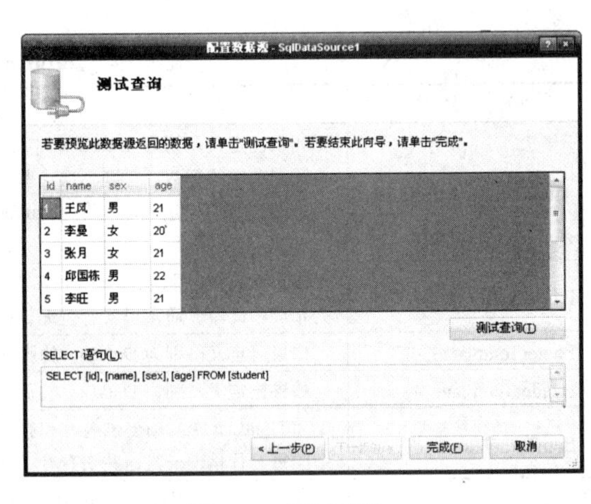

图 5-33　测试查询

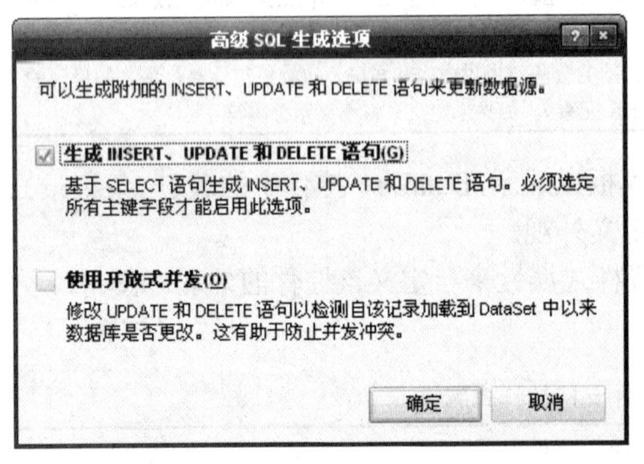

图 5-34　高级 SQL 生成选项

配置好数据源后，在网页中右键单击 DataList 控件，在快捷菜单中选择“显示智能标记”，在 DataList 控件“任务”面板的“选择数据源”列表中，选中刚才的 SqlDataSource 控件名称（这会设置该控件的 DataSourceID 属性。如果查询包括主键，则同时设置控件的 DataKeyField 属性），完成 DataList 控件的自动绑定数据（在上节的 GridView 控件例子中，采用的是手工绑定，DataList 控件的手工绑定和 GridView 类似，不再赘述）。

完成上述步骤后，DataList.aspx 页的部分代码如下所示。

```
    <asp:DataList ID="DataList1" runat="server" DataKeyField="id" DataSourceID=
"SqlDataSource1">
        <ItemTemplate>
            id:<asp:Label ID="idLabel" runat="server" Text='<%# Eval("id")
%>'></asp:Label><br/>
             name:<asp:Label ID="nameLabel" runat="server" Text='<%# Eval
("name")%>'></asp:Label><br/>
             sex:<asp:Label ID="sexLabel" runat="server" Text='<%# Eval("sex")
%>'></asp:Label><br/>
             age:<asp:Label ID="ageLabel" runat="server" Text='<%# Eval("age")
%>'></asp:Label><br/>
        </ItemTemplate>
    </asp:DataList>
    <asp:SqlDataSource ID="SqlDataSource1" runat="server" ConnectionString=
"<%$ ConnectionStrings:myConnectionString %>"
        DeleteCommand="DELETE FROM [student] WHERE [id] = @id" InsertCommand=
"INSERT INTO [student] ([id], [name], [sex], [age]) VALUES (@id, @name, @sex,
@age)"
        SelectCommand="SELECT [id], [name], [sex], [age] FROM [student]"
UpdateCommand="UPDATE [student] SET [name] = @name, [sex] = @sex, [age] = @age
```

```
WHERE [id] = @id">
            <DeleteParameters>
               <asp:Parameter Name="id" Type="Int32" />
            </DeleteParameters>
            <UpdateParameters>
               <asp:Parameter Name="name" Type="String" />
               <asp:Parameter Name="sex" Type="String" />
               <asp:Parameter Name="age" Type="Int32" />
               <asp:Parameter Name="id" Type="Int32" />
            </UpdateParameters>
            <InsertParameters>
               <asp:Parameter Name="id" Type="Int32" />
             <asp:Parameter Name="name" Type="String" />
             <asp:Parameter Name="sex" Type="String" />
             <asp:Parameter Name="age" Type="Int32" />
            </InsertParameters>
         </asp:SqlDataSource>
```

浏览 DataList.aspx 页，DataList 控件显示数据效果如图 5-35 所示。

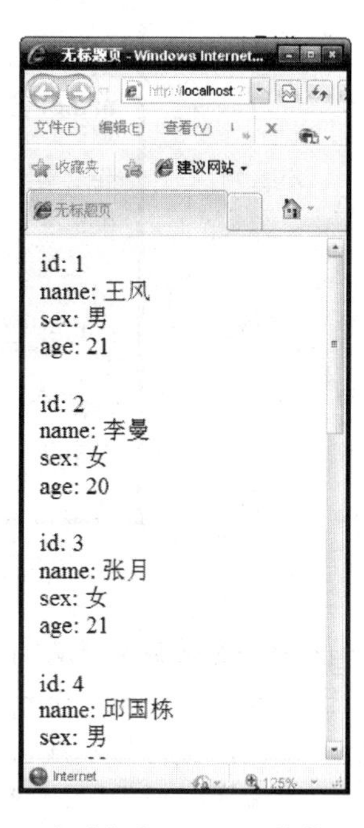

图 5-35 自动绑定 DataList 控件显示数据

从上面代码可以看出，默认情况下，DataList 控件会显示 ItemTemplate 模板。ItemTemplate 模板用标题的静态文本（例如，代码中的“id:”）填充，并用数据绑定 Label 控件显示数据源的字段（例如，代码中的<asp:Label ID="idLabel" runat="server" Text='<%# Eval("id") %>'></asp:Label>）。

数据绑定 Label 控件显示数据源的字段采用的是如下绑定表达式：<%# Eval("XXX") %>，其中 Eval 方法用于读取数据绑定后当前显示项中所呈现的数据项(某条记录)的相应字段数据，Eval 方法的参数"XXX"用于指定记录中要显示的字段名。

数据绑定控件中除了可以用<%# Eval("字段名") %>实现对数据库字段的绑定外，还可以使用<%# Bind("字段名") %>绑定数据库字段。Eval 方法和 Bind 方法的主要区别如下。

① Eval 方法实现绑定：数据是只读的。Bind 方法实现双向绑定：数据可以更改，并返回服务器端，服务器可以处理更改后的数据，如存入数据库。所以在 ASP.NET 中，数据绑定控件（如 GridView、DetailsView 和 FormView 控件）可自动使用数据源控件的更新、删除和插入操作。例如，如果已为数据源控件定义了 SQL Select、Insert、Delete 和 Update 语句，则通过使用 GridView，DetailsView 或 FormView 控件模板中的 Bind 方法，就可以使控件从模板中的子控件中提取值，并将这些值传递给数据源控件。然后数据源控件将执行适当的数据库命令。出于这个原因，在数据绑定控件的 EditItemTemplate 或 InsertItemTemplate 中要使用 Bind 方法。

② Eval 方法以数据字段的名称作为参数，从数据源的当前记录返回一个包含该字段值的字符串。可以提供第二个参数来指定返回字符串的格式，该参数为可选参数。字符串格式

参数使用为 String 类的 Format 方法定义的语法。

从图 5-34 中可以看出，DataList 控件以记录行为单位显示数据。如果没有进行任何的设置，DataList 控件在浏览器中将会显示所有的数据内容。

DataList 控件提供了两个非常重要的属性：RepeatColumns 与 RepeatDirection，这两个属性能够轻易地改变 DataList 控件外观。RepeatColumns 属性指定单一列所要呈现的数据笔数，RepeatDirection 属性则是数据所要呈现的方向。在默认的情形下，RepeatColumns 被设置为 0，而 RepeatDirection 为 Vertical，因此在图 5-32 中数据是由上而下、一次呈现一列。如果将 RepeatColumns 设置为 5、而 RepeatDirection 为 Horizontal，表示每一行会呈现 5 笔数据，以水平方向从左至右显示，如图 5-36 所示。

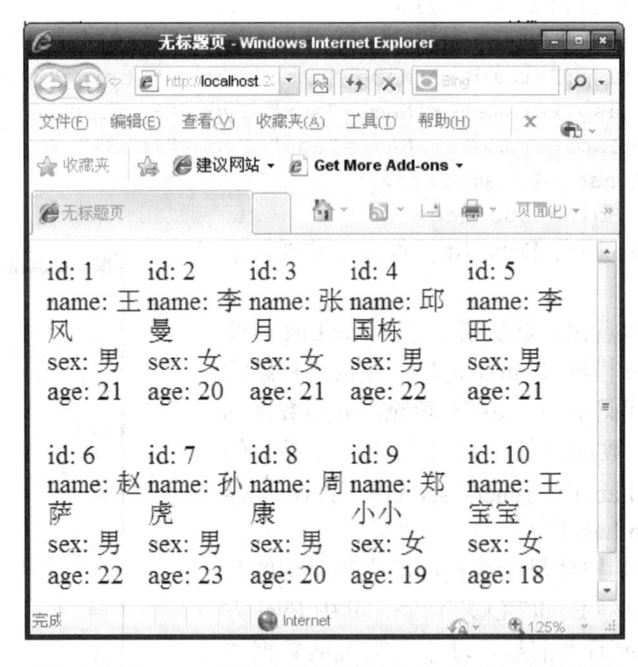

图 5-36　DataList 控件水平显示数据并一行显示多条数据

一行显示 5 条数据，从图 5-36 中可以看出，数据行与数据行之间区分不是很清楚，这时可以编辑 AlternatingItem Template 模板设置相邻数据行的外观。如果希望数据行用颜色区分，一行显示蓝色，一行显示浅蓝色，则在 DataList 控件"设计"视图中，右键单击 DataList 控件，指向"编辑模板"[图 5-37（a）]，进入 DataList 控件模板编辑模式[图 5-37（b）]，单击显示下拉列表，出现图 5-37（c）所示模板列表，即可进入项模板，页眉页脚模板和分隔符模板编辑模式。选择 AlternatingItem Template，进入模板编辑窗口，在本例中 AlternatingItem Template 模板内容和 Item Template 内容大部分相同，只是在 AlternatingItem Template 模板中添加了一个<div>用来设置相邻行的背景色为蓝色，代码如下所示。

```
<AlternatingItemTemplate>
        <div style="background :lightblue ">
           id:
           <asp:Label ID="idLabel" runat="server" Text='<%# Eval("id")
%>'></asp:Label><br />
           name:
           <asp:Label ID="nameLabel" runat="server" Text='<%# Eval("name")
%>'></asp:Label><br />
```

```
                sex:
                <asp:Label ID="sexLabel" runat="server" Text='<%# Eval("sex")
%>'></asp:Label><br />
                age:
                <asp:Label ID="ageLabel" runat="server" Text='<%# Eval("age")
%>'></asp:Label><br />
            </div>
    </AlternatingItemTemplate>
```

设置 AlternatingItem Template 模板内容后，图 5-36 中的 DataList 控件如图 5-38 所示。

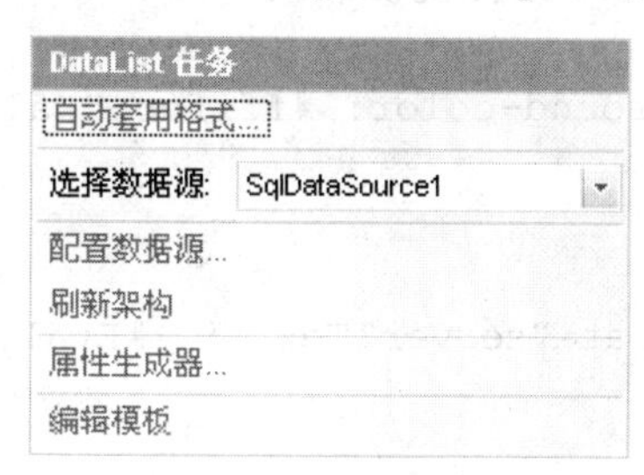

（a）DataList 任务

（b）进入 DataList 控件模板编辑模式

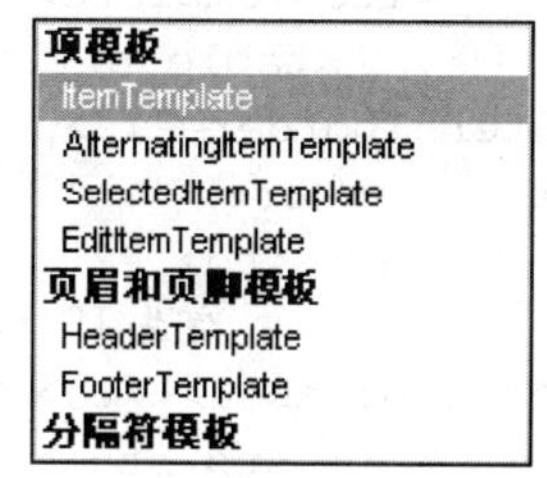

（c）模板列表

图 5-37　DataList 控件编辑模板

图 5-38　DataList 控件相邻行的外观

为了让图 5-38 中数据显示方式更加规整，必须编辑模板 Item Template。例如，通过编辑模板的方式把图 5-38 中 DataList 显示数据的方式修改为用表格布局，表格中每一行显示一条记录。

首先修改 DataList 控件的边框和背景色，并且在图 5-33 中选择页眉页脚模板中的 Head Template，插入静态文本，代码如下所示。

```
<asp:DataList ID="DataList1" runat="server" DataKeyField="id" DataSourceID=
```

```
"SqlDataSource1" BorderColor="White" BackColor="#FFC080">
    <HeaderTemplate>
              <span>学生信息</span>
    </HeaderTemplate>
```

然后在图 5-37 中选择项模板中的 Item Template，在该模板中插入表格，用静态文本标识字段名，用 Label 控件和 Eval 方法绑定数据源中的数据，把数据源行中的每个字段放入单元格中，代码如下所示。

```
    <asp:DataList ID="DataList1" runat="server" DataKeyField="id" DataSourceID=
"SqlDataSource1" BorderColor="White" BackColor="#FFC080">
        <ItemTemplate>
            <table style="width: 380px;  background-color: #ffffcc;" align=
"center" border="1">
            <tr>
              <td>
                学生 ID:<asp:Label ID="idLabel" runat="server" Text='<%# Eval("id")
%>'></asp:Label></td>
              <td style="width: 90px">
                 姓名: <asp:Label ID="nameLabel" runat="server" Text='<%# Eval
("name") %>'></asp:Label></td>
              <td style="width: 90px">
                  性别: <asp:Label ID="sexLabel" runat="server" Text='<%# Eval
("sex") %>'></asp:Label> </td>
              <td style="width: 90px">
                  年龄: <asp:Label ID="ageLabel" runat="server" Text='<%# Eval
("age") %>'></asp:Label> </td>
          </tr>
          </table>
    </ItemTemplate>
```

在浏览器中查看 DataList.aspx 页，效果如图 5-39 所示。

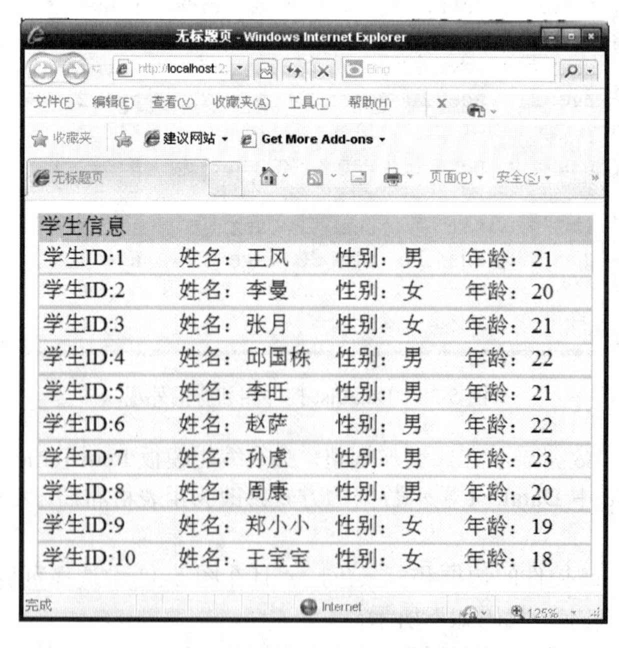

图 5-39　DataList 控件通过编辑模板用表格显示数据

在本节中通过例 5-20 实现了 DataList 控件自动绑定数据源，以及通过编辑模板修改数据呈现的外观，关于 DataList 控件的更新、删除，分页等功能，和 GridView 控件类似，需要编辑模板，在模板中添加操作按钮，然后在代码中完成更新、删除、分页等功能，这里不再赘述。

5.4.4 Repeater 控件

Repeater 控件在重复的列表中显示数据项目，与 DataList 控件类似。Repeater 控件中列表项的内容和布局是用模板定义的。每个 Repeater 控件必须至少定义一个 Item Template。

与 DataList 中不同，上节 DataList 控件自动绑定数据源后，其 ItemTemplate 模板自动用静态文本和数据绑定 Label 控件填充。Repeater 控件没有内置的布局或者样式，必须显示声明该控件中所有的 HTML 布局、格式设置和样式标记。例如，若要在 HTML 表格内创建一个列表，则需要在 Repeater 控件的 HeaderTemplate 中设置<table>标记、Item Template 中设置<tr>和<td>标记和数据绑定项，最后需要在 Footer Template 中设置</table>标记。

Repeater 控件的模板列表如表 5-21 所示。

表 5-21　Repeater 控件支持的模板列表

模板属性	说　明
ItemTemplate	包含要为数据源中每个数据项都要呈现一次的 HTML 元素和控件
AlternatingItemTemplate	包含要为数据源中每个数据项都要呈现一次的 HTML 元素和控件。通常，可以使用此模板为交替项创建不同的外观，例如指定一种与在 ItemTemplate 中指定的颜色不同的背景色
HeaderTemplate 和 FooterTemplate	包含在列表的开始和结束处分别呈现的文本和控件
SeparatorTemplate	包含在每项之间呈现的元素。典型的示例可能是一条直线（使用 hr 元素）

【例 5-21】 本例通过设置模板为 Repeater 控件定义数据的呈现样式并完成数据自动绑定。

在网站中新建 Reapter.aspx 页，在页面中放置一个 Repeater 控件，同时放置一个数据源控件 SqlDataSource 控件，把 SqlDataSource 控件配置连接到本地 Sql Server 数据库的 student 表。把 Repeater 控件的 DataSourceID 属性设置为刚配置的 SqlDataSource 控件实现数据自动绑定。Reapter.aspx 页的部分代码如下所示。

```
<asp:Repeater ID="Repeater1" runat="server" DataSourceID="SqlDataSource1">
        </asp:Repeater>
        <asp:SqlDataSource ID="SqlDataSource1" runat="server" ConnectionString=
"<%$ ConnectionStrings:myConnectionString %>"
            SelectCommand="SELECT [id], [name], [sex], [age] FROM [student]">
</asp:SqlDataSource>
```

从代码中可以看出，Repeater 控件即使自动绑定了数据源，它也不会使用内置格式自动显示数据，如果需要显示数据，必须编辑模板。例如，使用<ol><li>标记在 Repeater 控件中显示 student 表的 name 字段，编辑模板代码如下所示。

```
<asp:Repeater ID="Repeater1" runat="server" DataSourceID="SqlDataSource1">
        <HeaderTemplate><ul></HeaderTemplate>
        <ItemTemplate> <li><%#Eval("name") %></li> </ItemTemplate>
        <FooterTemplate></ul></FooterTemplate>
        </asp:Repeater>
        <asp:SqlDataSource ID="SqlDataSource1" runat="server" ConnectionString=
"<%$ ConnectionStrings:myConnectionString %>"
            SelectCommand="SELECT [id], [name], [sex], [age] FROM [student]">
```

```
</asp:SqlDataSource>
```

在浏览器中查看 Reapter.aspx 页，如图 5-40 所示。

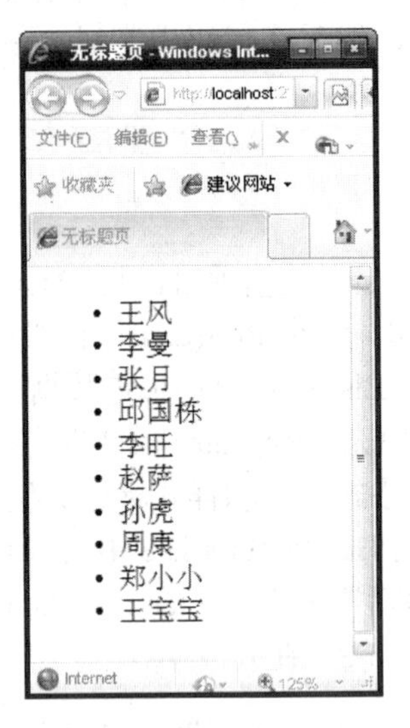

图 5-40 Reapter 控件用无序列表显示数据

本 章 小 结

本章介绍了 ADO.NET 对象模型，如何在连接环境及非连接环境下处理数据、数据绑定控件。在连接环境下处理数据主要使用 Conntection 对象，Command 对象，DataReader 对象以及 DataAdpter 对象。在非连接环境下处理数据主要使用 DataSet 对象。在数据绑定中，主要介绍了如何实现自动绑定和手工绑定，以及 GridView 控件，DataList 控件，Reapeater 控件的使用方法。

习 题 5

5-1 试述在对数据进行查询操作时，DataReader 和 DataSet 的区别。

5-2 ADO.NET 中有哪些数据提供程序？

5-3 ADO.NET 包含哪些控件？

5-4 在实现更新和删除操作方面，GridView 和 DataList 有什么区别？

5-5 DataSet 对象有几种使用方式？

5-6 新建名字为"DataBinding_ Exercise"的网站。在网站中建立用于数据绑定的数据库（可参考本章使用的实例数据库 student）。

（1）添加一个网页，利用 GridView 控件实现数据的分页显示。

（2）添加一个网页，利用 DataList 控件实现数据的分页显示。

（3）添加一个网页，利用 GridView 控件实现数据的插入、修改和删除操作，GridView 界面及布局自定义。

（4）添加一个页面，利用 DataList 控件实现对某一记录的编辑、修改和删除。

5-7　在 VS2008 中，创建一个 SQL Server 数据库 Users，其中包含一个表 Users，其字段和类型如下表所示。

字段名称	数据类型	大小	说　明
UserNo	文字	6	用户编号
UserName	文字	30	用户姓名
UserPower	文字	4	用户权限
UserPhone	文字	11	用户电话号码
UserClass	文字	10	用户类别

创建 ASP.NET 程序，使用 SqlDataSource 控件连接到 Users 数据库，使用 GridView 控件显示表 Users 中的数据记录，表格提供排序和分页显示功能，每页显示 5 条记录数据。

第6章

母版和主题

为了实现界面级的复用，ASP .NET 提出了 Web 用户控件的概念，简单地说，Web 用户控件可以认为是能够复用的页面构造块，使开发人员可以像搭积木一样来构造一个页面。然而 Web 用户控件只能解决一方面的可复用性问题，却不能解决另一方面的可复用问题。

另一方面的可复用问题就是，作为一个站点，需要有统一的外观和布局，比如说页头、左侧栏等。而作为这些布局和外观的统一，使用 Web 用户控件是无法实现的。CSS 可以简单控制客户端控件（包括服务器端控件写到客户端的呈现），但无法对服务器端控件进行高级控制。例如，使用 CSS，永远无法统一控制 Textbox 允许输入的字符数量、DataGrid 是否允许排序等。

在界面美化方面遇到的第三个问题是，即便用 CSS 等方式统一了页面的风格，也很难做到方便的对站点中所有的页面快速更换样式。假设网站中有数百个页面，为了统一网站风格而定义了一个 CSS 样式表，然后在每一个页面中链接了这个样式表，如果某个时候需要更换样式，便不得不将每个页面的 CSS 样式链接再修改一遍。

在 ASP .NET 2.0 中，为了解决以上 3 个问题，微软的工程师提出了母版页和主题的概念。母版页与用户控件是相对的，用户控件是“细节一致，总体不同”；而母版页却是“总体一致，细节不同”。使用母版页，Web 开发人员可以定义整个网站所有页面统一的布局，然后将布局中某个部分空出来留给每个页面去实现，如所有页面都要有一致的页头、一致的左边栏(例如菜单)、一致的页脚等。

在开发母版页时，开发人员可以使用各种页面控件来编辑母版页，并编写后台代码,这些步骤其实和开发普通的页面没有什么不同，只是要注意需要留给各个内容页去实现的东西要使用 ContentPlaceHolder 控件来占位。

主题则是一个叫做 Themes 的特殊文件夹。在这个文件夹下，每个子文件夹就是一个主题。一般来讲，主题是由 CSS 文件和一种扩展名为.skin 的文件组成。然后只需要在 Web.config 中配置当前使用哪一种主题就可以了。

6.1 母版

使用 ASP.NET 母版页可以为应用程序中的页创建一致的布局。单个母版页可以为 Web 应用程序中的所有页（或一组页）定义所需的外观和标准行为。然后可以创建包含要显示的内容的各个内容页。当用户请求内容页时，这些内容页与母版页合并以将母版页的布局与内容页的内容组合在一起输出。一般把需要共享的内容放在母版页中，如Web应用程序使用的页眉、导航、页脚等。

使用母版页的一个优点是，在创建内容页面时，可以在设计窗口中看到母版，即看到母版和内容页结合的整个页面，这样就容易开发出理想的内容页。在处理内容页面时，所有的母版项都灰显，不能编辑。

6.1.1 创建母版页

创建母版页的方法和创建普通的Web页面类似，在“解决方案资源管理器”中右键单击网站，选择“添加新项”，在弹出的窗口中选择类别为“母版页”（如图6-1所示），修改母版页的文件名，单击“添加”即可。母版页文件是以master为后缀名的文件，其默认的文件名为MasterPage.master，位置位于应用程序的根目录下，对该页面的编辑与普通的Web页面类似。

图6-1 添加母版页图

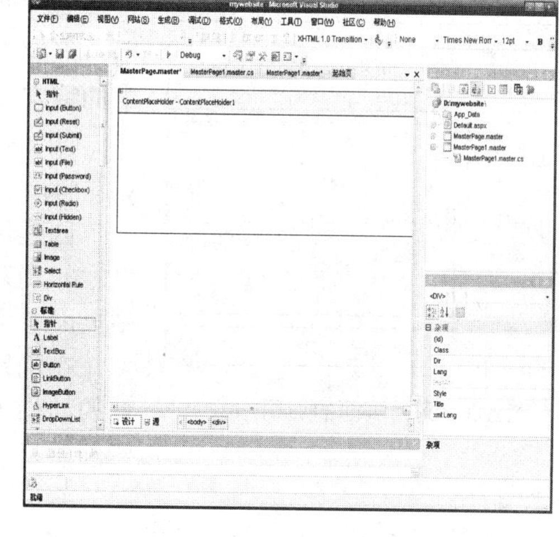

图6-2 母版页的设计视图

一个新创建的母版页默认包括如下代码。

```
<%@ Master Language="C#" AutoEventWireup="true" CodeFile="MasterPage.
master.cs" Inherits="MasterPage" %>
<!DOCTYPE html PUBLIC "-//W3C//DTD XHTML 1.0 Transitional//EN" "http:
//www.w3.org/TR/xhtml1/DTD/xhtml1-transitional.dtd">
<html xmlns="http://www.w3.org/1999/xhtml" >
<head runat="server">
    <title>无标题页</title>
</head>
<body>
    <form id="form1" runat="server">
    <div>
        <asp:contentplaceholder id="ContentPlaceHolder1" runat="server">
        </asp:contentplaceholder>
    </div>
    </form>
</body>
</html>
```

该母版页在visual studio 设计器中如图6-2所示。

与普通".aspx"文件代码相比，母版页代码有3点差异。

① 母版页与普通".aspx"文件在代码结构方面基本没有差异，二者都需要声明<html>、<body>、<form>及其他Web元素等。但文件的代码头声明不一样，普通".aspx"文件的代码头声明是<%@ Page %>，而母版页文件的代码头声明为<%@ Master %>。Language="C#"，指明了与该母版页关联的编程语言为C#语言。AutoEventWireup="true"，说明母版页采用了自动事件绑定，即母版页的事件响应程序命名必须按照 object_event 格式。CodeFile="MasterPage.master.cs"，包含指向母版代码隐藏类的源文件的路径，说明该页面对应的代码隐藏页面为MasterPage.master.cs。Inherits="MasterPage"，指明该母版页所继承的代码隐藏部分类为 MasterPage，它可以是从 System.Web.UI. Page 类派生的任何类。它与CodeFile属性一起使用。

② 在母版页中可以包括一个或多个ContentPlaceHolder控件，而在普通".aspx"文件中不包含该控件。ContentPlaceHolder控件起到一个占位符的作用，能够在母版页中标识出某个区域，该区域将由内容页中的特定代码代替。

③ 网站访问者不可以直接访问母版页，必须通过内容页对母版页的绑定，才能够间接访问母版页。

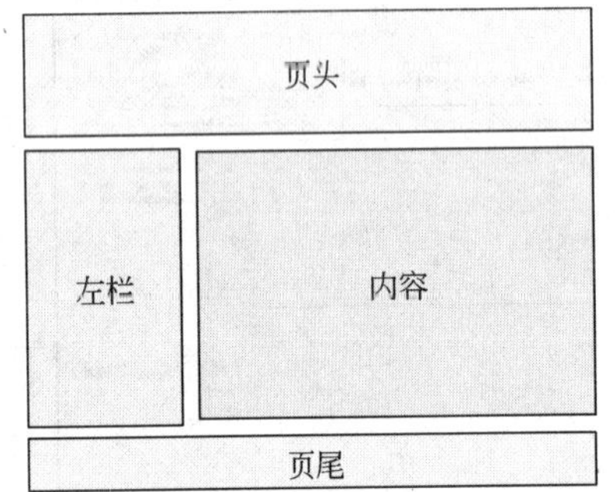

图6-3　网站页面的通用结构

创建母版页后，需要对母版页进行布局。在对母版页进行布局之前，需要确定网站页面的通用的结构，假设网站页面通用结构如图6-3所示。

在确定了母版页布局的通用结构后，就可以编写母版页的结构了。这里使用Table进行布局，在源模式下，将新创建母版页的<div>标签中的代码改成。

```
<div>
        <form id="form2" runat="server">
        <table cellpadding="3" border="1">
            <tr bgcolor="silver">
                <td colspan="2">
                    <h1>网 站 母 版 页 眉（标题，图片等）</h1>
                </td>
            </tr>
            <tr>
                <td style=" width: 171px; background-color: #ccccff">
                    <h3><br />左栏（导航）</h3></td>
                <td style="width: 535px">
                    <asp:ContentPlaceHolder ID="ContentPlaceHolder1" Runat=
"server">
                    </asp:ContentPlaceHolder>
                </td>
            </tr>
            <tr>
                <td colspan="2" style="background-color: #ffffcc">
                    网站母版页脚（版权，作者等）</td>
            </tr>
```

```
        </table>
    </div>
```

布局后母版页在 visual studio 设计器中如图 6-4 所示.

如果想添加、删除或修改内容占位符 ContentPlaceHolder 控件，必须在母版页上放置一个或多个 ContentPlaceHolder 控件。ContentPlaceHolder 控件标记内的所有内容都可以在基于母版页的内容页中进行编辑，而母版页中的所有其他内容却无法在内容页中进行编辑。

例如，在图 6-4 母版页中再添加一个 ContentPlaceHolder 控件，在“设计”视图中，从工具箱的标准控件组中选定 ContentPlaceHolder 控件，添加后母版页的设计视图如图 6-5 所示。

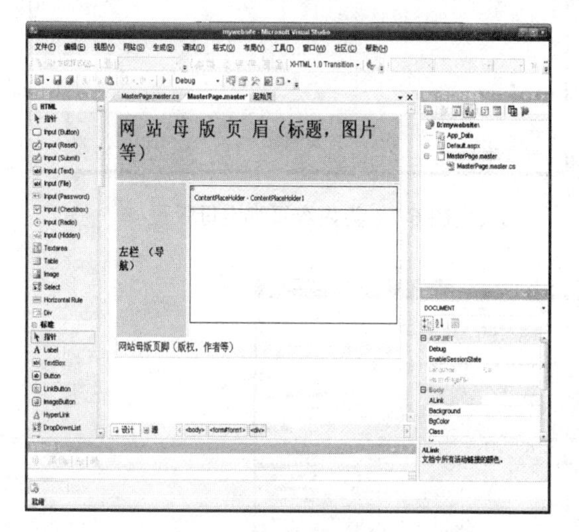

图 6-4　布局后的母版页设计视图

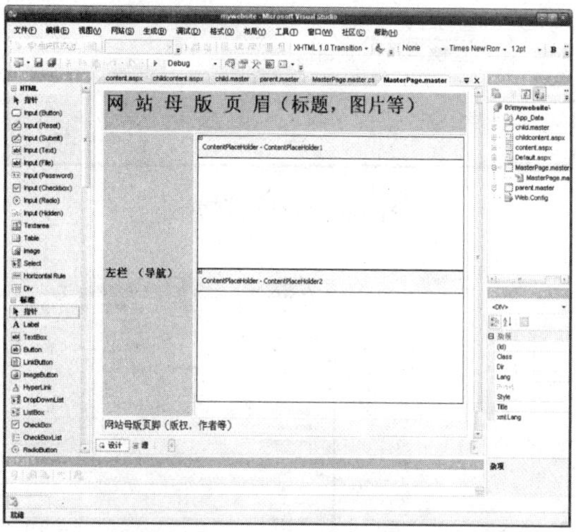

图 6-5　为母版页添加 ContentPlaceHolder 控件的图

也可以使用代码在母版页中添加内容占位符，在“源”视图中，键入以下内容，确保 ContentPlaceHolder 控件的 ID 值在母版页中的唯一性。

```
<asp:contentplaceholder id="ContentPlaceHolder2" runat="server">
</asp:contentplaceholder>
```

6.1.2 创建内容页

在 ASP.NET 2.0 中，将应用了母版页的 Web 页面称为内容页。与创建母版页差不多，创建内容页的过程比较简单。在“解决方案资源管理器”中右键单击网站，选择“添加新项”。在弹出的窗口中选择类别为“Web 窗体”，如图 6-6 所示，将名称改为 content.aspx。选中“选择母版页”复选框，“选择母版页”复选框用于设置所创建 Web 窗体是否绑定母版页。如果创建的是内容页，那么必须选中该选项。结束以上操作之后，可以单击“添加”按钮，弹出如图 6-7 所示的窗口。图 6-7 所示窗口左侧是项目目录，右侧是目录中的母版页列表，在母版页列表中已经列举了刚刚创建的母版页 MasterPage.master，选中该文件，单击“确定”按钮即可。经过以上步骤，就顺利创建了一个绑定母版页 MasterPage.master 的内容页 content.aspx。

content.aspx 不做任何修改的设计视图如图 6-8 所示。从图中可以看出，在内容页的设计视图中，可以看到母版页的布局，其内容是只读的（呈现灰色部分），不可被编辑，如果需要修改母版页内容，则必须打开母版页。在内容页的设计视图中，只能编辑用 Content 控件标明的空白区域。

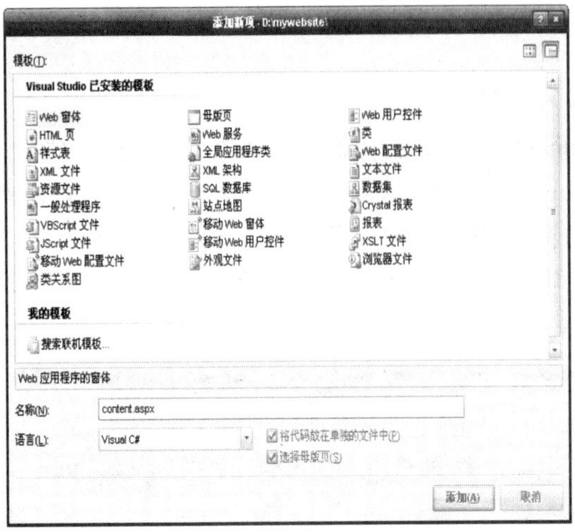

图 6-6　创建内容页图

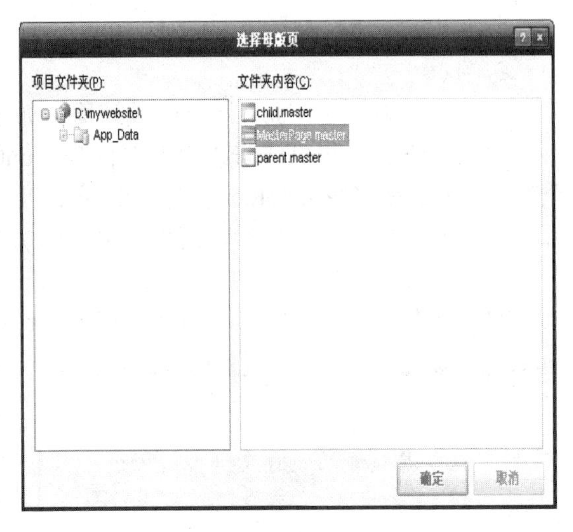

图 6-7　为内容页绑定母版页

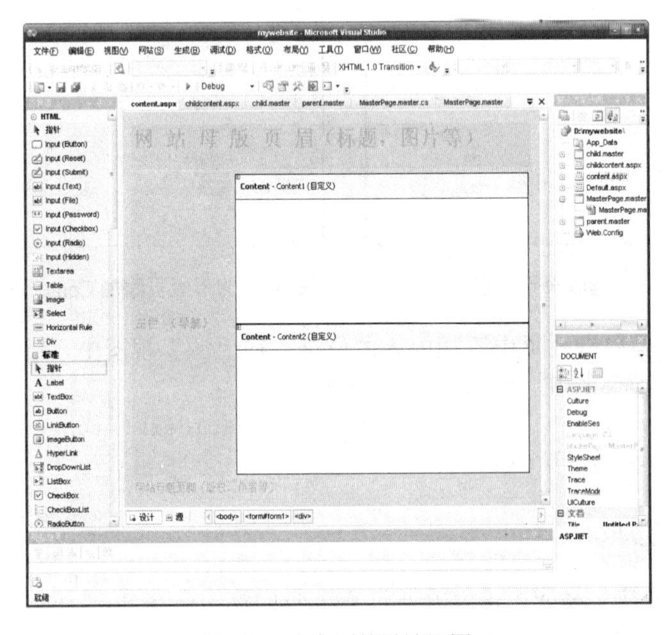

图 6-8　内容页的设计视图

内容页对应的源代码如下。

```
<%@ Page Language="C#" MasterPageFile="~/MasterPage.master" AutoEventWireup=
"true"
CodeFile="content.aspx.cs" Inherits="content" Title="Untitled Page" %>
<asp:Content ID="Content1" ContentPlaceHolderID="ContentPlaceHolder1"
Runat="Server">
</asp:Content>
<asp:Content ID="Content2" ContentPlaceHolderID="ContentPlaceHolder2"
Runat="Server">
</asp:Content>
```

从源代码中可以看出，虽然内容页的扩展名和普通的 Web 页面一样，但是其代码结构与普通文件有着很大差异。内容页的代码只包含两个部分：代码头声明和 Content 控件。内容页没有<html>、<body>、<form>等关键 Web 元素，这些元素都被放置在母版页中。

内容页的代码头声明与普通文件很相似，只是增加了属性 MasterPageFile 和 title 设置。属性 MasterPageFile 用于设置该内容页所绑定的母版页的路径，属性 title 用于设置页面 title 属性值。

Content 控件是用于与母版页的 ContentPlaceHolder 控件相对应的控件，一个 Content 控件与一个 ContentPlaceHolder 控件相对应。每一个 Content 控件通过属性 ContentPlaceHolderID 与母版页中 ContentPlaceHolder 控件的 ID 属性相关联。但是，在代码顺序上并不一定按照母版页的 ContentPlaceHolder 控件顺序来编写，可以任意安排顺序。通过以上设置，就可以实现母版页与内容页的绑定了。页面中所有非公共内容都必须包含在 Content 控件中。

ASP.NET 包括一个处理程序，它可以防止浏览器直接请求母版页。当用户申请一个扩展名为“.aspx”的文件时，如果它是内容页，ASP.NET 按照以下顺序处理请求。

① ASP.NET 获取请求的 Web 页面。

② ASP.NET 获取请求的 Web 页面所应用的母版页。

③ ASP.NET 将请求的 Web 页面的内容和母版页的内容合并。

④ ASP.NET 发送合并结果到浏览器。

从用户访问的角度来讲，用户访问内容页 content.aspx 与最终结果页的访问路径相同，这好像表明二者是同一文件，实际不然。结果页是一个虚拟的页面，没有实际代码，其代码内容是在运行状态下母版页 MasterPage.master 和内容页 content.aspx 合并的结果。

由于结果页的访问路径和内容页一致，所以当母版页和内容页路径不一致的情况下，母版页的相对路径在结果页中可能出错。例如，母版页 MasterPage.master 放在网站根目录下，在母版页中加入了<img src="top.jpg">标签，如果网站根目录下 top.jpg 图片存在，母版页设计不会出错。但是，如果在网站根目录的子文件夹 usercontent 里创建了一个绑定该母版页的内容页 content.aspx，合成结果页时，母版页中的相对路径会被解释成相对于内容页的文件夹，即在网站根目录的子文件夹 usercontent 中找 top.jpg 图片。如果 top.jpg 图片在那里不存在，就会得到一个出错标记而看不到图片；如果存在一个同名的 top.jpg 图片，结果页将得到一幅错误的图片。这样的错误之所以会发生，是因为<img>标签是普通的 HTML 标记。相同的问题出现在母版页向其他页面提供相对链接的<a>标签以及用来把母版页链接到样式表的<link>元素。

为了解决这个问题，可以在母版页中使用根路径语法，并用"~"字符作为 URL 的开头。例如，上述例子中的图片路径改为<img src="~/top.jpg">即可。

也可以预先把母版页的 URL 写成相对于内容页面的地址。不过这会带来混淆，限制母版页使用的范围，并且产生在设计环境里不正确显示母版页的负面效应。

另一个快捷的解决方案是把 Html 标签变成服务器端控件<img src="top.jpg" runat= "server">，这样 ASP.NET 就会修复这个错误。

6.1.3 高级母版页

（1）嵌套的母版页

所谓"嵌套"，就是一个套一个，大的容器套装小的容器。嵌套母版页就是指创建一个大母版页，在其中包含另外一个小的母版页。图 6-9 显示的是嵌套母版页的示意图。

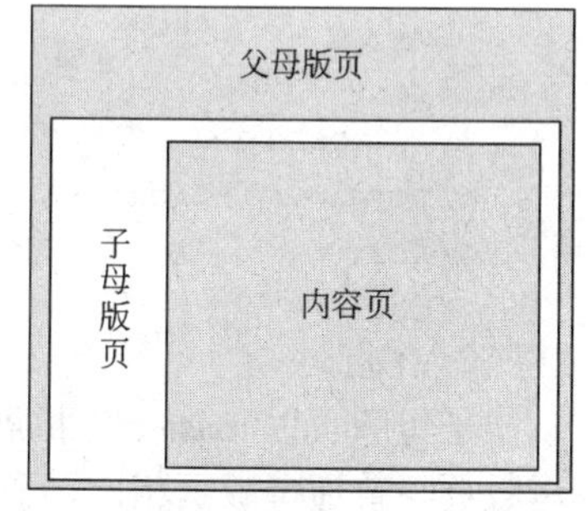

图 6-9 嵌套母版页的示意

母版页可以嵌套，如果当前一个母版页引用另外的页作为其母版页，当前这个母版页可称为子母版页，被引用的母版页称为父母版页。利用嵌套的母版页可以创建组件化的母版页。例如，大型站点可能包含一个用于定义站点外观的父母版页。然后，不同的站点内容合作伙伴又可以定义各自的子母版页，这些子母版页引用父母版页，并相应定义该合作伙伴的内容的外观。

与任何母版页一样，子母版页也包含文件扩展名 .master。子母版页通常会包含一些内容控件 content，这些控件将映射到父母版页上的 ContentPlaceHolder 控件。就这方面而言，子母版页的布局方式与所有内容页类似。但是，子母版页还有自己的 ContentPlaceHolder 控件，可用于显示其内容页提供的内容。下面的三个页清单演示了一个简单的嵌套母版页配置。

父母版页的构建方法与普通的母版页的方法一致。由于父母版页嵌套一个子母版页，因此必须在适当的位置设置一个 ContentPlaceHolder 控件实现占位。父母版页 parent.master 提供网站的标头，其设计代码如下：

```
<%@ Master Language="C#" AutoEventWireup="true" CodeFile="parent.master.cs" Inherits="parent" %>
<!DOCTYPE html PUBLIC "-//W3C//DTD XHTML 1.0 Transitional//EN"
"http://www.w3.org/TR/xhtml1/DTD/xhtml1-transitional.dtd">
<html xmlns="http://www.w3.org/1999/xhtml" >
<head runat="server">
   <title>无标题页</title>
</head>
<body>
<form id="Form1" runat="server">
<div>
<h1>父母版页</h1>
<p>
<font color="red">
   <table style="border-top-style: solid; border-right-style: solid; border-left-style: solid;
        border-bottom-style: solid">
        <tr>
           <td style="height: 20px">父母版页设置的标题头</td>
        </tr>
        <tr>
           <td style="width: 425px">
              <asp:ContentPlaceHolder ID="MainContent" runat="server" >
              </asp:ContentPlaceHolder>
           </td>
        </tr>
   </table>
</font></p></div>
</form>
</body>
</html>
```

子母版页以.master 为扩展名，其代码包括两个部分，即代码头声明和 Content 控件。子母版页与普通母版页相比，子母版页中不包括<html>、<body>等 Web 元素。在子母版页的代码头中添加了一个属性 MasterPageFile，以设置嵌套子母版页的父母版页路径，通过设置这个属性，实现父母版页和子母版页之间的嵌套。子母版页的 Content 控件和父母版页

ContentPlaceHolder 控件匹配，同时在子母版页的 Content 控件中声明的 ContentPlaceHolder 控件用于为内容页实现占位。子母版页 child.master 提供页面的左栏（如导航栏）的设计代码如下。

```
<%@ Master Language="C#" MasterPageFile="Parent.master"%>
<asp:Content id="Content11" ContentPlaceholderID="MainContent" runat=
"server">
    <asp:panel runat="server" id="panelMain" backcolor="lightyellow">
    <table style="width: 459px">
        <tr>
            <td style="width: 150px;" >
            子母版页设置的左栏
            </td>
            <td style="width: 309px;">
              <asp:panel runat="server" id="panel1" backcolor= "lightblue">
              <asp:ContentPlaceHolder ID="Content1" runat="server" />
              </asp:panel>
            </td>
        </tr>
    </table>
    </asp:panel>
</asp:Content>
```

内容页的构建方法与普通内容页的一致。它的代码包括两部分：代码头声明和 Content 控件。由于内容页绑定子母版页，所以代码头中的属性 MasterPageFile 必须设置为子母版页的路径。内容页 childcontent.aspx 的设计代码如下。

```
<%@ Page Language="C#" MasterPageFile="Child.Master"%>
<asp:Content id="Content1" ContentPlaceholderID="Content1" runat="server">
 <asp:Label runat="server" id="Label1" text="内容页的内容" font-bold="true" />
</asp:Content>
```

运行效果如图 6-10 所示。

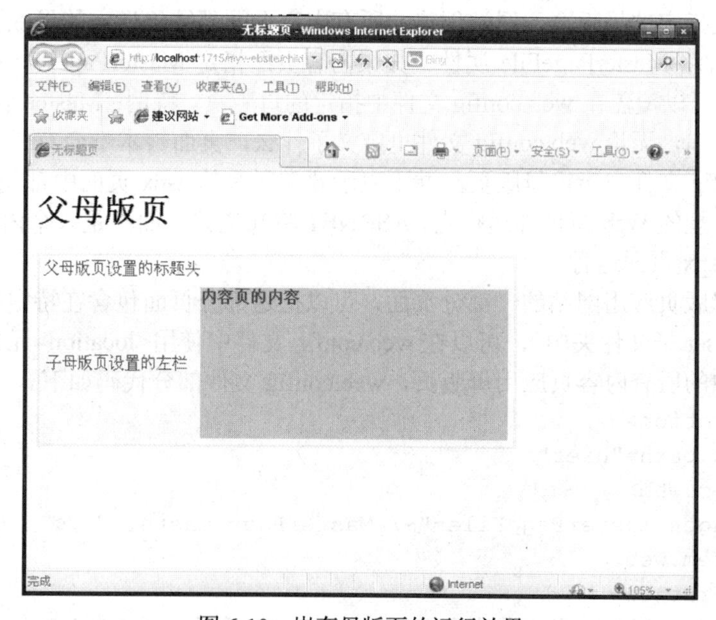

图 6-10 嵌套母版页的运行效果

注意：创建嵌套母版页过程中，Visual Studio 2005 只支持对主母版页的编辑，而不支持子母版页和内容页。也就是说，必须在代码模式下，创建子母版页和内容页。

（2）使用母版页的默认内容

母版页定义 ContentPlaceHolder 时，如果和它绑定的内容页没有对应的 Content 控件，结果页中将显示母版页中包含默认的内容。

母版页中的默认内容可以包含在母版页的 ContentPlaceHolder 标签里的 HTML 控件或 Web 控件中。如果把图 6-5 中 MasterPage.master 母版页源代码修改如下。

```
<asp:contentplaceholder id="ContentPlaceHolder2" runat="server">
<h2>这是母版页的默认内容</h2>
</asp:contentplaceholder>
```

“<h2>这是母版页的默认内容</h2>”是母版页在 ContentPlaceHolder2 位置处的默认内容，如果和 MasterPage.master 母版页绑定的内容页没有和 ContentPlaceHolder2 匹配的 Content 控件，结果页在 ContentPlaceHolder2 位置处显示默认内容，如果有匹配的 Content 控件，该匹配的 Content 控件中包含的内容将覆盖默认内容。

（3）指定要使用的母版页

在内容页的 Page 指令中，使用 MasterPageFile 属性可以指定与内容页绑定的母版页。

```
<%@ Page Language="C#" MasterPageFile="~/MasterPage.master" AutoEvent-
Wireup="true"
CodeFile="content.aspx.cs" Inherits="content" Title="Untitled Page" %>
```

也可以借助 web.config 文件一次对整个网站的所有页面应用母版页，web.config 文件部分代码如下所示。

```
<configuration>
   <system.web>
      <pages masterPageFile="~/ MasterPage.master " />
   </system.web>
</configuration>
```

用这种方式指定的母版页，网站创建的所有内容页面都继承指定的母版页，内容页面的 Page 指令可以省略 MasterPageFile 属性。如果内容页面指定 MasterPageFile 属性声明另一个不同的母版页，可以覆盖在 web.config 文件中指定的母版页。特例：MasterPageFile 属性被设置为一个空字符串，无论 web.config 文件里定义了什么，页面根本不会有任何母版页。

在 web.config 文件中指定母版页，并不表示要在所有的.aspx 页面中都使用这个母版页。如果创建一个常规的 Web 窗体并运行它，ASP.NET 将知道该页面不是一个内容页面，于是把它作为一般的.aspx 页面运行。

如果只把母版页应用网站的一部分页面，可以把这部分页面包含在特定的文件夹中（例如根目录下的 user 子文件夹中），可以在 web.config 文件中使用<location>元素定位此文件夹并为子文件夹中的所有内容页应用母版页，web.config 文件部分代码如下。

```
<configuration>
<location path="user">
   <system.web>
      <pages masterPageFile="~/ MasterPage.master " />
   </system.web>
</configuration>
```

path 属性的值可以是一个文件夹名，也可以是一个页面，如 AdminPage.aspx。

另外，还可通过编程的方式为内容页指定母版页。在内容页中使用 Page.MasterPageFile 属性就可以把母版页绑定到当前内容页，无论是否已在内容页的@Page 指令中指定了另一个母版页，都可以使用该属性。注意，要通过 Page_PreInit 事件使用 Page.MasterPageFile 属性。Page_PreInit 事件是访问网页时最早触发的事件。所以，应在该事件中指定内容页面使用的母版页。在使用母版页时，Page_PreInit 是一个重要的事件，因为这是在把母版页和内容页面合并到一个结果页实例中之前，能够同时影响这两个页面的唯一地方。例如，内容页 content.aspx 中指定如下代码。

```
<%@ Page Language="C#" MasterPageFile="~/MasterPage.master" AutoEvent-
Wireup="true"
CodeFile="content.aspx.cs" Inherits="content" Title="Untitled Page" %>
```

在 content.aspx.cs 中添加如下代码。

```
protected void Page_PreInit(object sender, EventArgs e)
    {
        Page.MasterPageFile = "~/new.master";
    }
```

结果页中，与 content.aspx 绑定的母版页是 new.master。

（4）在内容页中获取母版页的控件和属性

在内容页面中使用母版页时，可以访问母版页上的控件和属性。母版页由内容页面继承时，会提供一个 Master 属性。内容页使用这个属性可以获取母版页中包含的控件值或定制属性。

例如，在图 6-2 所示的母版页 MasterPage.master 中，添加了一个 Label 服务器控件，程序清单如下所示。

```
<asp:Label ID="Label1" runat="server" Text="duanjiang"></asp:Label>
```

在绑定到 MasterPage.master 的内容页 content.aspx 的设计视图 content 控件中添加了一个 Label 服务器控件和一个 Button 服务器控件，程序清单如下所示。

```
<asp:Label ID="Label1" runat="server"></asp:Label><br />
<asp:Button ID="Button1" runat="server" OnClick="Button1_Click" Text="
点击获取控件值" />
```

为 Button1 添加鼠标单击事件响应程序，并在内容页 content.aspx 的代码页 content.aspx.cs 中添加如下代码。

```
protected void Button1_Click(object sender, EventArgs e)
    {
Label  lab1= Master.FindControl("Label1") as Label;
if(lab1!=null)
{
Lable1.Text= lab1.Text;
}
    }
```

这样在运行过程中，单击内容页的服务器控件 Button1，可以在内容页服务器控件 Label1 中获取母版页服务器控件 Label1 的值。为了防止母版页的控件被意外删除，在用 FindControl 方法从内容页获取母版页的控件时，通常需要先检查该控件是否存在。

同样，可以在内容页中引用母版页中的属性和方法。这时，需要在内容页中使用 MasterType 指令，将内容页的 Master 属性强类型化，即通过 MasterType 指令创建与内容页相关的母版页的强类型引用。另外，在设置 MasterType 指令时，必须设置 VirtualPath 属性以便指定与内容页相关的母版页存储地址。

例如，需要在内容页中通过使用 MasterType 指令引用母版页的公共属性 username，并将 value 值赋给母版页的公共属性 username，执行步骤如下。

① 在母版页的代码页中定义了一个 String 类型的公共属性 username。代码如下所示。

```
public partial class MasterPage : System.Web.UI.MasterPage
{
  string Username = "";
  public string username
  {
    get
    {
      return Username;
    }
    set
    {
      Username = value;
    }
  }
   //其他代码
  }
```

② 在母版页的源代码页中把该公有属性的值显示在母版页中，代码如下所示。

```
<%=this. username %>
```

③ 在内容页代码头的设置中，增加了<%@MasterType%>，并在其中设置了 VirtualPath 属性，用于设置被强类型化的母版页的 URL 地址。原因在于，在内容页的 Page 对象的 Master 属性返回的是一般的 MasterPage 类，必须把它转换成特定类型的母版类才能访问自定义的成员。代码如下。

```
<%@ Page Language="C#" MasterPageFile="~/MasterPage.master" AutoEvent-
Wireup="true"
CodeFile="content.aspx.cs" Inherits="content" Title="Untitled Page" %>
<%@ MasterType VirtualPath ="~/MasterPage.master" %>
```

④ 在内容页的 Page_Load 事件下，通过 Master 对象引用母版页中的公共属性，并将 Welcome 字样赋给母版页中的公共属性。代码如下所示。

```
protected void Page_Load(object sender, EventArgs e)
    {
        Master.username = "Welcome";
    }
```

当客户申请内容页时，可发现当内容页成功装载后，母版页中的公有属性 username 被内容页设置成了 Welcome。注意，当从网站一个页面导航到另一个页面时，所有的 Web 页面对象会重新创建。也就是说，即使跳转到另一个使用相同母版页的内容页，ASP.NET 也会创建一个不同的母版页对象实例。所以，用户每次跳转到一个新的页面时，母版页的 username 公有属性值会恢复它的默认值（一个空字符串）。要改变这一行为，必须在其他位置（如 cookie）保存信息并在母版页编写检查这些值的初始化代码。

在处理母版页和内容页面时，母版页和内容页都有相同的事件（如 Page_Load）。客户在浏览器上请求一个内容页面时，事件的触发顺序如下。

① 母版页子控件的初始化：先初始化母版页包含的所有服务器控件。

② 内容页面子控件的初始化：初始化内容页面包含的所有服务器控件。

③ 母版页的初始化：初始化母版页。

④ 内容页面的初始化：初始化内容页面。

⑤ 内容页面的加载：加载内容页面（这是 Page_Load 事件，后跟 Page_LoadComplete 事件）。

⑥ 母版页的加载：加载母版页（这也是 Page_Load 事件，后跟 Page_LoadComplete 事件）。

⑦ 母版页子控件的加载：把母版页中的服务器控件加载到页面中。

⑧ 内容页面子控件的加载：把内容页面中的服务器控件加载到页面中。

在建立应用程序时应注意这个事件触发顺序。例如，如果要在特定的内容页面中使用母版页包含的服务器控件值，就不能从内容页面的 Page_Load 事件中提取这些服务器控件的值。这是因为这个事件在母版页的 Page_Load 事件之前触发。这个问题导致了新的 Page_LoadComplete 事件的创建。内容页面的 Page_LoadComplete 事件在母版页的 Page_Load 事件之后触发。因此，可以使用这个触发顺序在母版页中获得控件值，但在触发内容页面的 Page_Load 事件时，该控件没有值。

6.2 主题

主题和皮肤是自 ASP.NET 2.0 包括的内容，使用皮肤和主题，能够将样式和布局信息分解到单独的文件中，让布局代码和页面代码相分离。主题可以应用到各个站点，当需要更改页面主题时，无需对每个页面进行更改，只需要针对主题代码页进行更改即可。

6.2.1 主题概述

主题是属性设置的集合，通过使用主题的设置能够定义页面和控件的样式，然后在某个 Web 应用程序中应用到所有的页面以及页面上的控件，以简化样式控制。主题包括一系列元素，这些元素分别是皮肤、级联样式表（CSS）、图像和其他资源。

6.2.2 创建主题

在应用程序中，主题文件必须存储在根目录的 App_Themes 文件夹下（除了全局主题之外）。因此，为了给应用程序创建自己的主题，首先需要在应用程序中创建正确的文件夹结构，操作步骤如下。

① 在解决资源管理器的项目名称上单击右键。

② 选择“添加 ASP.NET 文件夹”，并选择其中的“主题”。

完成这一步后，根目录中出现 App_Themes 文件夹，文件夹中含有主题文件夹“主题 1”，如图 6-11（a）所示。将“主题 1”重命名为“mytheme”，如图 6-11（b）所示，便创建了主题“mytheme”文件夹。注意：此时，App_Themes 文件夹中的主题文件夹不使用通常的文件夹图标，而使用包含一个画笔的文件夹图标。

在 App_Themes 文件夹中，可以为应用程序中使用的每个主题都创建一个主题文件夹。应用程序使用多个主题有许多原因：季节变换、日夜更替、不同的业务单元、用户群，甚至用户喜好。

每个主题文件夹可以包含如下元素：皮肤文件，扩展名为.skin；级联样式表文件，扩展名为.css；图像。

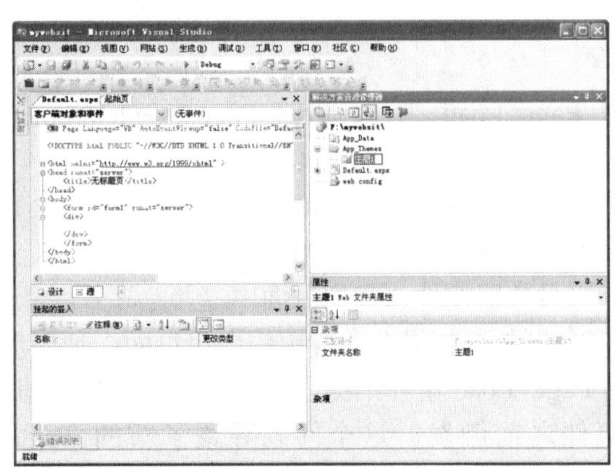

（a）创建主题

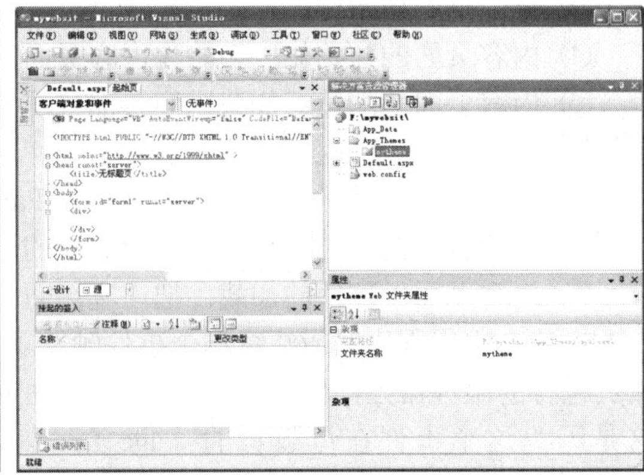

（b）修改主题名称

图 6-11　创建主题

（1）创建皮肤

皮肤是在 ASP.NET 页面上应用于服务器控件的样式定义。皮肤可以和 CSS 文件或图像一起使用。要创建用于 ASP.NET 应用程序的主题，可以在 theme 文件夹中使用一个 skin 文件，该文件的名称可以任意，但其文件扩展名必须是.skin。右键单击“mytheme”文件夹，选择“添加新项”，在添加新项对话框中选择“主题外观”，皮肤文件默认名称为“SkinFile.skin”，点击“添加”按钮，如图 6-12 所示。

在解决方案资源管理器中可以看到，在 App_Themes 文件夹下有一个所创建的主题 mytheme，在 mytheme 文件夹下有一个 SkinFile.skin 文件，如图 6-12 所示。双击 SkinFile.skin 文件，查看该 SkinFile.skin 文件的源代码如图 6-13 所示，将看到一些默认的注释，这些注释介绍了皮肤文件的基本知识。

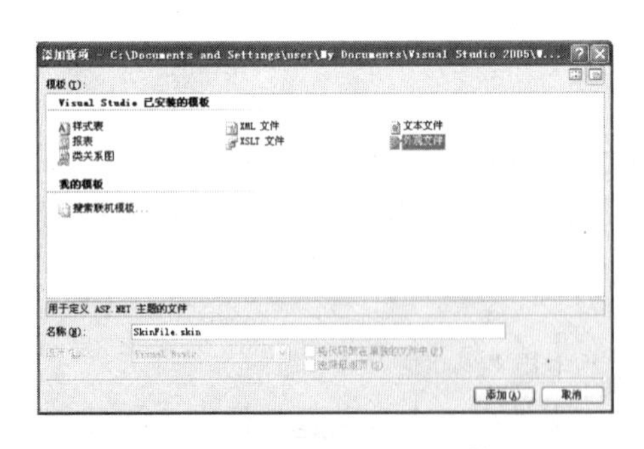

图 6-12　创建皮肤文件

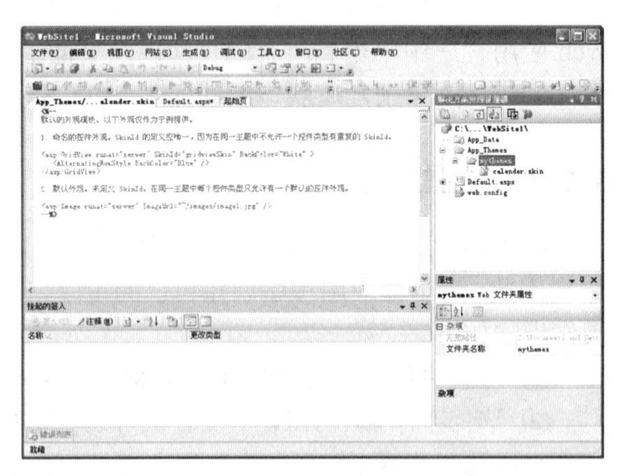

图 6-13　皮肤文件默认源代码

在皮肤文件 SkinFile.skin 中给 Label 和 Button 两种服务器控件定义显示的代码如下。

```
<asp:Label  BackColor = "Orange"  ForeColor = "DarkGreen"  Runat = "server" />
<asp:Button  BackColor = "Orange"  ForeColor = "DarkGreen"  Font-Bold = "true"  Runat= "server" />
```

在上例中将两种控件的背景色都定义成 Orange，前景色定义成 DarkGreen。对 Button 控件的字体定义成粗体。注意：皮肤文件中控件没有 ID 属性。如果在这里制定了 ID 属性，当页面使用这个主题时就会出错。

可以为每个主题创建多个.skin 文件。所需做的工作是在主题的文件夹中创建另一个.skin 文件并在其中创建更多的控件定义。这将有助于将.skin 文件定义分隔成比较小的几个部分。一般，可以为页面中的某种服务器控件创建一个单独的皮肤文件，也可以把页面中的多个服务器控件的样式放在一个皮肤文件中。在同一个主题目录下，不管定义了多少个皮肤文件，系统都会自动将它们合并成为一个文件。

有时需要对同一种控件定义多种显示风格，比如在 mytheme 文件夹下创建 TextBox.skin 文件，在该文件中设置服务器控件 TextBox 的显示。在 TextBox.skin 添加如下代码。

```
<asp:TextBox  BackColor="Green"  Runat="Server" />
<asp:TextBox  SkinID="BlueTextBox"  BackColor="Blue"  Runat="Server" />
<asp:TextBox  SkinID="RedTextBox"  BackColor="Red"  Runat="Server" />
```

在上例中，为服务器控件 TextBox 创建了三种样式，第一种 TextBox 背景色为 Green 的 TextBox，没有使用 SkinID 属性，它为默认的样式定义，用于使用这个主题的 Web 页面上所有不带 SkinID 属性<asp:TextBox>控件。

第二种和第三种 TextBox 的背景色分别为 Blue 和 Red，这两种样式用 SkinID 属性加以区别，分别为 SkinID="BlueTextBox"和 SkinID="RedTextBox"。它们分别作用于使用这个主题的 Web 页面上带相应的 SkinID 属性<asp:TextBox>控件。

值得注意的是，SkinID 属性在主题文件中是必须且唯一的，因为这样才可以在相应页面中为控件配置所需要使用的主题。

（2）在主题中包含 CSS 文件

皮肤文件用来定义的服务器控件的样式。ASP.NET 页面中使用除服务器控件之外的许多对象。例如，ASP.NET 页面一般由 HTML 服务器控件、原始的 HTML、甚至原始的文本组成。除了服务器控件外，ASP.NET 页面中的其他对象样式可用层叠样式表(CSS)进行进一步的定义。

使用 Visual Studio 2008，很容易为主题创建 CSS 文件。在解决方案资源管理器中右击主题文件夹，选择 Add New Item，在选项列表中选择 Style Sheet，重命名后可创建一个空的 CSS 文件。

6.2.3 应用主题

（1）给单个 ASP.NET 页面应用主题

【例 6-1】 为页面的 Label 控件、TextBox 控件和 Button 控件应用 6.2.2 节中创建的 mytheme 主题。

为了说明如何应用主题，现创建一个基本页面 default.aspx，在该页面中包含一个<asp:Label>，两个<asp:TextBox>，一个<asp:Button>，程序清单如下。

```
<asp:Label ID="Label1" runat="server" Text="Label"></asp:Label><br /><br />
<asp:TextBox ID="TextBox1"  runat="server"></asp:TextBox><br /><br />
<asp:TextBox ID="TextBox2"  SkinID="RedTextBox"  server"></asp:TextBox>
<br /><br />
<asp:Button ID="Button1"  runat="server"  Text="Button"  />
```

没有应用主题时，在浏览器中查看 theme.aspx 页面，这三种控件的样式结果如图 6-14 所示。

如果在该页面给 Page 指令添加 Theme 属性，使用前例创建的 mytheme 主题，<%@ Page

Language="C#" Theme="mytheme" %>。在浏览器上查看该页面，结果如图 6-15 所示。

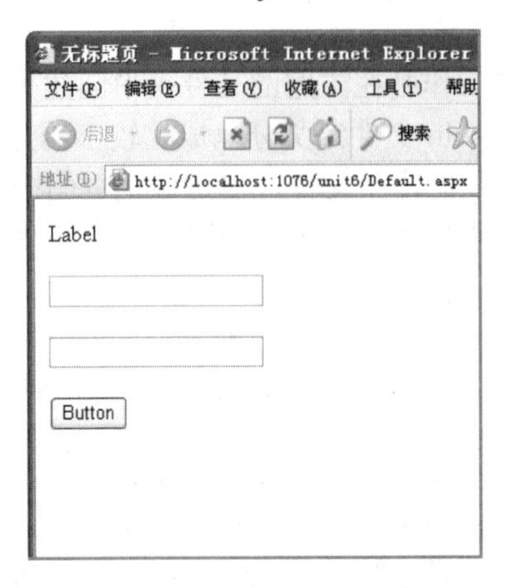

图 6-14　应用主题前控件显示样式

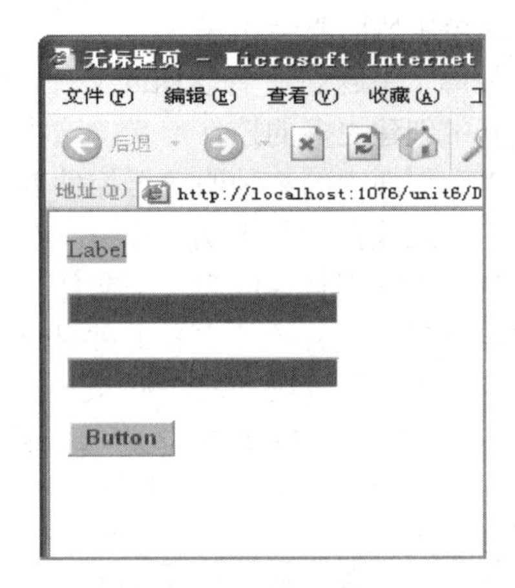

图 6-15　应用主题后控件显示样式

应用了 mytheme 主题的基本页面 tdefault.aspx 上不带 SkinID 的<asp:Label>，采用 SkinFile.skin 文件中定义的<asp:Label>控件的默认样式，即背景色显示成 Orange，前景色显示成 DarkGreen。

同样，页面上不带 SkinID 的<asp: Button>，采用 SkinFile.skin 文件中定义的<asp: Button>控件的默认样式，即背景色显示成 Orange，前景色显示成 DarkGreen，字体显示成粗体。

页面上不带 SkinID 的<asp: TextBox>，采用 TextBox.skin 文件中定义的<asp: TextBox>控件的默认样式，即背景色显示成 Green。

页面上 SkinID="RedTextBox"的<asp:TextBox>，采用 TextBox.skin 文件中定义的<asp: TextBox>控件的对应样式，即背景色显示成 Red。

（2）主题应用于整个应用程序

除了在 Page 指令中使用 Theme 属性把 ASP.NET 主题应用于 ASP.NET 页面之外，还可以通过 web.config 文件把它应用于应用程序，程序清单如下所示。

```
<?xml version="1.0">
<configuration>
<system.web>
<pages theme="mytheme" />
</system.web>
</configuration>
```

如果在 web.config 文件中指定主题，就不需要在 ASP.NET 页面的 Page 指令中定义它了。这个主题会自动应用于应用程序的每个页面。如果要以这种方式把主题应用于应用程序的某个部分，可以执行相同的操作，但还要使用<location />元素指定应用程序中应用主题的区域。

（3）禁用主题

无论主题是在应用程序上设置的，还是在页面上设置的，有时都希望使用已定义的主题替代。例如，在页面中添加一个<asp:Button>服务器控件，在设计窗口中直接用属性将其背景色设置为灰色，文本颜色设置为黑色，代码如下所示。

```
<asp:Button  BackColor = "Gray"  ForeColor = "Black"  Runat= "server" />
```

但如果给该页面应用"mytheme"主题，就看不到在设计器中用属性定义的灰色背景色和黑色的文本，它们将会被主题覆盖。即该<asp:Button>服务器控件在浏览时还是按照主题中的默认样式，背景色显示成 Orange，前景色显示成 DarkGreen，字体显示成粗体。

为了对页面上的某个服务器控件禁用主题，即把一个主题应用到 ASP.NET 页面上，但不应用到该页面的某个服务器控件上（如<asp:Button>服务器控件上），只需使用该服务器控件的 EnableTheming 属性，代码清单如下。

```
<%@ Page Language="C#" Theme="mytheme" %>
…………….
<asp:Button BackColor = "Gray" ForeColor = "Black" Runat= "server" EnableTheming="false" />
…………………
```

如果要禁用页面上多个控件的主题特性，可以使用 Panel 控件（或其他容器控件）封装这些控件，并把 Panel 控件的 EnableTheming 属性设置为 False。这将禁止把主题特性应用于 Panel 控件包含的所有控件。

如果在 web.config 文件中设置了整个应用程序的主题，如果希望某个 ASP.NET 页面不应用主题，则可以使用如下代码在该页面级别禁用主题。

```
<%@ Page Language="C#" EnableTheming="False" %>
```

EnableTheming 属性在页面设置为 False 时，就不搜索 Web 应用程序的 Theme 目录，不应用.skin 文件(.skin 文件用于定义 ASP.NET 服务器控件的样式)。

如果在页面上把 EnableTheming 属性设置为 False，在页面级别禁用主题，仍可以把该页面上某个控件的 EnableTheming 属性设置为 True，给它应用主题，代码如下所示。

```
<asp:Textbox ID="TextBox1" runat="server" EnableTheming="true" Theme="mytheme " />
```

这时需要给该控件添加 Theme 属性，说明该控件应用哪一个主题，即搜索 Web 应用程序的 Theme 目录中的哪一个主题。

（4）母版页和内容页中的主题

母版页中包含 Master 指令，内容页中包含 Page 指令，Page 和 Master 指令都包含 EnableTheming 属性。

如果在 ASP.NET 应用程序的 web.config 文件中定义了主题，则母版页和内容页都应用 web.config 文件中定义的主题。但如果母版页面中用 EnableTheming 属性指定禁用的主题特性，如果内容页面没有指定主题特性(即没有使用 EnableTheming 属性)，就采用母版页面上指定的设置，不应用主题。即使在内容页面上设置了 EnableTheming 属性，也优先采用母版页面上指定的 EnableTheming 属性。也就是说，如果 EnableTheming 属性在母版页面上设置为 false，在内容页面上设置为 true，则页面也使用母版页面提供的值来构建。但是，如果 EnableTheming 属性在 Master 页面上设置为 true，则可以在内容页的控件上重写这个设置，从而为内容页的控件应用主题。

（5）和主题相关的 StylesheetTheme 属性

页面的 Page 指令还包括 StylesheetTheme 属性，利用该属性可以把主题应用于页面。代码如下所示。

```
<%@ Page Language="C#" StylesheetTheme=" mytheme " %>
```

StylesheetTheme 属性与 Theme 属性的工作方式相同，都可以把主题应用于页面。其区别是，在页面上为某个控件本地设置属性时，如果使用 Theme 属性，本地设置的属性就会被覆盖。但如果使用 StylesheetTheme 属性应用页面的主题，本地设置的属性会保持不变。假定有如下按钮控件。

```
<asp:Button  BackColor = "Gray"   ForeColor = "Black"  Runat= "server" />
```

在这个例子中，如果在Page指令中使用Theme属性来应用主题，主题就会重写BackColor和ForeColor设置。如果在Page指令中使用StylesheetTheme属性来应用主题，即使BackColor和ForeColor设置在主题中明确定义，它们也不会被重写。

（6）运行时指定页面的主题

可以在运行时根据客户要求指定或者变更页面的主题，实现Web应用程序的个性化。如果客户端用查询字符串传递主题要求给服务器端，可以使用如下代码编程指定页面的主题为newtheme，而newtheme这个主题是存放在查询字符串mynewtheme中。

```
protected void Page_PreInit(object sender, System.EventArgs e)
{
  Page.Theme = Request.QueryString["mynewtheme"];
}
```

必须在页面上静态控件的Page_PreInit事件触发之前设置Page属性的主题。如果使用动态控件，就应在把该控件添加到Controls集合中之前，设置Theme属性。

也可以在运行时指定页面中某个服务器控件的SkinID属性，以便动态更改页面控件的外观，代码如下所示。

```
protected void Page_PreInit(object sender, System.EventArgs e)
{
  TextBox1.SkinID = " BlueTextBox ";
}
```

在上述代码中，将 ID 为 TextBox1 的<asp:TextBox>控件，更改为皮肤文件中指定的BlueTextBox样式。同样，也是在代码的Page_PreInit事件中或之前指定这个属性。

本 章 小 结

本章介绍了母版页、内容页、主题和皮肤，可以很容易给整个应用程序统一外观和操作方式。母版页能够将页面布局和控件进行分离，只需对页面进行布局和样式控制，而内容页只需要镶嵌相应的控件即可。主题可以在.skin文件中只包含简单的服务器控件定义，也可以详细描述样式定义，主题中还包含CSS样式定义，甚至图像。可以使用主题为ASP.NET站点提供的个性化特性。这样，终端用户可以选择自己的主题，订制自己的操作方式。应用程序可以只为客户显示一个主题，还可以通过编程的方式变更页面主题。

习 题 6

6-1 简述母版页面与普通Web页面的异同。

6-2 编写Web应用程序，该应用程序包含三个Web页面：default.aspx页面、about.aspx页面和content.aspx页面；这三个Web页面采用统一的母版master.master。

6-3 简述ASP.NET母版页运行时的显示原理。

6-4 ASP.NET中怎样动态修改母版页的内容？

6-5 主题可以包含哪些内容？

6-6 主题有几种应用方式？

第7章 站点导航控件

对于一个大型的企业级网站，可能拥有成百上千的网页，导航就变得十分重要。好的导航系统能够便利用户在多个页面间来回浏览，增加应用程序的可交互性。ASP.NET 提供了内置的站点导航技术，让开发人员创建站点导航时变得轻松。本章将讨论 ASP.NET 中的站点地图，还有用于导航的三个服务器控件：TreeView 控件、Menu 控件和 SiteMapPath 控件。

7.1 站点地图

站点地图，用于定义站点结构。早些年，一些大中型的网站为了让用户便于找到合适的网页，特别定制了一些站点目录文件，称为站点地图。在 ASP.NET 中，微软为了简化创建站点地图的工作，提供了一套用于导航的站点地图技术。ASP.NET 中的站点地图导航技术由如下的三个部分组成。

① 一个用于定义站点结构的 XML 文件，又称为站点地图文件。

② 用来绑定到 XML 文件的站点地图 SiteMapDataSource 数据源控件。

③ 用于显示站点地图的导航控件（TreeView，Menu 控件和 SiteMapPath 控件）。

站点地图文件是一个名为 Web.Sitemap 的 XML 文件，同时该文件必须位于网站根目录或虚拟目录根目录之下，位于普通目录之下无效。位于网站根目录下的 Web.Sitemap 对整个站点有效（网站下的虚拟目录除外）；位于虚拟目录下的 Web.Sitemap 对整个目录有效（虚拟目录下的虚拟目录除外）。

Web.Sitemap 用来描述网站中包含的页面情况，即当前网站中每个 Web 页面的名字和它们之间的层次关系。

在“解决方案资源管理器”中右键单击网站，选择“添加新项”，在弹出的窗口中选择类别为“站点地图”，如图 7-1 所示。单击“添加”后创建了默认的站点地图文件 Web.Sitemap。

该默认的站点地图文件 Web.Sitemap 源代码如下所示。

```
<?xml version="1.0" encoding="utf-8" ?>
<siteMap xmlns="http://schemas.microsoft.com/AspNet/SiteMap-File-1.0" >
    <siteMapNode url="" title=""  description="">
        <siteMapNode url="" title=""  description="" />
        <siteMapNode url="" title=""  description="" />
    </siteMapNode>
</siteMap>
```

图 7-1　创建默认的站点地图

从上述内容可以看出，Web.Sitemap 这个 XML 文件有下述特点。

① Web.Sitemap 文件的根元素是<siteMap>，该元素表示开始站点地图的描述，其中至少要嵌套一个代表了具体页面的<siteMapNode>元素。

② <siteMapNode>元素的常用属性如表 7-1 所示，其中前三个属性是最常用的，也是默认创建的站点地图文件中所包含的。

表 7-1　<siteMapNode>元素的常用属性

属性名称	说　明
url	该<siteMapNode>元素对应的页面的位置。在整个站点地图文件中，该属性必须唯一
title	该<siteMapNode>元素对应的页面的描述，在导航控件中显示的页面标题，必填
description	对页面的描述，在对应的导航控件中，当鼠标处于某节点上方时，显示出来的描述，通常比 title 描述更加详细
key	定义表示当前<siteMapNode>元素的关键字
roles	定义允许查看该站点地图文件的角色集合。多个角色可使用（;）和（,）进行分隔
Provider	定义处理其他站点地图文件的站点导航提供程序名称。默认值为 XmlSiteMapProvider
siteMapFile	设置包含其他相关 siteMapNode 元素的站点地图文件

例如，新建网站的默认 Web.sitemap 文件的 XML 源代码修改如下。

```
<?xml version="1.0" encoding="utf-8" ?>
<siteMap xmlns="http://schemas.microsoft.com/AspNet/SiteMap-File-1.0" >
<siteMapNode url="~/Default.aspx"  title="首页">
    <siteMapNode url="~/news.aspx" title="新闻" description="新闻列表" >
      <siteMapNode url="~/lnews.aspx" title="国内新闻" description="国内新闻列表" />
      <siteMapNode url="~/inews.aspx" title="国际新闻" description="国际新闻列表"  />
    </siteMapNode>
      <siteMapNode url="~/maffairs.aspx" title="军事" description="军事列表" >
      <siteMapNode url="~/lmaffairs.aspx" title="中国军情" description="中国军情列表" />
      <siteMapNode url="~/imaffairs.aspx" title="国际军情" description="国际军情列表"  />
```

```
        </siteMapNode>
        <siteMapNode url="~/blog.aspx" title="博客" description="博客" >
        </siteMapNode>
    </siteMapNode>
    </siteMap>
```

上述源代码首先在根元素<siteMap>中添加了一个<siteMapNode>元素，该元素表示首页；然后在首页的<siteMapNode>元素中添加了三个<siteMapNode>元素，第一个表示新闻页面，第二个表示军事页面，第三个表示博客页面；最后在新闻<siteMapNode>元素中嵌套了两个<siteMapNode>元素，分别表示国内新闻和国际新闻，军事<siteMapNode>元素中嵌套了两个<siteMapNode>元素分别表示中国军情和国际军情。该源代码中<siteMapNode>元素嵌套的深度是三层，所以描述的网站的层次结构也为三层，该三层结构如图 7-2 所示。

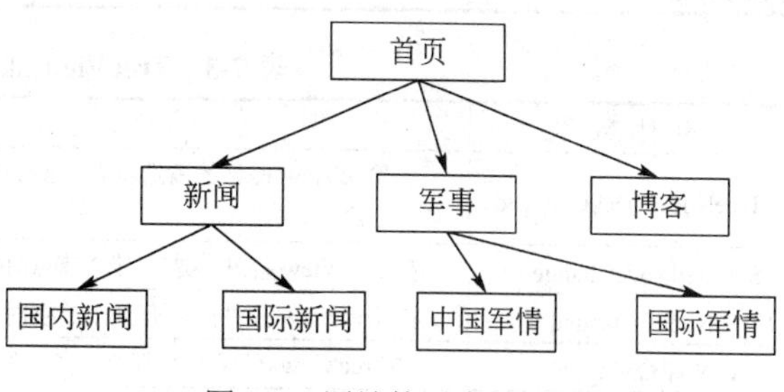

图 7-2　网站的层次结构图

在修改 Web.Sitemap 文件时需要注意，在根元素<siteMap>中，一般只包含一个顶层的<siteMapNode>元素，用来确保沿着网页层次结构的访问最终汇聚到一个页面。在这个顶层的<siteMapNode>元素中，可嵌套多个<siteMapNode>元素，嵌套的深度没有限制。

7.2 TreeView 控件

TreeView 服务器控件是 ASP.NET2.0 引入的新控件，它以树形结构显示分层数据，如目录或文件目录。它支持以下功能。

① 自动数据绑定，该功能允许将控件的节点绑定到分层数据（如 XML 文档）。
② 通过与 SiteMapDataSource 控件集成提供对站点导航的支持。
③ 可以显示为可选择文本或超链接的节点文本。
④ 可通过主题、用户定义的图像和样式自定义外观。
⑤ 通过编程访问 TreeView 对象模型，可以动态地创建树，填充节点以及设置属性等。
⑥ 通过客户端到服务器的回调填充节点（在受支持的浏览器中）。
⑦ 能够在每个节点旁边显示复选框。

TreeView 服务器控件的关键属性和事件如表 7-2、表 7-3 所示。

表 7-2　TreeView 服务器控件的属性

属 性 名 称	说　明
AutoGenerateDataBindings	可以设置为 true。默认情况下需要手工设置绑定关系
CheckedNodes	返回那些复选框被选中节点的集合
CollapseImageToolTip	当节点处于折叠状态时，所显示的工具提示
CollapseImageUrl	当节点处于折叠状态时，所显示图片的 URL
ExpandDepth	当 TreeView 一开始显示时，所显示的工具提示
ExpandImageToolTip	当节点处于展开状态时，所显示的工具提示
ExpandImageUrl	当节点展开时，所显示图片的 URL
HoverNodeStyle	TreeNodeStyle 对象，用于设置当鼠标指针位于节点之上时节点的样式

续表

属性名称	说　明
NodeIndent	子节点与父节点之间的像素距离
NodeStyle	TreeNodeStyle 对象，用于设置默认节点的显示外观
NodeWrap	如果为 true，当节点文本超出显示区域后，用于代替的文本
PathSeparator	用于分割节点的值的字符
SelectedNode	返回选中的 TreeNode 对象
SelectedNodeStyle	TreeNodeStyle 对象，设置选中节点的显示外观
ShowCheckBoxes	声明是否显示复选框
ShowExpandCollapse	默认值为 true。如果为 true，则显示展开/折叠的提示符
ShowLines	默认值为 false。如果为 true，就会显示连接节点的线

表 7-3　TreeView 服务器控件的事件

事件名称	说　明
TreeNodeCheckChanged	当 TreeView 控件的复选框发送到服务器的状态更改时发生。每个 TreeNode 对象发生变化时都将发生一次
SelectedNodeChanged	在 TreeView 控件中选定某个节点时发生
TreeNodeExpanded	在 TreeView 控件中展开某个节点时发生
TreeNodeCollapsed	在 TreeView 件中折叠某个节点时发生
TreeNodePopulate	在 TreeView 控件中展开某个 PopulateOnDemand 属性设置为 true 的节点时发生
TreeNodeDataBound	将数据项绑定到 TreeView 控件中的某个节点时发生

7.2.1　TreeView 控件显示数据

（1）TreeView 控件显示站点地图数据

TreeView 控件通过使用 SiteMapDataSource 控件实例以树状目录形式显示站点地图文件。

【例 7-1】 以上述的站点地图文件 Web.sitemap 文件为例，用 TreeView 控件显示站点地图文件。

从工具箱的“数据”选项卡中选择 SiteMapDataSource 控件放置到页面 default.aspx 中，该 SiteMapDataSource 控件的 ID 为 SiteMapDataSource1，然后从工具箱的“导航”选项卡中选择 TreeView 控件放置到 default.aspx 页中，同时设置 TreeView 控件的 DataSourceId 属性设置为 SiteMapDataSource1，源代码如下所示。

```
<asp:SiteMapDataSource ID="SiteMapDataSource1" runat="server" />
<asp:TreeView ID="TreeView1" runat="server" DataSourceID="SiteMapData-
Source1">
</asp:TreeView>
```

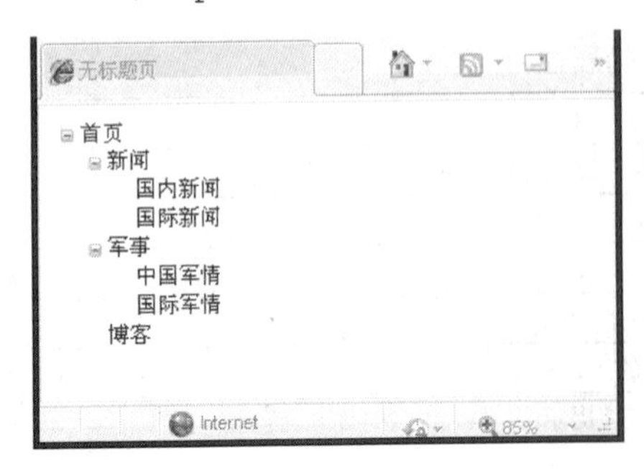

图 7-3　TreeView 控件显示站点地图

浏览 default.aspx 页面，结果如图 7-3 所示，在图 7-3 中 TreeView 控件以完全展开的形式显示站点地图文件中设置的网站层次结构。

TreeView 控件由一个或多个节点构成。树中的每个项都被称为一个节点，节点类型有下列三种。

① 根节点：没有父节点、但具有一个或多个子节点的节点（如图 7-3 中的“首页”节点）。

② 父节点：具有一个父节点，并且有一个或多个子节点的节点（如图 7-3 中的“新闻”节点）。

③ 叶节点：没有子节点的节点（如图 7-3 中的“中国新闻”或“博客”节点）。

TreeView 控件中每一个节点都由 TreeNode 对象表示，TreeNode 对象常见属性如表 7-4 所示。

表 7-4 TreeNode 对象常见属性

属性名称	说明
Text	在树中为节点显示的文字
ToolTip	鼠标停留在节点文本上时显示的提示文本
Value	保存关于节点的不显示的额外数据（如在处理单击事件时用于识别节点或查找更多信息的唯一 ID）
NavigateUrl	如果设置了该属性，用户单击节点时会导航这个 URL。否则，需要响应 TreeView.SelectedNodeChanged 事件确定要执行的活动
Target	如果设置了 NavigateUrl 属性，它会设置链接的目标窗口或框架。如果没有设置 Target，新页面在当前窗口中打开
ImageUrl	设置显示在节点旁边的图片
ImageToolTip	设置显示在节点旁边的图片的提示信息

TreeView 控件通过使用 SiteMapDataSource 控件实例以树状目录形式显示站点地图文件时，站点地图的每个 SiteMapNode 的 Title 和 Url 属性自动与 TreeView 控件中的每个 TreeNode 对象的 Text 和 NavigateUrl 属性相关联，因此不必创建自定义数据绑定。当鼠标放置在图 7-3 中 TreeView 控件的任意节点上方时，将以工具提示文本形式显示站点地图文件中该 SiteMapNode 元素的 Title 属性值，单击图 7-3 中 TreeView 控件的任意节点，将导航到站点地图文件中该 SiteMapNode 元素的 Url 属性指定的页面。当 TreeView 控件绑定到 SiteMapDataSource 的时候，会自动地把 SelectedNode 属性设置为站点地图中的当前节点。

每个 TreeNode 对象具有“选择”和“导航”这两种模式。在选择模式时，单击节点会回发页面并引发 TreeView.SelectedNodeChanged 事件，它是所有节点的默认模式。在导航模式时，单击节点会导航到一个新页面但不会引发 SelectedNodeChanged 事件。只要把 NavigateUrl 属性设置为非空字符串，TreeNode 就会处于导航模式。绑定到站点地图数据的 TreeNode 处于导航模式，因为每个站点地图节点提供一个 URL 信息。

每个 TreeNode 对象还都具有 SelectAction 属性，该属性可用于确定单击节点时发生的特定操作，例如展开节点或折叠节点。

要填充 TreeView 控件的节点，不仅可以使用.sitemap 文件，还有许多其他方式。一种比较好的方式是使用 XmlDataSource 控件(而不是 SiteMapDataSource 控件)从 XML 文件中填充 TreeView 控件。另外还可以用编程方式从把数据库的数据显示在 TreeView 控件中。

（2）显示静态数据

TreeView 控件除了可以显示站点地图、XML 文档和数据库中的数据外，还可以显示静态数据。要在 TreeView 控件显示静态数据，则不需要数据源控件实例。首先在 TreeView 控件的开始标记和结束标记之间嵌套开始和结束<Nodes>标记。然后，通过在开始和结束<Nodes>标记之间嵌套<asp:TreeNode>元素来创建树结构。每个<asp:TreeNode>元素表示树中的一个节点，并且映射到一个 TreeNode 对象。通过设置每个节点的<asp:TreeNode>元素的特性，可以设置该节点的属性。若要创建子节点，在父节点的开始和结束 <asp:TreeNode> 标记之间嵌套其他的 <asp:TreeNode> 元素。如在页面中添加如下代码。

```
    <asp:TreeView ID="TreeView2" runat="server" HoverNodeStyle-ForeColor=
"Green" >
        <Nodes>
```

```
        <asp:TreeNode  NavigateUrl="Home.aspx" Text="目录" Target="Content" >
              <asp:TreeNode   NavigateUrl="Page1.aspx" Text="第一章" Target=
"Content">
                <asp:TreeNode   NavigateUrl="Section1.aspx" Text="1.1 节" />
                </asp:TreeNode>
              <asp:TreeNode  NavigateUrl="Page2.aspx"  Text="第二章"  Target=
"Content">
              </asp:TreeNode>
        </asp:TreeNode>
      </Nodes>
   </asp:TreeView>
```

在浏览器上查看该页面，结果如图 7-4 所示。

图 7-4　TreeView 控件显示静态数据图

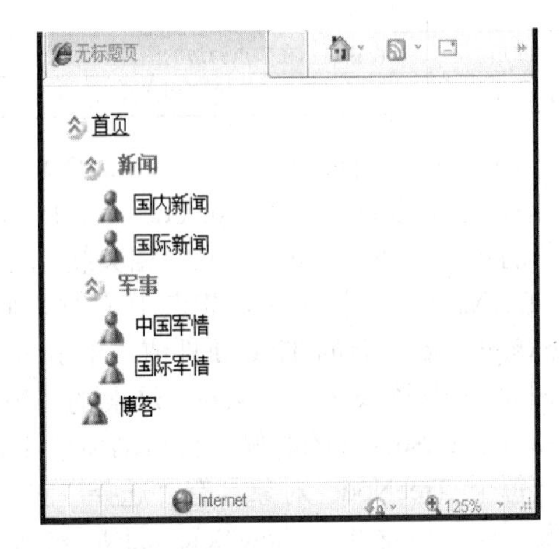

图 7-5　使用内置样式的 TreeView 控件外观

7.2.2　TreeView 服务器控件的外观

（1）内置样式

TreeView 控件有许多内置样式，使用这些内置样式可以方便快捷地修改 TreeView 控件的外观。在设计视图中选择 TreeView 控件，在 TreeView 任务中选中“自动套用格式”，弹出的“自动套用格式”窗口中列出了 TreeView 控件的内置样式。选择其中一个样式就会修改 TreeView 控件的代码，使之适应选中的样式。例如，从选项列表中选择“Windows 帮助”，所创建的 TreeView 控件就从图 7-3 转换为图 7-5 中的外观。

TreeView 控件使用“Windows 帮助”内置样式后自动修改的源代码如下所示。

```
   <asp:TreeView  ID="TreeView1" runat="server"
    DataSourceID="SiteMapDataSource1" ImageSet="Contacts" NodeIndent="10">
      <ParentNodeStyle Font-Bold="True" ForeColor="#5555DD" />
      <HoverNodeStyle Font-Underline="False" />
      <SelectedNodeStyle   Font-Underline="True"   HorizontalPadding="0px"
VerticalPadding="0px" />
      <NodeStyle  Font-Names="Verdana"  Font-Size="8pt"  ForeColor="Black"
HorizontalPadding="5px"  NodeSpacing="0px" VerticalPadding="0px" />
   </asp:TreeView>
   <asp:SiteMapDataSource ID="SiteMapDataSource1" runat="server"  />
```

（2）自定义样式

除了可以用内置样式设置 TreeView 控件的外观，TreeView 控件有一个细化的样式模型，允许用户完全控制 TreeView 的外观。样式由 TreeNodeStyle 类表示，它继承自 Style 类。通过 TreeNodeStyle 可以像常规样式一样设置前景色和背景色、字体和边框等。此外，TreeNodeStyle 类加入一些特定于节点的样式属性。这些属性处理节点图片以及节点间的间距。比如 ImageUrl 属性：节点旁显示的图片的 URL、NodeSpacing：当前节点和相邻节点的垂直间距（以像素为单位）。VerticalPadding 属性：节点文字和文字周围边界的上下间距（以像素为单位）。HorizontalPadding 属性：节点文字和文字周围边界的左右间距（以像素为单位）。ChildNodesPadding 属性：展开的父节点的最后一个子节点和其下一个兄弟节点的间距（以像素为单位）。NodeIndent 属性：对于从左向右呈现的区域设置而言，设置左侧缩进，而对于从右向左呈现的区域设置而言，设置右侧缩进。

TreeView 允许分别控制不同类型节点的样式，例如，根节点、包含其他节点的节点、选定的节点等。要对树的所有节点应用样式，可以使用 TreeView.NodeStyle 属性，如下面的源代码所示。

```
<asp:TreeView  id="myTreeView"  NodeStyle-ForeColor="Green"
NodeStyle-VerticalPadding="0"  runat="server">
..................
</asp:TreeView>
```

在该源代码中规定了 id 为 myTreeView 的 TreeView 控件实例，自定义所有节点显示文本颜色为绿色，所有节点文字和文字周围边界的上下间距为 0 像素。

同样，对树的根节点进行样式设置，可以使用 TreeView. RootNodeStyle 属性；对树的父节点（不包括根节点）的进行样式设置，可以使用 TreeView. ParentNodeStyle 属性；对树的叶节点进行样式设置，可以使用 TreeView. LeafNodeStyle 属性；对树的节点在鼠标指针置于其上时的样式设置，可以使用 TreeView. HoverNodeStyle 属性；对树的所选节点进行样式设置，可以使用 TreeView. SelectedNodeStyle 属性。

样式属性按以下优先级顺序应用。

① NodeStyle。

② RootNodeStyle、ParentNodeStyle 或 LeafNodeStyle(根据节点类型应用)。如果定义了 LevelStyles 集合，则其应用优先级同前，并覆盖其他节点样式属性。

③ SelectedNodeStyle。

④ HoverNodeStyle。

也就是说，SelectedNodeStyle 样式设置会覆盖 RootNodeStyle 里任何有冲突的设置。不过，RootNodeStyle、ParentNodeStyle 和 LeafNodeStyle 从来都不会产生冲突，因为根节点、父节点和子节点的定义是互斥的。例如，一个节点不能既是父节点又是根节点，TreeView 直接把它看做根节点。

（3）在 TreeView 服务器控件中添加复选框

TreeView 控件主要用于导航，也可以用于其他用途。在许多情况下，TreeView 控件的一个重要的内置功能是在列表中，把复选框放在树状目录中的节点旁边。这些复选框可以让用户进行多项选择。TreeView 控件有一个 ShowCheckBoxes 属性，可用于在层次结构中给许多不同类型的节点创建复选框。

如图 7-3 中 TreeView 控件的源代码修改如下。

```
<asp:TreeView ID="TreeView1" runat="server" DataSourceID="SiteMapData-
```

```
Source1" ShowCheckBoxes="All">
    </asp:TreeView>
    <asp:SiteMapDataSource ID="SiteMapDataSource1" runat="server"  />
```

在上述代码中为 TreeView 控件增加一个 ShowCheckBoxes 属性，属性值设置为 All，即对树状目录中所有节点前面都添加一个复选框。浏览该页面，TreeView 控件从图 7-3 变更为图 7-6 所示。

图 7-6　在 TreeView 服务器控件中添加复选框

属性 ShowCheckBoxes 的值如表 7-5 所示。

表 7-5　TreeView 服务器控件的 ShowCheckBoxes 值

值	说　明
All	给 TreeView 控件中的每个节点应用复选框
Leaf	给没有子元素的节点应用复选框
None	不给 TreeView 控件中的节点应用复选框
Parent	给 TreeView 控件中的父节点应用复选框。父节点至少有一个与之相关的子节点
Root	给 TreeView 控件中的每个根节点应用复选框

除了可以在设计时，为 TreeView 控件中设置复选框，也可以通过编程的方式在运行时动态设置 TreeView 控件的复选框，代码如下。

```
TreeView1. ShowCheckBoxes=TreeNodeTypes.Root
```

上述代码在运行时动态的把原来每个节点前都有复选框修改为只有根节点前面有复选框。

运行时被用户选中的节点以集合的形式存放在 TreeView 控件实例的 CheckedNodes 属性中，可用该集合的 Count 属性获取用户选择了几个节点。

（4）在 TreeView 服务器控件中使用图标

图 7-3 中 TreeView 控件展开的节点前有一个默认“-”图标，同样图 7-5 中应用内置样式的 TreeView 控件根据节点的类型不同，节点前的图标不同。还可以把自己的图标应用于节点层次结构列表，自定义图标可以是客户端浏览器支持的任意文件格式（.jpg、.gif、.bmp 等）。用不同的自定义图标能区分以下不同类型的节点：折叠的节点、展开的节点、不可展开的节点、根节点、父节点、叶节点。

TreeView 控件包含如表 7-6 所示的属性。这些属性可以为控件的不同类型节点指定自己的图标。

表 7-6　TreeView 控件和图标相关的属性

属　性	说　明
CollapseImageUrl	可折叠节点的指示符所显示图标的 URL。此图像通常为一个减号 (–)
ExpandImageUrl	可展开节点的指示符所显示图标的 URL。此图像通常为一个加号 (+)
LeafImageUrl	如果节点没有子节点，且位于节点层次结构链的最后，即叶节点的指示符所显示图标的 URL
NoExpandImageUrl	为不可展开节点所显示的自定义图像的 URL。默认为空字符串 (""), 这将显示默认的空白图像
ParentNodeImageUrl	父节点所显示的自定义图像的 URL
RootNodeImageUrl	根节点所显示的自定义图像的 URL

把图 7-3 的 TreeView 服务器控件实例源代码修改如下。

```
    <asp:TreeView ID="TreeView1" runat="server" DataSourceID="SiteMapData-
Source1"
    CollapseImageUrl="new.GIF" CollapseImageToolTip="折叠的节点" ExpandImageUrl=
"old.GIF"
    ExpandImageToolTip="展开的节点" >
    </asp:TreeView>
    <asp:SiteMapDataSource ID="SiteMapDataSource1" runat="server"  />
```

上述代码中，TreeView 服务器控件实例使用 CollapseImageUrl 属性和 ExpandImageUrl 属性指定在树状目录中折叠节点和展开节点的自定义图标，替换默认加号“+”和减号“–”图标，浏览该页面，TreeView 控件从图 7-3 变更为图 7-7 所示。

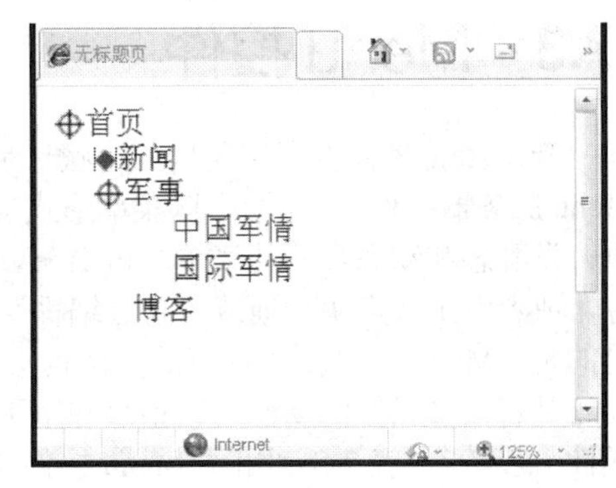

图 7-7　TreeView 服务器控件中使用自定义图标

（5）在 TreeView 服务器控件中使用连接节点的线条

TreeView 控件中允许在树状目录的节点之间显示连接线条。有了节点之间的连接线条后，节点之间的层次关系会显示得更清晰一些。

在 TreeView 控件树状目录的节点之间显示连接线条的方法一：在设计视图中右键单击 TreeView 控件，弹出的快捷菜单后选择“显示智能标记”，在如图 7-8 所示的“TreeView 任务”窗口中选中“显示行”。

在 TreeView 控件树状目录的节点之间显示连接线条的方法二：直接把 TreeView 控件的 ShowLines 属性设置为 True（该属性默认设置为 False）即可，源代码如下所示。

```
    <asp:TreeView ID="TreeView1" runat="server" DataSourceID="SiteMapData-
Source1" ShowLines="True" >
    </asp:TreeView>
    <asp:SiteMapDataSource ID="SiteMapDataSource1" runat="server"  />
```

可以使用 TreeView 控件的快捷菜单上的“行图标生成器”来编辑线条的外观，也可以自行为每个线条特性分配自定义图像。单击图 7-8 中“自定义行图标”，弹出图 7-9 所示“ASP.NET 行图标生成器”窗口。在该窗口中可以为需要 Expand、Collapse 或 NoExpand 图标的节点选择图像，还可以指定连接节点线条的颜色和样式。例如，图 7-9 中把连接线设置为红色的实线。然后选择这个对话框创建的文件输出。默认情况下，“ASP.NET TreeView 行图标生成器”把输出文件夹命名为 TreeLineImages，但用户可以把它命名为任意名称。如果项目中不存在这个文件夹，Visual Studio 就会创建这个文件夹。完成这一步后，单击确定按钮，在对话框指定的文件夹中就会生成一个很长的新文件列表。之后，TreeView 控件就可以通过设置 LineImagesFolderUrl 属性，来使用新的图像和样式了。

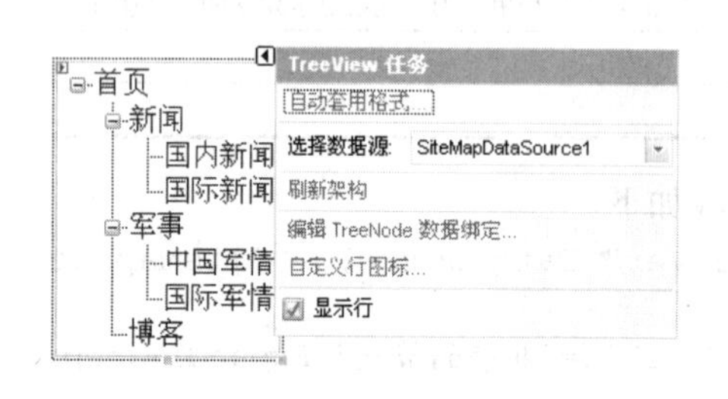

图 7-8 “TreeView 任务”窗口

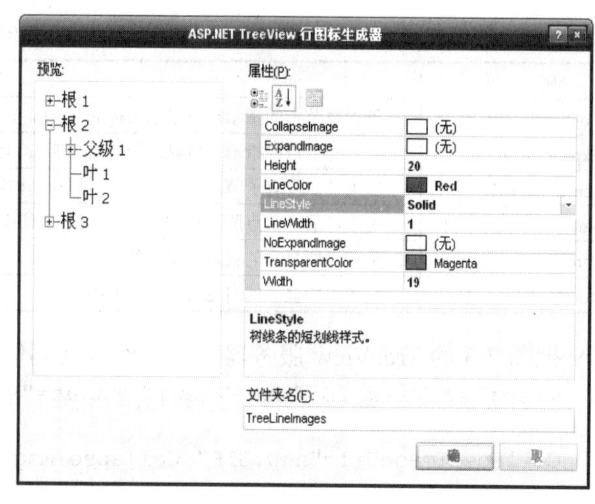

图 7-9 “ASP.NET 行图标生成器”窗口

7.3 Menu 控件

TreeView 控件以层次结构的树状目录实现网站导航，除此之外，ASP.NET 2.0 中引入了 Menu 服务器控件，在页面中以菜单形式实现网站导航。使用 Menu 控件，可以为 ASP.NET 网页开发静态和动态显示的菜单。和 TreeView 控件一样，可以把 Menu 服务器控件绑定到数据源，或者手工（声明性地或者通过编程）使用 MenuItem 对象来填充它。和 TreeView 控件不同的是，Menu 控件不支持复选框，也不能够通过编程设置菜单的折叠/展开状态。不过，它们还是有很多相似的属性，包括那些用于设置图片、确定项目是否可选以及指定目标链接的属性。表 7-7、表 7-8 列出了 Menu 控件常见的属性和事件。

表 7-7 Menu 服务器控件的常见属性

属性名称	说明
DataSource	获取或设置对象，数据绑定控件从该对象中检索其数据项列表。（继承自 BaseDataBoundControl。）
DisappearAfter	获取或设置鼠标指针不再置于菜单上后显示动态菜单的持续时间
MaximumDynamicDisplayLevels	获取或设置动态菜单的菜单呈现级别数
Items	获取 MenuItemCollection 对象，该对象包含 Menu 控件中的所有菜单项
Orientation	获取或设置 Menu 控件的呈现方向
PathSeparator	获取或设置用于分隔 Menu 控件的菜单项路径的字符
SelectedItem	获取选定的菜单项
SelectedValue	获取选定菜单项的值
StaticDisplayLevels	获取或设置静态菜单的菜单显示级别数
Target	获取或设置用来显示菜单项的关联网页内容的目标窗口或框架

表 7-8 Menu 服务器控件的常见事件

事件名称	说明
DataBinding	当服务器控件绑定到数据源时发生（继承自 Control）
MenuItemClick	在单击 Menu 控件中的菜单项时发生
MenuItemDataBound	在 Menu 控件中的菜单项绑定到数据时发生

7.3.1 Menu 控件定义菜单项内容

可以采用两种方式定义 Menu 控件的内容：通过交互方式（或编程方式）逐个添加菜单项，或者将控件数据绑定到站点地图或 XML 数据源。

（1）Menu 控件绑定站点地图

Menu 控件可以以菜单形式显示站点地图数据，和 TreeView 控件一样，需要使用 SiteMapDataSource 控件实例。

【例 7-2】 以本章的站点地图文件 Web.sitemap 文件为例，在 default.aspx 页中用 Menu 控件显示站点地图文件。

首先从工具箱的“导航”选项卡中选择 Menu 控件放置到 default.aspx 页中合适位置，在“设计”视图中，右键单击 Menu 控件，再单击“显示智能标记”。在“Menu 任务”菜单上，从“选择数据源”下拉列表中选择“新数据源”（或者直接选择现有的 SiteMapDataSource 控件实例）。打开如图 7-10 所示的“数据源配置向导”窗口。单击“应用程序从哪里获取数据？”框中的“站点地图”，再在“为数据源指定 ID”框中指定数据源的 ID，最后单击“确定”按钮。

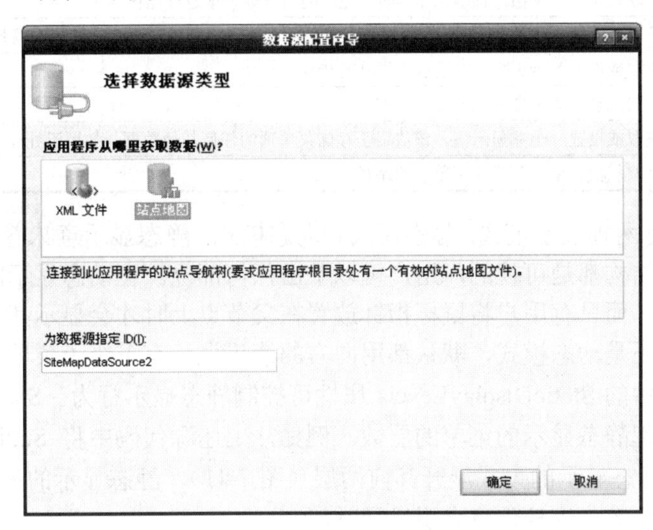

图 7-10 数据源配置向导

在设计窗口中，修改 Menu 控件的 StaticDisplayLevels 属性值为 2，修改 Menu 控件的 MaximumDynamicDisplayLevels 属性值为 3，在源视图窗口中 Menu 控件的源代码如下所示。

```
<asp:Menu ID=" Menu1" runat="server" DataSourceID="SiteMapDataSource1"
StaticDisplayLevels="2">
</asp:Menu>
<asp:SiteMapDataSource ID="SiteMapDataSource1" runat="server" />
```

浏览 default.aspx 页，查看 default.aspx 页，Menu 控件以以菜单形式显示站点地图数据，如图 7-11 所示。

从上述源代码中可以看出，选择站点地图创建新数据源的结果是在页面中添加一个 SiteMapDataSource 控件实例。

Menu 控件的菜单项都是 MenuItem 对象，Menu 控件的结构就是使用众多 MenuItem 对象来显示层次化的结构，MenuItem 对象的常见属性如表 7-9 所示。绑定到站点地图文件后，站点地图的每个 SiteMapNode 的 Title 和 Url 属性自动与 Menu 控件中的每个 MenuItem 对象

（菜单项）的 Text 和 NavigateUrl 属性相关联（这是使用 SiteMapNode 的 INavigateUIData 接口实现的）。和 TreeView 控件一样，当 Menu 绑定到 SiteMapDataSource 的时候，会自动地把 SelectedItem 属性设置为站点地图中的当前节点。

表 7-9 MenuItem 对象的常见属性

属 性 名 称	说 明
ChildItems	获取一个 MenuItemCollection 对象，该对象包含当前菜单项的子菜单项
DataItem	获取绑定到菜单项的数据项
Depth	获取菜单项的显示级别
Enabled	获取或设置一个值，该值指示 MenuItem 对象是否已启用，如果启用，则该项可以显示弹出图像和所有子菜单项
ImageUrl	获取或设置显示在菜单项文本旁边的图像的 URL
NavigateUrl	获取或设置单击菜单项时要导航到的 URL
Parent	获取当前菜单项的父菜单项
PopOutImageUrl	获取或设置显示在菜单项中的图像的 URL，用于指示菜单项具有动态子菜单
Selectable	获取或设置一个值，该值指示 MenuItem 对象是否可选或“可单击”
Selected	获取或设置一个值，该值指示 Menu 控件的当前菜单项是否已被选中
SeparatorImageUrl	获取或设置图像的 URL，该图像显示在菜单项底部，将菜单项与其他菜单项隔开
Text	获取或设置 Menu 控件中显示的菜单项文本
ToolTip	获取或设置菜单项的工具提示文本
Value	获取或设置一个非显示值，该值用于存储菜单项的任何其他数据，如用于处理回发事件的数据
ValuePath	获取从根菜单项到当前菜单项的路径

Menu 控件具有两种显示模式：静态模式和动态模式。静态显示意味着 Menu 控件始终是完全展开的。整个结构都是可视的，用户可以单击任何部位。在动态显示的菜单中，只有指定的部分是静态的，而只有用户将鼠标指针放置在父节点上时才会显示其子菜单项。菜单项中，无论静态模式还是动态模式，默认都用向右的箭头表示有下级子菜单。

使用 Menu 控件的 StaticDisplayLevels 属性可控制静态显示行为。StaticDisplayLevels 属性指示从根菜单算起静态显示的菜单的层数。例如，上述源代码中将 StaticDisplayLevels 设置为 2，菜单将以静态显示的方式展开其前两层（图 7-11）。静态显示的最小层数为 1，如果将该值设置为 0 或负数，该控件将会引发异常。

使用 Menu 控件的 MaximumDynamicDisplayLevels 属性指定在静态显示层后应显示的动态显示菜单节点层数。例如，上述源代码中将 MaximumDynamicDisplayLevels 设置为 2，表示 Menu 控件有 2 静态层和 2 个动态层，则菜单的前两层静态显示，后两层动态显示。如图 7-12 所示，当鼠标停留在未展开的菜单项“新闻”上时，将弹出下层子菜单“国内新闻”和“国际新闻”。如果将 MaximumDynamicDisplayLevels 设置为 0，则不会动态显示任何菜单节点。如果将 MaximumDynamicDisplayLevels 设置为负数，则会引发异常。

Menu 控件除了可以绑定到站点地图外，还可以在图 7-10 所示的“数据源配置向导”窗口中单击“应用程序从哪里获取数据？”框中的“XML 文件”，将控件数据绑定到 XML 文件。

（2）Menu 控件显示静态数据

和 TreeView 控件一样，Menu 控件也可以显示静态数据。要在 TreeView 控件显示静态数据，则不需要数据源控件实例。首先在 Menu 控件的开始标记和结束标记之间嵌套开始和结束<Items> 标记。然后，通过在开始和结束<Items> 标记之间嵌套<asp:MenuItem >元素来创建树结构。每个<asp:MenuItem >元素表示一个菜单项，并且映射到一个 MenuItem 对象。通过设置每个菜单项的<asp:MenuItem >元素的特性，可以设置该菜单项的属性。若要创建子菜单，在父菜单的开始和结束<asp:MenuItem>标记之间嵌套其他的 <asp:MenuItem >元素。

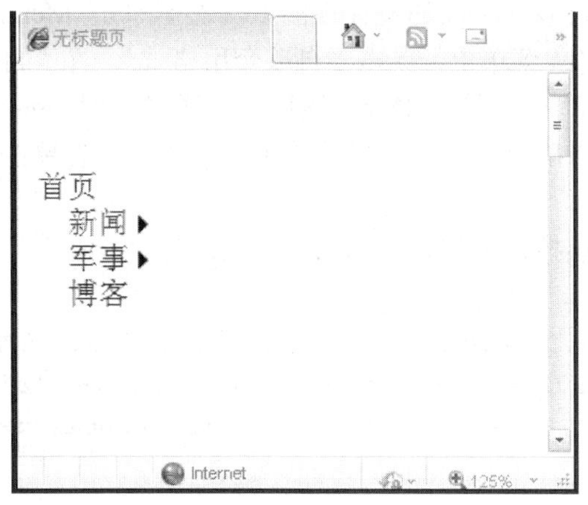

图 7-11 Menu 控件静态模式

图 7-12 Menu 控件动态模式

【例 7-3】 手动添加 Menu 控件，该控件有三个菜单项，每个菜单项有两个子菜单。在源视图中添加如下代码。

```
<asp:Menu ID="Menu1" runat="server" StaticDisplayLevels="3">
<Items>
<asp:MenuItem Text="文件" Value="File">
<asp:MenuItem Text="新建" Value="New"></asp:MenuItem>
<asp:MenuItem Text="打开" Value="Open"></asp:MenuItem>
</asp:MenuItem>
<asp:MenuItem Text="编辑" Value="Edit">
<asp:MenuItem Text="复制" Value="Copy"></asp:MenuItem>
<asp:MenuItem Text="粘贴" Value="Paste"></asp:MenuItem>
</asp:MenuItem>
<asp:MenuItem Text="查看" Value="View">
<asp:MenuItem Text="常规" Value="Normal"></asp:MenuItem>
<asp:MenuItem Text="预览" Value="Preview"></asp:MenuItem>
</asp:MenuItem>
 </Items>
</asp:Menu>
```

在浏览器上查看该页面，结果如图 7-13 所示。

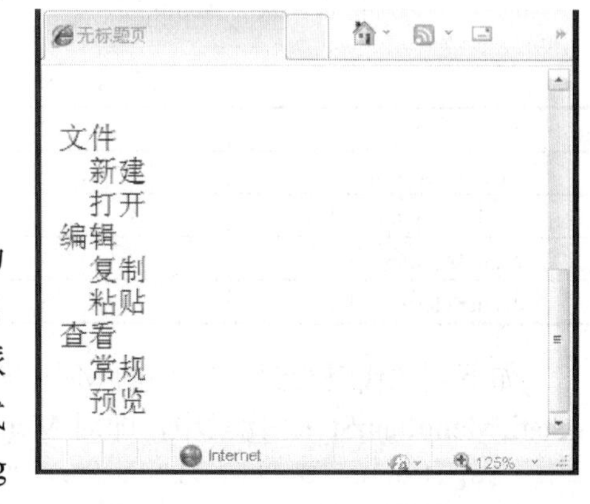

图 7-13 Menu 控件显示静态数据

7.3.2 Menu 控件的外观

Menu 控件提供了数量惊人的样式，用户可以为不同层次的菜单定义不同的样式。和 TreeView 一样，Menu 从 Style 基类派生了自定义类。实际上，它派生了两个（MenuStyle 和 MenuItemStyle）。这些样式添加了间距属性（ItemSpacing、HorizontalPadding 和 VerticalPadding），但不能通过样式设置菜单项的图片，因为它没有 ImageUrl 属性。

（1）使用内置样式

Visual Studio 编辑环境中包含一些可以用于 Menu 控件的内置样式，把它的外观和操作方式快速应用于菜单项。要应用这些内置样式，可以在页面的设计视图上，右键单击 Menu 控件，然后单击“显示智能任务”。在“Menu 任务”菜单上，单击“自动套用格式”。在“自动套用格式”对话框中，从“选择方案”列表中选择一个预定义样式。该预定义样式对“Menu”控件产生的效果将显示在“预览”区域中。单击“确定”应用样式并关闭对话框，或者单击“应用”应用样式而不关闭对话框。

执行这个操作会应用一系列样式属性，改变该控件的代码。例如，如果选择“专业型”选项，Menu 控件在源视图中的代码如下所示。

```
<asp:Menu ID="Menu1" runat="server" DataSourceID="SiteMapDataSource1"
StaticDisplayLevels="2" BackColor="#F7F6F3" DynamicHorizontalOffset="2"
Font-Names="Verdana" Font-Size="0.8em" ForeColor="#7C6F57" StaticSubMenu-
Indent="10px">
        <StaticSelectedStyle BackColor="#5D7B9D" />
        <StaticMenuItemStyle HorizontalPadding="5px" VerticalPadding="2px" />
        <DynamicHoverStyle BackColor="#7C6F57" ForeColor="White" />
        <DynamicMenuStyle BackColor="#F7F6F3" />
        <DynamicSelectedStyle BackColor="#5D7B9D" />
        <DynamicMenuItemStyle HorizontalPadding="5px" VerticalPadding="2px" />
        <StaticHoverStyle BackColor="#7C6F57" ForeColor="White" />
</asp:Menu>
<asp:SiteMapDataSource ID="SiteMapDataSource1" runat="server" />
```

图 7-14　应用内置样式的 Menu 控件

在浏览器中查看所创建的 Menu 控件，未应用内置样式之前为图 7-11，应用了内置样式效果如图 7-14 所示。

（2）静态菜单应用样式

由于 Menu 控件具有静态和动态菜单模式，因此分别提供了对这两种模式的样式定义。

要把某个样式应用于静态模式，必须给 Menu 控件添加一个静态样式元素，静态样式元素包含单词“Static”。Menu 控件包含如表 7-10 静态样式元素。

表 7-10　Menu 控件包含的静态样式元素

元 素 名 称	说　明
<StaticHoverStyle>	静态菜单项在鼠标指针置于其上时的样式设置
<StaticMenuItemStyle>	单个静态菜单项的样式设置
<StaticMenuStyle>	静态菜单的样式设置
<StaticSelectedStyle>	当前选定的静态菜单项的样式设置

如下列源代码给图 7-11 中的 Menu 控件的静态部分程序添加了一个样式，该样式添加在<StaticMenuItemStyle>元素中，即对 Menu 控件的单个静态菜单项应用该样式。

```
<asp:Menu ID="Menu1" runat="server" DataSourceID="SiteMapDataSource1"
StaticDisplayLevels="2">
        <StaticMenuItemStyle BackColor="#9999ff" BorderColor="#000099"
```

```
BorderStyle="Double" BorderWidth="1">
          </StaticMenuItemStyle>
    </asp:Menu>
    <asp:SiteMapDataSource ID="SiteMapDataSource1" runat="server"  />
```

上述代码给 Menu 控件的单个静态菜单项添加了背景色和边框，结果如图 7-15 所示

（3）动态菜单应用样式

要把某个样式应用于动态模式，和应用于静态模式一样，必须给 Menu 控件添加一个动态样式元素，动态样式元素包含单词“Dynamic”。Menu 控件包含如表 7-11 动态样式元素。

表 7-11　Menu 控件包含的动态样式元素

元素名称	说　明
<DynamicHoverStyle>	动态菜单项在鼠标指针置于其上时的样式设置
<DynamicMenuItemStyle>	单个动态菜单项的样式设置
<DynamicMenuStyle>	动态菜单的样式设置
<DynamicSelectedStyle>	当前选定的动态菜单项的样式设置

如下列源代码给图 7-12 中的 Menu 控件的动态菜单添加了一个样式，该样式添加在<DynamicHoverStyle>元素中，即当鼠标悬停在动态菜单项上时，对该动态菜单项设置了背景色和边框，效果如图 7-16 所示。

```
    <asp:Menu ID="Menu1" runat="server" DataSourceID="Sitemapdatasource1"
StaticDisplayLevels="2">
       <DynamicHoverStyle BackColor="#66cccc" BorderColor="Black" BorderStyle=
"Solid" BorderWidth="1">
    </DynamicHoverStyle>
    </asp:Menu>
    <asp:SiteMapDataSource ID="SiteMapDataSource1" runat="server"  />
```

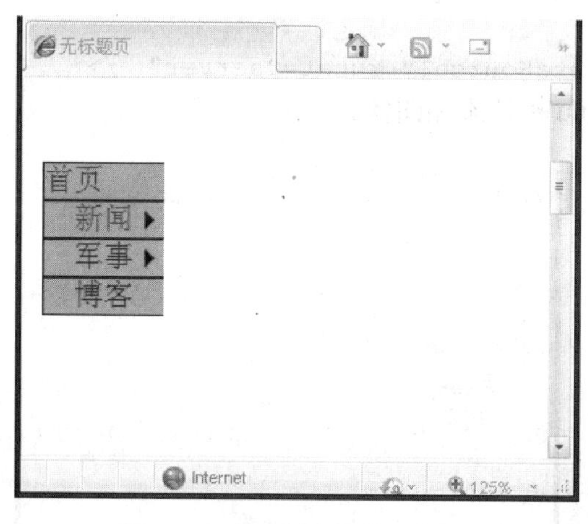

图 7-15　应用样式的静态菜单图

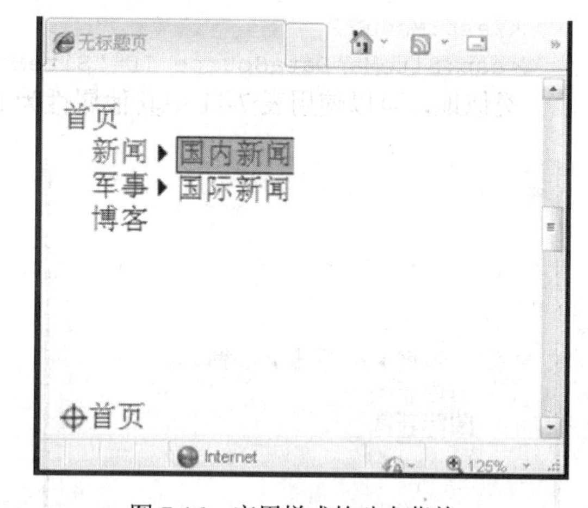

图 7-16　应用样式的动态菜单

（4）修改菜单项的排列方向

根据菜单项的排列方向，Menu 控件分为水平菜单和垂直菜单。在默认情况下，Menu 控件中的菜单项以垂直方式显示。可以用 Menu 控件的 Orientation 属性修改菜单项的排列方向，Orientation 属性值可取 Orientation 枚举值之一。Orientation 属性设为 Orientation.Horizontal，Menu 控件以水平呈现菜单项；Orientation 属性设为 Orientation.Vertical，Menu 控件以垂直呈

现菜单项。默认值为 Orientation.Vertical。

下列源代码将图 7-12 的 Menu 控件垂直排列的菜单项改为水平排列，效果如图 7-17 所示。

```
<asp:Menu ID="Menu1" runat="server" DataSourceID="SiteMapDataSource1"
Orientation="Horizontal" StaticDisplayLevels="2">
</asp:Menu>
<asp:SiteMapDataSource ID="SiteMapDataSource1" runat="server" />
```

（5）自定义显示在 Menu 控件中的图像

在 Menu 控件中，无论是静态项还是动态项，都默认用箭头图像表示可以弹出下级子菜单，除此之外，菜单项和菜单项之间还可用图像加以分隔。Menu 控件中和图像相关的属性如表 7-12 所示。

表 7-12　Menu 控件中和图像相关的属性

属性名称	说明
DynamicBottomSeparatorImageUrl	显示在动态菜单项底部的可选图像，用于将菜单项与其他菜单项隔开
DynamicPopOutImageUrl	显示在动态菜单项中的可选图像，用于指示菜单项具有子菜单
DynamicTopSeparatorImageUrl	显示在动态菜单项顶部的可选图像，用于将菜单项与其他菜单项隔开
ScrollDownImageUrl	显示在菜单项底部的图像，用于指示用户可以向下滚动查看其他菜单项
ScrollUpImageUrl	显示在菜单项顶部的图像，用于指示用户可以向上滚动查看其他菜单项
StaticBottomSeparatorImageUrl	显示在静态菜单项底部的可选图像，用于将菜单项与其他菜单项隔开
StaticPopOutImageUrl	显示在静态菜单项中的可选图像，用于指示菜单项具有子菜单
StaticTopSeparatorImageUrl	显示在静态菜单项顶部的可选图像，用于将菜单项与其他菜单项隔开

以下源代码通过 Menu 控件的 StaticPopOutImageUrl 属性将静态菜单的默认的箭头弹出图像改成用户自定义图像，效果如图 7-18 所示。

```
<asp:Menu ID="Menu6" runat="server" DataSourceID="SiteMapDataSource1"
StaticPopOutImageUrl="~/new.GIF"  StaticDisplayLevels="2">
</asp:Menu>
<asp:SiteMapDataSource ID="SiteMapDataSource1" runat="server" />
```

类似地，可以使用表 7-11 中其他属性为 Menu 控件添加图像。

图 7-17　垂直排列的菜单项

图 7-18　自定义静态菜单的弹出图像

（6）Menu 控件模板

Menu 控件也支持使用模板来定义其外观，Menu 控件具有两种类型的模板。

① StaticItemTemplate 模板：包含静态菜单自定义呈现内容的模板。

② DynamicItemTemplate 模板：包含动态菜单自定义呈现内容的模板。

可以在页面的设计视图上，右键单击 Menu 控件，然后单击“显示智能任务”。在“Menu 任务”菜单上，选择“转换为 DynamicItemTemplate”，“转换为 StaticItemTemplate”以及“编辑模板”可以设置编辑这两类模板。菜单项的模板用于为菜单中的菜单项定义 HTML 输出，使开发人员可以完全控制 Menu 控件的外观。

7.4 SiteMapPath 控件

SiteMapPath 控件和 TreeView 控件、Menu 控件一样也是一个站点导航控件。SiteMapPath 控件与 TreeView 控件、Menu 控件的区别是在水平位置显示当前页面在网站层次结构的位置，并提供向上级的链接。

SiteMapPath 控件依赖于站点地图显示内容。站点地图的内容决定导航的结构。SiteMapPath 控件默认情况下，从名为“Web.sitemap”的站点地图中访问数据。SiteMapPath 控件可显示指向当前页面的指针（导航路径）。该路径显示为指向上级页面的可点击链接。如果当前页面不在站点地图数据中，则 SiteMapPath 控件不显示任何内容。例如，当前的页面是“News.aspx”，那么在站点地图数据必须包含“url=" News.aspx"”的节点，SiteMapPath 控件才会在页面显示。

在图 7-2 所示的网站层次结构中的第三层“国内新闻”页面中，使用本章中介绍的站点地图文件，从工具箱选择 SiteMapPath 控件放入“国内新闻”页面的设计视图中，源代码如下，该 SiteMapPath 控件在“国内新闻”页面中的效果如图 7-19 所示。

```
<asp:SiteMapPath ID="SiteMapPath1" runat="server">
</asp:SiteMapPath>
```

图 7-19 SiteMapPath 控件

图 7-20 修改 SiteMapPath 控件的分割符

从图 7-19 中可以看出，在默认状态下，SiteMapPath 控件会显示根节点以及其他代表当前 Web 页面的节点。SiteMapPath 控件还会显示网站地图的根节点与当前节点之间页面，形式是横向排列这些链接，每个链接之间用大于号（>）隔开，如在本例中，当前用户正处于

"国内新闻页面"，它的上级页面是"新闻"页面，"新闻"页面的上级是"首页"（根节点），用户正位于逻辑结构的第三个页面处。当鼠标悬停在图 7-19 的"新闻"和"首页"链接上时，将默认显示站点地图文件中指定的工具提示；当鼠标左键单击"新闻"和"首页"链接时，将导航到站点地图文件中指定的 URL。

虽然 SiteMapPath 控件依赖于站点地图显示内容，但与 TreeView 和 Menu 控件不同，SiteMapPath 控件不使用 SiteMapDataSource 控件实例。SiteMapPath 控件默认使用 Web.Sitemap 文件。

SiteMapPath 控件是完全可以自定义的，可以通过以下常见属性设置 SiteMapPath 控件的外观。

① ShowToolTips：如果不需要在用户鼠标停留在站点地图路径的时候显示一段描述性的文字，就把它设为 false。

② ParentLevelsDisplayed：设置每次显示的最大父层级的个数。默认值是1，表示显示所有的层级。当网站有很多层时，就有可能导致级别过多的页面显示在网页上，此时需要设置该属性只显示指定深度的页面。

③ RenderCurrentNodeAsLink：如果为 true，就表示当前页面部分的路径显示为一个可单击的链接。默认情况下它为 false，因为用户已经在当前页面了。

④ PathDirection：有两个选择，RootToCurrent（默认值，根节点到当前页面从左到右排列）和 CurrentToRoot（在路径里把层级的次序反向）。

⑤ PathSeparator：表示用在路径里两个层级之间的字符，默认值是大于号（>）。给 PathSeparator 属性重新指定一个新值，就可以改变这个分隔字符。另一个常用的路径分隔符是冒号（:）。

下面的源代码将 SiteMapPath 控件的分隔符从（>）改成（::），效果如图 7-20 所示。

```
<asp:SiteMapPath ID="SiteMapPath1" runat="server"  PathSeparator="::">
</asp:SiteMapPath>
```

SiteMapPath 控件由节点组成。路径中的每个元素均称为节点，用 SiteMapNodeItem 对象表示。锚定路径并表示分层树的根的节点称为根节点。表示当前显示页的节点称为当前节点。当前节点与根节点之间的任何其他节点都为父节点。SiteMapPath 显示的每个节点都是 HyperLink 或 Literal 控件，可以将模板或样式应用到这两种控件，应用模板或样式需要使用以下可用属性。

① CurrentNodeStyle：控制当前页节点的显示文本的外观，常用样式设置通常包括自定义背景色、前景色、字体属性和节点间距。

② CurrentNodeTemplate：获取或设置一个控件模板，用于代表当前页的站点导航路径的节点。

③ NodeStyle：控制所有节点的显示文本的外观，常用样式设置通常包括自定义背景色、前景色、字体属性和节点间距。

④ NodeTemplate：获取或设置一个控件模板，用于导航路径上的所有节点。

⑤ PathSeparatorStyle：控制分隔符的表示。

⑥ PathSeparatorTemplate：定义分隔符模板。

⑦ RootNodeStyle：控制根节点的外观，常用样式设置通常包括自定义背景色、前景色、字体属性和节点间距。

⑧ RootNodeTemplate：获取或设置一个控件模板，用于导航路径上的根节点。

对节点应用模板和样式需遵循两个优先级规则。

① 如果为节点定义了模板，它会重写为节点定义的样式。

② 特定于节点类型的模板和样式会重写为所有节点定义的常规模板和样式。

NodeStyle 和 NodeTemplate 属性适用于所有节点，而不考虑节点类型。如果同时定义了这两个属性，将优先使用 NodeTemplate。

CurrentNodeTemplate 和 CurrentNodeStyle 属性适用于表示当前显示页的节点。如果除了 CurrentNodeTemplate 外，还定义了 NodeTemplate，则将忽略它。如果除了 CurrentNodeStyle 外，还定义了 NodeStyle，则它将与 CurrentNodeStyle 合并，从而创建合并样式。此合并样式使用 CurrentNodeStyle 的所有元素，以及 NodeStyle 中不与 CurrentNodeStyle 冲突的任何附加元素。

RootNodeTemplate 和 RootNodeStyle 属性适用于表示站点导航层次结构根的节点。如果除了 RootNodeTemplate 外，还定义了 NodeTemplate，则将忽略它。如果除了 RootNodeStyle 外，还定义了 NodeStyle，则它将与 RootNodeStyle 合并，从而创建合并样式。此合并样式使用 RootNodeStyle 的所有元素，以及 NodeStyle 中不与 CurrentNodeStyle 冲突的任何附加元素。最后，如果当前显示页是该站点的根页，将使用 RootNodeTemplate 和 RootNodeStyle，而不是 CurrentNodeTemplate 或 CurrentNodeStyle。

下面源代码对图 7-19 的 SiteMapPath 控件中的根节点设置了字体，颜色和边框，效果如图 7-21 所示。

```
    <asp:SiteMapPath  ID="SiteMapPath2"  Runat="server" RootNodeStyle-Font-
Names="Arial"
      RootNodeStyle-ForeColor="red"  RootNodeStyle-BorderWidth="2" >
    </asp:SiteMapPath>
```

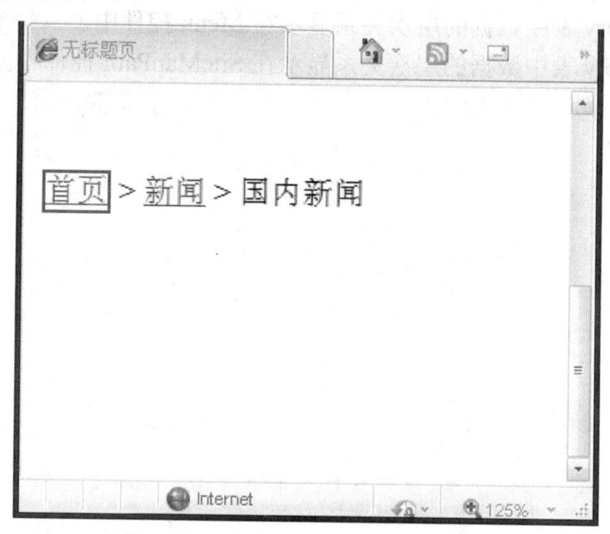

图 7-21　SiteMapPath 控件应用样式

本 章 小 结

本章主要介绍了 ASP.NET 提供的站点导航控件。站点导航控件包括 TreeView、Menu 和 SiteMapPath 控件。TreeView 控件可以以层次结构显示数据；SiteMapPath 控件专门使用站点地图文件作为数据源，并为该文件中所描述的页面建立导航关系；Menu 控件可以在 Web 窗体页上创建菜单。使用站点导航控件可以实现站内和站外页面之间的导航功能。

习 题 7

7-1 可以和站点地图联合使用实现导航功能的控件有哪些？比较这些控件的不同。

7-2 如果将图 7-2“博客”节点修改为父节点，其包含“个人博客”和“博客摘要”两个子节点，那么站点地图文件 Site.mappath 应该如何修改？

7-3 Menu 控件提供了大量样式属性，可以用来修改菜单中的项目。如果要影响主菜单项和子菜单项在屏幕上的显示方式，需要修改哪些属性呢？

7-4 在 Visual Studio 集成开发环境中创建名称为 myData 的 ASP.NET 网站，并在该网站中实现以下功能。其中，该网站使用 Sql Server 数据库中的 Category 表，其结构如下表所示。

字 段 名	数 据 类 型	字 段 说 明	键 引 用	备 注
ID	int	ID	PK	主键（自动增一）
Name	varchar(50)	名称		
ParentID	int	父分类的 ID 值		
ShowOrder	int	显示顺序		
Remark	varchar(2000)	简介		

（1）按照 Category 表中数据的层次关系显示在 TreeView 控件中。

（2）按照 Category 表中数据的层次关系显示在 Menu 控件中。

（3）按照 Category 表中数据的层次关系显示在 SiteMapPath 控件中。

第8章 ASP.NET的配置和部署

ASP.NET为开发人员提供了强大、灵活的配置系统，以帮助人们轻松快捷地建立自己的Web应用环境。它是一个可扩展的基础结构，允许用户通过扩展名为.config的配置文件定义配置设置，如身份验证模式、页缓存、编译器选项、自定义错误、调试和跟踪选项等。

Global.asax是应用程序全局文件，如果需要，我们通常将它放在应用程序根目录下。该文件包含由整个站点上任何页面所引起的事件的处理代码。如：每次当用户第一次访问站点（一次会话的开始）时运行的代码。

另外，当我们创建好ASP.NET Web 应用程序项目或 ASP.NET 网站项目后，通常会将项目部署到他人可以直接访问该项目的Web服务器上。在部署的过程中，需要发布项目以及配置IIS（如果是Windows平台）等。

8.1 配置文件Web.config

ASP.NET 配置文件将应用程序配置设置与应用程序代码分开，以.config 作为文件扩展名。根据配置文件包含的设置和所应用的范围，可将其划分为两类：Machine.config 和 Web.config。

Machine.config是服务器配置文件，一般存放在系统目录中的“systemroot\Microsoft.NET\Framework\VersionNumber\CONFIG”目录下。一台服务器只有一个Machine.config文件，用于将计算机范围的策略应用到本地计算机上运行的所有 .NET Framework 应用程序。

Web.config是应用程序配置文件，每个ASP.NET应用程序根目录都包含一个Web.config文件，可以使用文本编辑器、XML编辑器以及ASP.NET配置API来创建和编辑它。ASP.NET对应用程序配置是分层次的，层次结构的根是一个称为根 Web.config 的文件，它与Machine.config 文件位于同一个目录中，根 Web.config 文件继承了 Machine.config 文件中的所有设置。由于每个ASP.NET应用程序都从根Web.config文件那里继承默认配置设置，因此，只需为重写默认设置的应用程序创建Web.config文件。每个Web.config配置文件都向它所在的目录及其子目录提供配置信息，因而Web资源的配置设置是由位于该资源相同目录中的配置文件和所有父目录中的所有配置文件提供的。

ASP.NET应用程序运行后，Web.config配置文件按照层次结构为传入的每个URL请求计算唯一的配置设置集合。这些配置只会计算一次便缓存在服务器上。如果开发人员针对Web.config配置文件进行了更改，则很有可能造成应用程序重启。值得注意的是，应用程序的重启会造成 Session 等应用程序对象的丢失，而不会造成服务器的重启。

8.1.1 Web.config 的特点

Web.config 配置文件是基于 XML 格式的文件类型。由于 XML 文件的可伸缩性，使得 ASP.NET 应用配置变得灵活、高效、容易实现。同时，ASP.NET 不允许外部用户直接通过 URL 请求访问 Web.config，以提高应用程序的安全性。

Web.config 配置文件还为 ASP.NET 应用提供了可扩展的配置，使得应用程序能够自定义配置。不仅如此，Web.config 配置文件还包括以下一些优点。

① 配置设置易读性　由于 Web.config 配置文件是基于 XML 文件类型，所有的配置信息都存放在 XML 文本文件中，可以使用文本编辑器或者 XML 编辑器直接修改和设置相应配置节，还可以使用记事本进行快速配置而无需担心文件类型。

② 更新的即时性　在 Web.config 配置文件中某些配置节被更改后，无需重启 Web 应用程序就可以自动更新 ASP.NET 应用程序配置。但是在更改有些特定的配置节时，Web 应用程序会自动保存设置并重启。

③ 本地服务器访问　更改了 Web.config 配置文件后，ASP.NET 应用程序可以自动探测到 Web.config 配置文件中的变化，然后创建一个新的应用程序实例。当浏览者访问 ASP.NET 应用时，会被重定向到新的应用程序。

④ 安全性　由于 Web.config 配置文件存储的是 ASP.NET 应用程序的配置，一般的外部用户无法访问和下载 Web.config 配置文件。当外部用户尝试访问 Web.config 配置文件时，会导致访问错误。所以 Web.config 配置文件具有较高的安全性。

⑤ 可扩展性　Web.config 配置文件具有很强的扩展性，通过 Web.config 配置文件，开发人员能够自定义配置节，在应用程序中自行使用。

⑥ 保密性　开发人员可以对 Web.config 配置文件进行加密操作而不会影响到配置文件中的配置信息。虽然 Web.config 配置文件具有安全性，但是通过下载工具依旧可以进行文件下载，对 Web.config 配置文件进行加密，可以提高应用程序配置的安全性。

使用 Web.config 配置文件进行应用程序配置，极大地加强了应用程序的扩展性和灵活性，对于配置文件的更改也能够立即地应用于 ASP.NET 应用程序中。

8.1.2 Web.config 的结构

Web.config 配置文件是基于 XML 文件类型的文件，所以 Web.config 文件同样包含 XML 结构中的树形结构。在 ASP.NET 应用程序中，所有的配置信息都存储在 Web.config 文件中的<configuration>配置节中。此配置节中，包括配置节处理应用程序声明以及配置节设置两部分。其中，处理应用程序的声明存储在<configSections>配置节内。示例代码如下所示。

```
<configSections>
  <sectionGroup
      name="system.web.extensions"
       type="System.Web.Configuration.SystemWebExtensionsSectionGroup,
System.Web.Extensions, Version=3.5.0.0, Culture=neutral, PublicKey-Token=
31BF3856AD364E35">
      <sectionGroup
        name="scripting"
         type="System.Web.Configuration.ScriptingSectionGroup, System.
```

```
Web.Extensions, Version=3.5.0.0, Culture=neutral, PublicKey-Token=
31BF3856AD364E35">
    <section
          name="scriptResourceHandler"
          type="System.Web.Configuration.ScriptingScriptResourceHandlerSec
tion, System.Web.Extensions, Version=3.5.0.0, Culture=neutral, PublicKey-
Token=31BF3856AD364E35" requirePermission="false" allowDefinition=
"MachineToApplication"/>
          <sectionGroup
          name="webServices"
          type="System.Web.Configuration.ScriptingWebServicesSectionGroup,
System.Web.Extensions, Version=3.5.0.0, Culture=neutral, PublicKey-Token=
31BF3856AD364E35">
    </sectionGroup>
        </sectionGroup>
      </sectionGroup>
    </configSections>
```

配置节设置区域中的每个配置节都有一个应用程序声明。节处理程序是用来实现ConfigurationSection接口的.NET Framework类。节处理程序生命中包括了配置设置节的名称，以及用来处理该配置节中的应用程序的类名。

配置节设置区域位于配置节处理程序声明区域之后。对配置节的设置还包括子配置节的是配置，这些子配置节同父配置节一起描述一个应用程序的配置。通常情况下，这些父配置节由同一个配置节进行管理。示例代码如下所示。

```
    <pages>
      <controls>
        <add tagPrefix="asp" namespace="System.Web.UI"  assembly="System.
Web.Extensions, Version=3.5.0.0, Culture=neutral, PublicKeyToken=
31BF3856AD364E35"/>
        <add tagPrefix="asp" namespace="System.Web.UI.WebControls" assembly=
"System.Web.Extensions, Version=3.5.0.0, Culture=neutral, PublicKeyToken=
31BF3856AD364E35"/>
      </controls>
    </pages>
```

虽然Web.config配置文件是基于XML文件格式的，但是在Web.config配置文件中并不能随意地自行添加配置节或者修改配置节的位置，例如，pages配置节就不能存放在configSections配置节之中。在创建Web应用程序时，系统通常会自行创建一个Web.config配置文件在文件中，而且已经规定好了Web.config配置文件的结构。

8.1.3 常用元素的配置

在Web.config配置文件中包括很多的配置节，这些配置节都用来规定ASP.NET应用程序的相应属性。

（1）根配置节<configuration>

所有Web.config的根配置节都存储于<configuration>标记中。在它内部封装了其他的配置节，示例代码如下所示。

```
<configuration>
      <system.web>
          ...
</configuration>
```

（2）处理声明配置节<configSections>

该配置节主要用于自定义的配置节处理程序声明，由多个<section>配置节组成。示例代码如下所示。

```
<configSections>
  <sectionGroup name="system.web.extensions" type="System.Web.
Configuration.SystemWebExtensionsSectionGroup, System.Web.Extensions, Version=
3.5.0.0, Culture=neutral, PublicKeyToken= 31BF3856AD364E35">
      <sectionGroup name="scripting" type="System.Web.Configuration.
ScriptingSectionGroup, System.Web.Extensions, Version=3.5.0.0, Culture=
neutral, PublicKeyToken= 31BF3856AD364E35">
    <section name="scriptResourceHandler" type="System.Web.Configuration.
ScriptingScriptResourceHandlerSection, System.Web.Extensions, Version= 3.5.0.0,
Culture=neutral, PublicKeyToken=31BF3856AD364E35" requirePermission="false"
allowDefinition="MachineToApplication"/>
     </sectionGroup>
   </sectionGroup>
</configSections>
```

<section>配置节包括 name 和 type 两种属性。其中，name 属性指定配置数据配置节的名称，而 type 属性指定与 name 属性相关的配置处理程序类。

（3）用户自定义配置节<appSettings>

<appSettings>配置节为开发人员提供 ASP.NET 应用程序的扩展配置。通过使用<appSettings>配置节能够自定义配置文件，示例代码如下所示。

```
<appSettings>
    <add key="ModelCache" value="30"/>
    <add key="MachineCode" value="qwert123dfgi89co"/>
</appSettings>
```

上述代码添加了两个自定义配置节，这两个自定义配置节分别为 ModelCache 和 MachineCode，用于定义该 Web 应用程序的 Cache 缓存时间及服务器的机器码（系统加密用），以便在其他页面中使用该配置节。

<appSettings>配置节包括两个属性，分别为 Key 和 Value。Key 属性指定自定义属性的关键字，以方便在应用程序中使用该配置节，而 Value 属性则定义该自定义属性的值。

若需要在页面中使用上面定义的配置节，可以使用 ConfigurationSettings.appSettings("key 的名称")方法来获取自定义配置节中的配置值。示例代码如下所示。

```
protected void Page_Load(object sender, EventArgs e)
{
    TextBox1.Text = ConfigurationSettings.AppSettings["MachineCode "].
ToString();                    //获取自定义配置节
}
```

（4）用户错误配置节<customErrors>

该配置节能够指定当出现错误时，系统自动跳转到一个错误发生的页面，同时也能够为应用程序配置是否支持自定义错误。<customErrors>配置节包括两种属性，分别为 mode 和 defaultRedirect。其中 mode 包括 On、Off 和 RemoteOnly 三种状态。On 表示启动自定义错误；Off 表示不启动自定义错误；RemoteOnly 表示向远程用户显示自定义错误。另外，defaultRedirect 属性则配置了当应用程序发生错误时跳转的页面。

<customErrors>配置节还包括子配置节<error>，该标记用于特定状态的自定义错误页面。子标记<error>包括两个属性，分别为 statusCode 和 redirect。其中，statusCode 用于捕捉发生错误的状态码，而 redirect 指定发生该错误后跳转的页面。该配置节配置代码如下所示。

```
<customErrors mode="RemoteOnly" defaultRedirect="GenericErrorPage.htm">
    <error statusCode="403" redirect="NoAccess.htm" />
    <error statusCode="404" redirect="FileNotFound.htm" />
</customErrors>
```

上述代码在 Web.config 文件中配置了相应的 customErrors 信息。当出现 404 错误时，系统会自行跳转到 FileNotFound.htm 页面以提示 404 错误。开发人员编写 FileNotFound.htm 页面进行用户提示。

（5）全局编码配置节<globalization>

<globalization>用于配置应用程序的编码类型，ASP.NET 应用程序将使用该编码类型分析 ASPX 等页面。常用的编码类型包括以下几种。

① UFT-8　Unicode UTF-8 字节编码技术，ASP.NET 应用程序默认编码。

② UTF-16　Unicode UTF-16 字节编码技术。

③ ASCII　标准的 ASCII 编码规范。

④ Gb2312　中文字符 Gb2312 编码规范。

在配置<globalization>配置节时，其编码类型可以参考上述编码类型。如果不指定编码类型，则 ASP.NET 应用程序默认编码为 UTF-8。示例代码如下所示。

```
<globalization fileEncoding="UTF-8" requestEncoding="UTF-8" response-
Encoding="UTF-8"/>
```

（6）Session 状态配置节<sessionState>

<sessionState>配置节用于完成 ASP.NET 应用程序中会话状态的设置。<sessionState>配置节属性如表 8-1 所示。

表 8-1　<sessionState>配置节属性

属性名	说明
mode	指定会话状态的存储位置，一共有 Off、Inproc、StateServer 和 SqlServer 几种设置。Off 表示禁用该设置，Inproc 表示在本地保存会话状态，StateServer 表示在服务器上保存会话状态，SqlServer 表示在 SQL Server 保存会话设置
stateConnectionString	用来指定远程存储会话状态的服务器名和端口号
sqlConnectionString	用来连接 SQL Server 的连接字符串。当在 mode 属性中设置 SqlServer 时，则需要使用到该属性
Cookieless	指定是否使用客户端 cookie 保存会话状态
Timeout	指定在用户无操作时超时的时间，默认情况为 20 min

<sessionState>配置节配置示例代码如下所示。

```
<sessionState mode="InProc" timeout="25" cookieless="false"></sessionState>
```

ASP.NET 不仅包括这些基本的配置节，还包括其他高级的配置节。高级的配置节通常用于指定界面布局样式，如母版页、默认皮肤以及伪静态等高级功能。

8.1.4 读取配置文件

我们来看一段标准的 asp.net2.0 下 Web.config 文件的配置。

```
<?xml version="1.0" encoding="utf-8"?>
<configuration>
 <connectionStrings>
    <remove name="LocalSqlServer" />
    <add name="stuclubSqlServer" connectionString="server= (local);uid=;
pwd=;Trusted_Connection=yes;database=" />
    <add name="storageSqlServer" connectionString="server=(local);uid=;
pwd=;Trusted_Connection=yes;database=" />
    <add  name="LocalSqlServer"  connectionString="server=(local);uid=;
pwd=;Trusted_Connection=yes;database=" />
   </connectionStrings>
  <system.web>
    <compilation debug="true" batch="true">
      <assemblies>
        <add assembly="System.Design, Version=2.0.0.0, Culture=neutral,
PublicKeyToken=B03F5F7F11D50A3A"/>
        <add assembly="Accessibility, Version=2.0.0.0, Culture=neutral,
PublicKeyToken=B03F5F7F11D50A3A"/>
        <add assembly="System.Deployment, Version=2.0.0.0, Culture=neutral,
PublicKeyToken=B03F5F7F11D50A3A"/>
        <add    assembly="System.Runtime.Serialization.Formatters.Soap,
Version=2.0.0.0, Culture=neutral, PublicKeyToken=B03F5F7F11D50A3A"/>
        <add assembly="System.Security, Version=2.0.0.0, Culture=neutral,
PublicKeyToken=B03F5F7F11D50A3A"/>
      </assemblies>
    </compilation>
    <machineKey  validationKey="3FF1E929BC0534950B0920A7B59FA698BD02DFE8"
decryptionKey="280450BB36319B474C996B506A95AEDF9B51211B1D2B7A77"
decryption="3DES" validation="SHA1"/>
   <authentication mode="Forms">
      <forms name=".ASPXAUTH" loginUrl="~/user/login.aspx"
           defaultUrl="default.aspx" protection="All"
           timeout="60" path="/" requireSSL="false"
           slidingExpiration="true" cookieless="UseDeviceProfile"
            domain ="" enableCrossAppRedirects="false">
        <credentials passwordFormat="SHA1"/>
      </forms>
      <passport redirectUrl="internal"/>
    </authentication>
    <anonymousIdentification enabled="true" cookieName=".ASPXANONYMOUS"
cookieTimeout="100000" cookiePath="/" cookieRequireSSL="false" cookieSliding-
Expiration="true" cookieProtection="None" domain=""/>
    <customErrors mode="Off" defaultRedirect="GenericErrorPage.htm">
      <error statusCode="403" redirect="NoAccess.htm"/>
      <error statusCode="404" redirect="FileNotFound.htm"/>
```

```
      </customErrors>
     <membership userIsOnlineTimeWindow="60">
        <providers>
          <clear />
          <add name="AspNetSqlMembershipProvider" applicationName="stuclub"
               type="Stuclub.Users.DataProviders.SqlMembershipProvider,
Stuclub.CommonLib" connectionStringName="LocalSqlServer"
               enablePasswordRetrieval="true" enablePasswordReset="true"
requiresQuestionAndAnswer="false"
               minRequiredPasswordLength="4" minRequiredNonalphanumeric-
Characters="0"
               requiresUniqueEmail="true" passwordFormat="Clear" />
        </providers>
      </membership>
      <roleManager  enabled="true"  cacheRolesInCookie="true"  cookieName=
".StuRoles"
                   cookieTimeout="90" cookiePath="/" cookieRequireSSL=
"false" cookieSlidingExpiration="true" createPersistentCookie="true"
cookieProtection="All" maxCachedResults="1000">
        <providers>
          <clear />
          <add
             connectionStringName="LocalSqlServer"
             applicationName="stuclub"
             name="AspNetSqlRoleProvider"
             type="System.Web.Security.SqlRoleProvider, System.Web, Version=
2.0.0.0, Culture=neutral, PublicKeyToken=b03f5f7f11d50a3a" />
        </providers>
      </roleManager>

      <profile enabled="true">
        <providers>
          <clear />
          <add name="SqlProvider"
               type="System.Web.Profile.SqlProfileProvider"
               connectionStringName="LocalSqlServer"
               applicationName="stuclub"
               description="SqlProfileProvider for SampleApplication" />
        </providers>
      </profile>

      <pages validateRequest="false" enableEventValidation="false" autoEvent-
Wireup="true">
        <namespaces>
          <add namespace="System.Globalization"/>
               </namespaces>
        <controls>
             </controls>
      </pages>
```

```
<httpModules>
  <add name="stuHttpModule" type="Stuclub.HttpModule.BaseHttpModule,
Stuclub.CommonLib"/>
    </httpModules>
<httpHandlers>
  <add path="test.ashx" verb="GET" type="Stuclub.Applications.News.
HttpHandlers.Test, Stuclub.Applications.News"/>
</httpHandlers>
<globalization fileEncoding="utf-8" requestEncoding="utf-8" response-
Encoding="utf-8" culture="zh-CN" uiCulture="zh-CN"/>
<httpRuntime maxRequestLength="1048576" executionTimeout="1200"/>
</system.web>
</configuration>
```

该配置主要包括连接数据的字符串配置，基于Forms验证的配置，成员资格管理的配置，成员角色的配置及成员扩展属性的配置，还包括页面编码、自定义处理模块、页面请求验证、自定义的控件前缀声明等。限于篇幅，编者仅对连接数据库字符串的定义节进行解释说明。

```
<connectionStrings>
    <remove name="LocalSqlServer" /> <!--remove 是指删除系统中自带的
Web.config(位于 C:\WINDOWS\Microsoft.NET\Framework \v2.0.50727\CONFIG)中的
LocalSqlServer配置，以便使用如下的LocalSqlServer-->
   <add name="stuclubSqlServer" connectionString="server=(local);uid=;
pwd=;Trusted_Connection=yes;database=" /><!--用于连接数据库,其中的用户名密码已略
去~-->
    <add name="storageSqlServer" connectionString="server=(local);uid=;
pwd=;Trusted_Connection=yes;database=" />
    <add name="LocalSqlServer" connectionString=" Data Source=(local);
Initial Catalog=database;User ID=sa;Password=" providerName="System.Data.
SqlClient " />
  </connectionStrings>
```

程序中如何使用这个配置呢？我们通常使用ConfigurationManager配置管理类。获取名为stuclubSqlServer连接字符串的代码如下。

```
string stringconnstr=ConfigurationManager.ConnectionStrings["stuclub-
SqlServer"].ToString();//这就得到了connectionString的值:"Data Source=(local);
Initial Catalog=database;User ID=sa;Password="
SqlConnection conn = new SqlConnection(connstr);     //建立连接
conn.Open();        //打开连接
```

8.2 全局应用程序文件Global.asax

Global.asax文件，有时也称作ASP.NET应用程序文件，提供了一种在一个中心位置响应应用程序级或模块级事件的方法。可以使用这个文件实现应用程序安全性以及其他一些任务。

8.2.1 Global.asax概述

Global.asax位于应用程序根目录下，每个应用程序在其根目录下只能有一个Global.asax文件。可以通过新建命令自动添加该文件，但它实际上是一个可选文件，删除它不会出现任

何问题，当然是在没有使用它的情况下。asax 文件扩展名指出它是一个应用程序文件，而不是一个使用 aspx 的 ASP.NET 文件。

Global.asax 文件被配置为自动拒绝任何（通过 URL 的）直接 HTTP 请求，所以用户不能下载或查看其内容。ASP.NET 页面框架能够自动识别对 Global.asax 文件所做的任何更改。Global.asax 被更改后，ASP.NET 页面框架会重新启动应用程序，包括关闭所有的浏览器会话，清除所有状态信息，并重新启动应用程序域。

8.2.2 创建 Global.asax 文件

在 Visual Studio 2010 的解决方案资源管理器中选中网站目录，右键->添加新项->全局应用程序类，Global.asax 文件就创建好了。它的基本结构如下。

```
using System;
namespace names
{
    /// <summary>
    /// Global 的摘要说明
    /// </summary>
    public class Global : System.Web.HttpApplication
    {
        /// <summary>
        /// 必需的设计器变量
        /// </summary>
        private System.ComponentModel.IContainer components = null;

        public Global()
        {
            InitializeComponent();
        }

        protected void Application_Start(Object sender, EventArgs e)
        {
        }

        protected void Session_Start(Object sender, EventArgs e)
        {
        }
        protected void Application_BeginRequest(Object sender, EventArgs e)
        {
        }
        protected void Application_EndRequest(Object sender, EventArgs e)
        {
        }
        protected void Application_AuthenticateRequest(Object sender,
EventArgs e)
        {
        }
        protected void Application_Error(Object sender, EventArgs e)
```

```
        {
        }
        protected void Session_End(Object sender, EventArgs e)
        {
        }
        protected void Application_End(Object sender, EventArgs e)
        {
        }

        #region Web 窗体设计器生成的代码
        /// <summary>
        /// 设计器支持所需的方法 - 不要使用代码编辑器修改此方法的内容
        /// </summary>
        private void InitializeComponent()
        {
            this.components = new System.ComponentModel.Container();
        }
        #endregion
    }
}
```

8.2.3 Global.asax 文件中的事件

Global.asax 文件继承自 HttpApplication 类，它维护一个 HttpApplication 对象池，并在需要时将对象池中的对象分配给应用程序，Global.asax 文件中包含以下事件。

（1）Application_Init 事件

在应用程序被实例化或第一次被调用时，该事件被触发。对于所有的 HttpApplication 对象实例，它都会被调用。

（2）Application_Disposed 事件

在应用程序被销毁之前触发。这是清除以前所用资源的理想位置。

（3）Application_Error 事件

当应用程序中遇到一个未处理的异常时，该事件被触发。

（4）Application_Start 事件

在 HttpApplication 类的第一个实例被创建时，该事件被触发。它允许你创建可以由所有 HttpApplication 实例访问的对象。

（5）Application_End 事件

在 HttpApplication 类的最后一个实例被销毁时，该事件被触发。在一个应用程序的生命周期内它只被触发一次。

（6）Application_BeginRequest 事件

在接收到一个应用程序请求时触发。对于一个请求来说，它是第一个被触发的事件。请求一般是用户输入的一个页面请求（URL）。

（7）Application_EndRequest 事件

针对应用程序请求的最后一个事件。

（8）Application_PreRequestHandlerExecute 事件

在 ASP.NET 页面框架开始执行诸如页面或 Web 服务之类的事件处理程序之前，该事件被触发。

（9）Application_PostRequestHandlerExecute 事件

在 ASP.NET 页面框架结束执行一个事件处理程序时，该事件被触发。

（10）Applcation_PreSendRequestHeaders 事件

在 ASP.NET 页面框架发送 HTTP 头给请求客户（浏览器）时，该事件被触发。

（11）Application_PreSendContent 事件

在 ASP.NET 页面框架发送内容给请求客户（浏览器）时，该事件被触发。

（12）Application_AcquireRequestState 事件

在 ASP.NET 页面框架得到与当前请求相关的当前状态（Session 状态）时，该事件被触发。

（13）Application_ReleaseRequestState 事件

在 ASP.NET 页面框架执行完所有的事件处理程序时，该事件被触发。这将导致所有的状态模块保存它们当前的状态数据。

（14）Application_ResolveRequestCache 事件

在 ASP.NET 页面框架完成一个授权请求时，该事件被触发。它允许缓存模块从缓存中为请求提供服务，从而绕过事件处理程序的执行。

（15）Application_UpdateRequestCache 事件

在 ASP.NET 页面框架完成事件处理程序的执行时，该事件被触发，从而使缓存模块存储响应数据，以供响应后续的请求时使用。

（16）Application_AuthenticateRequest 事件

在安全模块建立起当前用户的有效身份时，该事件被触发。在这个时候，用户的凭据将会被验证。

（17）Application_AuthorizeRequest 事件

当安全模块确认一个用户可以访问资源之后，该事件被触发。

（18）Session_Start 事件

在一个新用户访问应用程序 Web 站点时，该事件被触发。

（19）Session_End 事件

在一个用户的会话超时、结束或离开应用程序 Web 站点时，该事件被触发。

使用这些事件的关键是要知道它们被触发的顺序。Application_Init 和 Application_Start 事件在应用程序第一次启动时被触发一次。类似地，Application_Disposed 和 Application_End 事件在应用程序终止时被触发一次。此外，基于会话的事件（Session_Start 和 Session_End）只在用户进入和离开站点时被使用。其余的事件则处理应用程序请求，这些事件被触发的顺序如下。

① Application_BeginRequest；
② Application_AuthenticateRequest；
③ Application_AuthorizeRequest；
④ Application_ResolveRequestCache；
⑤ Application_AcquireRequestState；
⑥ Application_PreRequestHandlerExecute；
⑦ Application_PreSendRequestHeaders；
⑧ Application_PreSendRequestContent；
⑨ Application_PostRequestHandlerExecute；
⑩ Application_ReleaseRequestState；
⑪ Application_UpdateRequestCache；
⑫ Application_EndRequest。

这些事件常被用于安全性方面。下面的这个示例展示了多个 Global.asax 事件的用法。

【例 8-1】 使用 Application_Authenticate 事件来完成通过 cookie 的基于表单（form）的身份验证。此例中，Application_Start 事件填充一个应用程序变量，Session_Start 事件填充一个会话变量。Application_Error 事件显示一个简单的消息用以说明发生的错误。

```
protected void Application_Start(Object sender, EventArgs e)
{
    Application["Title"] = "Builder.com Sample";
}
protected void Session_Start(Object sender, EventArgs e)
{
    Session["startValue"] = 0;
}
protected void Application_AuthenticateRequest(Object sender, EventArgs e){
    // Extract the forms authentication cookie
    string cookieName = FormsAuthentication.FormsCookieName;
    HttpCookie authCookie = Context.Request.Cookies[cookieName];if(null
== authCookie)
    {
        // There is no authentication cookie.
        return;
    }
    FormsAuthenticationTicket authTicket = null;
        try
    {
        authTicket = FormsAuthentication.Decrypt(authCookie.Value);
    }
    catch(Exception ex)
    {
        // Log exception details (omitted for simplicity)
        return;
    }
    if (null == authTicket)
    {
        // Cookie failed to decrypt.
```

```
            return;
        }
        // When the ticket was created, the UserData property was assigned
        // a pipe delimited string of role names.
        string[2] roles
        roles[0] = "One"
        roles[1] = "Two"
        // Create an Identity object
        FormsIdentity id = new FormsIdentity( authTicket );
        // This principal will flow throughout the request.
        GenericPrincipal principal = new GenericPrincipal(id, roles);
        // Attach the new principal object to the current HttpContext object
        Context.User = principal;
    }
    protected void Application_Error(Object sender, EventArgs e)
    {
        Response.Write("Error encountered.");
    }
```

这个例子只是很简单地使用了一些 Global.asax 文件中的事件，重要的是要意识到这些事件是与整个应用程序相关的。这样，所有放在其中的方法都会通过应用程序的代码被提供，这就是它的名字为 Global 的原因。

8.3 ASP.NET 应用程序的部署

当我们创建好一个 ASP.NET Web 应用程序项目后，如果用户希望通过 Web 浏览器远程访问我们的网站，那么我们必须对项目进行发布和部署。一个 Web 应用程序，一般包括有 Web 页面（.aspx 文件和 HTML 文件）、各类配置文件（如 web.config）、各类相关的资源文件，还有各类包括业务核心代码的源代码文件，这些文件一般会放在 Web 服务器（如 IIS）的一个虚拟目录下。由于 ASP.NET 是采用编译架构的，因此还包括编译后的各类 DLL 文件，这些 DLL 文件应该放在 BIN 目录下。

8.3.1 发布和部署应用程序的一般步骤

（1）发布应用程序

在解决方案资源管理器中，单击欲发布的项目，点鼠标右键，弹出如图 8-1 所示的菜单，选择“发布”命令。

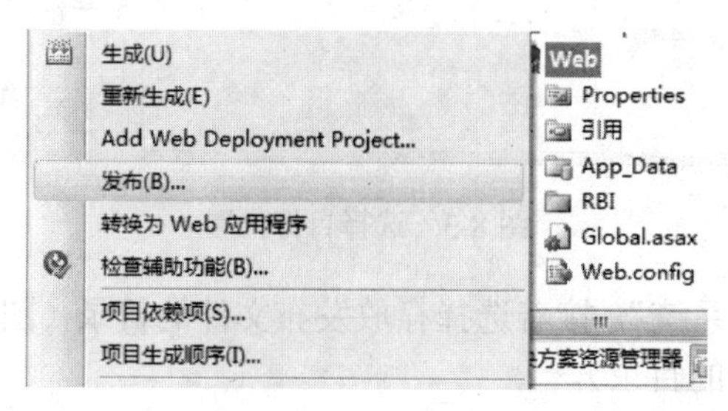

图 8-1 “发布”命令

接着会弹出发布窗口，如图 8-2 所示。

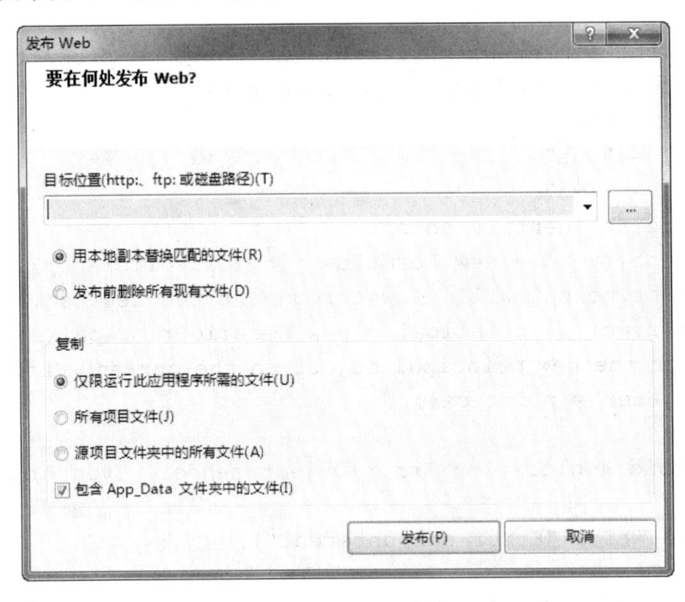

图 8-2　发布 Web 的目标位置

此时要选择将项目发布到何处，单击目标位置的浏览按钮，弹出路径选择窗口，如图 8-3 所示。

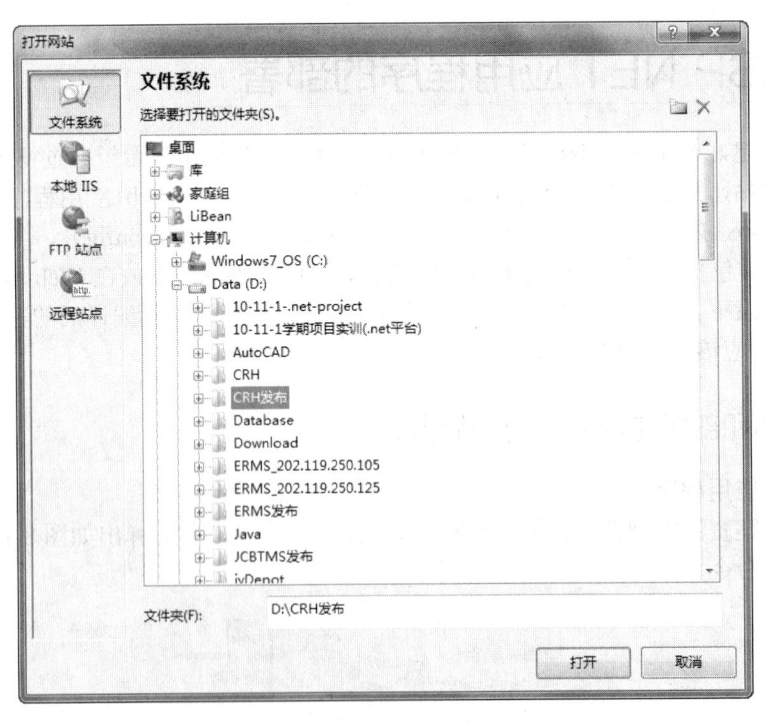

图 8-3　选择目标位置

通常我们选择“文件系统”，接着选择存放发布文件的目录（图 8-3 中选择的目录仅为实验，请读者自行选择实际的目录）。

最后，单击图 8-2 中的“发布”按钮，即可将项目发布到指定目录。

（2）配置服务器端 IIS（以 IIS 7.0 为例）

将上一步中发布的文件夹拷贝到服务器，然后打开 Internet 信息服务（IIS）管理器（提示，快捷打开 IIS 的方法：按 win+R 组合键后输入 inetmgr）。点击默认网站，点右键选择“添加应用程序”，如图 8-4 所示。

接着弹出“添加应用程序”对话框，如图 8-5 所示。

图 8-4　IIS 中的“添加应用程序”命令

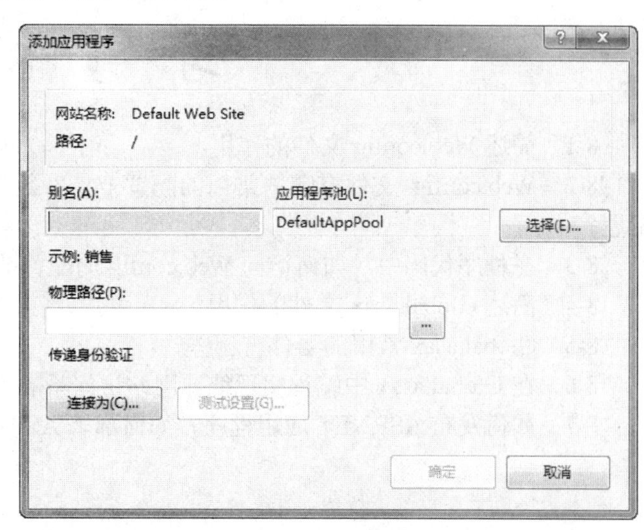

图 8-5　IIS 中的“添加应用程序”窗口

在别名栏中输入应用程序名，用户就是通过“服务器的域名+/+别名”来访问您的项目的。当然，不要忘记该应用程序对应的物理路径，此物理路径即为刚刚拷贝过来的发布文件夹。

单击上图中的“确定”按钮，IIS 中的应用程序名就添加好了。

8.3.2　发布和部署应用程序的注意事项

① 如果我们的网站访问需要连接数据库（如 SQL Server），那么服务器端还需要安装相应的数据库管理软件。

② 如果服务器端数据库名、数据库用户名或者用户密码与事先发布文件夹中 Web.config 的数据库连接字符串不一致，还需要修改数据库连接字符串，否则远程用户无法访问到我们的网站。

③ 如果服务器端.NET Framework 安装了多个版本，如 1.1、2.0、3.5，那么 IIS 中应用程序的 ASP.NET 版本也会有多种，我们应该根据网站对应项目在开发过程中使用的.NET Framework 版本设置 IIS 中应用程序的 ASP.NET 版本号。

④ 为了让用户访问方便，通常要设置应用程序对应的默认文档。默认文档就是一个网站的首页，设置好默认文档后，用户只需要在浏览器地址栏中输入域名就可以直接访问到网站的首页。常见的默认文档有：default.aspx、index.aspx、login.aspx 等。

本 章 小 结

本章介绍了配置文件 Web.config 的基本结构、节点配置方法及节点读取方法。使用

Web.config 配置文件进行应用程序配置，极大地加强了应用程序的扩展性和灵活性，对于配置文件的更改也能够立即应用于 ASP.NET 应用程序中。本章还介绍了全局应用程序文件 Global.asax 的创建方法，详细介绍了 Global.asax 文件内的事件。本章最后阐述了发布和部署 ASP.NET 应用程序的一般步骤及注意事项。

习　题　8

8-1　简述 Web.config 文件的作用。

8-2　Web.config 文件有哪些常用的配置节点？数据库访问字符串通常在哪个节点进行配置？

8-3　在程序代码中，如何访问 Web.config 的配置节点？

8-4　简述 Global.asax 文件的作用。

8-5　Global.asax 常用的事件有哪些？

8-6　在 Global.asax 中编程实现统计网站访问量的功能。

8-7　如何发布 ASP.NET 应用程序？如何部署 ASP.NET 应用程序？

第2部分

项目实训

第9章 项目实训概述

长期以来，大学的学习主要是完善知识结构、掌握学习方法和专业基础知识，学生对企业的实际工作环境，业界的实用技术等普遍缺乏了解，为缩短高校毕业生和企业岗位实际需求之间的差距，越来越多的高校开始建立校内和校外各种类型的实习、实训基地，项目实训已成为软件工程人才培养的一个重要途径。实训过程中，学生不仅可以学习符合市场需求的软件开发技术和项目开发工具，还可以全面了解企业化软件开发的管理流程和规范化的开发行为，迅速积累项目实战经验，实现专业基础理论下的专业能力的逐步提升，在各个层次上达到与企业的无缝对接，为学生今后职业能力的发展奠定良好的基础。

9.1 实训大纲

9.1.1 实训目标和要求

项目实训以真实的项目作为开发对象、以企业的开发模式作为实训模式，给学生提供一个真实而专业的平台，旨在培养熟悉项目管理流程、掌握标准编程规范、有实战能力并具有团队合作精神的软件工程师。通过该阶段的实战演练，全面提升学生个人的综合技能和职业素养，主要体现在专业能力、工作能力和社会能力三个方面。

（1）专业能力

借助具体的软件项目，使学生进一步了解和掌握软件工程原理。全面掌握软件管理、需求分析、初步设计、详细设计、测试、编码等阶段的方法和技术，具体的目标如下。

① 了解大、中型软件系统设计与开发的整体思想。

② 能够独立搭建系统的开发环境并进行系统的维护。

③ 能够熟练使用各种设计和开发工具。

④ 能够按规范形式编写各种技术文档。

⑤ 掌握数据库的基本管理和开发技术。

（2）工作能力

学历代表着一个人受教育的程度，可以通过学校的教育获得。而工作能力反应的是一个人处理事情的方式方法及有效程度，这更多的是靠工作实践来积累和学习。实训的目标之一就是培养一丝不苟、精益求精的良好职业习惯。对待工作不仅要耐心、细心，而且事先有计划，事后有总结。其次，培养自主学习新知识、新技术，不断更新知识结构的能力。能够随时追踪和了解本专业学术前沿动态和发展趋势，并能通过各种手段和渠道查找自己所需要的信息。

（3）社会能力

社会能力的培养也是实训的目标之一。首先，是良好的沟通表达能力和协调能力。其次，是高度责任心和团队合作意识，具有吃苦耐劳，乐于奉献的精神。最后，是良好的心理素质培养与克服困难的能力。

9.1.2 实训项目和内容

实训项目为基于.NET平台的B/S架构的管理系统设计和开发。完成从项目调研、需求分析、撰写设计文档，到编码、软件测试、产品打包部署等一系列的实训环节。涉及的具体内容如下。

（1）了解网站开发的基础知识

① 什么是B/S架构。

② 静态网页和动态网页。

③ 动态网页技术及其工作原理。

④ 样式表、HTML、XML、JavaScript。

⑤ 服务器控件。

⑥ ASP.NET内置对象的属性、方法和事件。

（2）项目管理的方法

① 会使用项目管理软件来安排和记录项目开发过程中的所有活动，从而更好地了解整个项目的开发进度。

② 掌握一种版本控制软件的使用方法，确保整个团队的开发工作能够协调同步进行。

（3）开发文档的编写

能够按规范编写各种技术文档。如需求文档、设计文档、测试文档和用户手册等。

（4）软件环境的搭建

① 能够独立安装ASP.NET的开发环境。

② 完成ASP.NET的运行环境及IIS服务器的配置。

（5）了解C#编码规范

① 掌握文件名、类名、变量名的命名规范。

② 培养优秀的逻辑思维能力和良好的编程习惯。代码逻辑清晰、易于理解，阅读方便。

③ 养成良好的代码注释习惯。

（6）数据库开发技术

① 会建立数据库和数据表。会进行数据表、字段及表之间的关联设计。

② 能够使用ADO.NET连接数据库。

③ 能够将应用层与数据层进行合理的分层。

（7）编码

① 能够熟练地使用 Visual Studio .NET 开发工具。

② 掌握项目的创建方法。

③ 根据设计要求，构建项目文件的组织结构，进行应用程序的配置。

④ 能够熟练使用调试技术进行软件的调试和排错。

（8）测试

① 了解黑盒测试、白盒测试方法。

② 根据测试文档完成单元测试。

③ 能够分工合作完成项目的集成测试、系统测试。

（9）发布和部署

能够将测试修改完成的软件正确发布到应用服务器上。

9.2 实训计划

校内实训采用基于真实案例的“任务驱动型”的教学模式。实训之前设立一个实训指导小组，由一个或几个教师组成。实训指导小组负责选择实训项目、制定教学大纲、确立实训目标和进度。由实训指导小组将实训任务下达给负责实训的指导教师，并对实训过程中的一些问题或要点进行项目指导，实训指导小组同时还应该做好实训项目的管理和评估等工作。

实训指导教师以项目管理者和教学管理者的双重身份出现，在以下几个方面进行管理。

（1）任务分配

实训伊始，由指导老师根据学生的能力和特点进行任务分配，详细说明每项任务的具体内容，应该完成的文档资料以及任务的验收标准等。

（2）时间进度管理

为保证项目成功实现，必须做好时间计划。在分配任务的同时，就明确规定任务时间进度。

（3）质量管理

指导老师每天对学生的工作情况进行检查和讲评，学生每天撰写工作日志。每完成一个阶段进行一次阶段考评。

（4）考勤管理

按企业的考核制度对学生进行考勤管理。实训期间无故迟到、早退、旷课均按照相关规定处理。

为了保证实训的效果和正常开展，先进的信息化管理手段和管理工具显得尤为重要。一个好的项目管理工具，应涵盖项目计划管理、项目进度跟踪与监控、团队人员的组织与管理等各个业务功能，从而使软件项目整个生命周期（从分析、设计、编码到测试、维护全过程）都能在管理者的控制之下。

9.2.1 项目实训流程

① 指导教师下达实训任务。

② 学生进行分组，开始项目准备。熟悉任务书，明确实训项目的内容和要求，提交项目开发计划。

③ 学生开始项目分析、设计、开发和测试，并提交各阶段的相关文档。

④ 系统整合、发布和部署。

⑤ 学生撰写项目实训报告，进行项目总结。

⑥ 参加实训答辩，由指导教师根据学生的业务能力和实训表现，参照组内成员的意见给出成绩评定。

9.2.2 实训活动规划

实训活动采用的是企业项目开发的团队管理方式，指导教师以项目经理的身份参与项目的全程跟踪和指导。学生则组成项目组，4 或 5 人一组，设置组长一名，负责组内事务协调管理工作，协助指导教师完成本次实训任务。实训过程中，每一个学生负责一个模块，扮演系统分析师、软件设计师、测试工程师等各种角色，采取小组讨论等方式进行项目的评审和实施。小组内的所有成员共同完成一个子系统的开发。

需求分析阶段，教师以用户的身份向学生提出系统的基本需求。每个学生根据自己的任务模块，撰写调研提纲。然后以小组为单位，向客户进行需求调研。通过教师和学生的沟通和了解，共同明确系统的需求，并在教师的指导下编写需求分析说明书。

设计阶段，在需求分析的基础上，进行数据库设计和模块功能设计，形成初步的设计报告。由指导教师和小组全体成员进行评审和综合，完成模块接口设计，形成最终的书面文档详细设计报告，同时进行测试用例的编写。

代码编写和测试阶段，由指导教师对变量名、类名、控件名、文件名以及格式进行规范，学生按照详细设计报告独立进行软件编码和测试，每天提交编译通过的最新代码。教师负责进度的把握和问题解答。

项目发布和部署阶段，整个项目统一打包发布。每一位学生分别编写各自任务模块的用户手册，然后合成一个统一的用户手册。

项目验收包括系统介绍、程序演示、实训答辩几个过程。首先由组长就小组所做的工作进行总体介绍，小组成员介绍各自负责的模块，然后进行小组程序演示，最后进行提问和答辩。提问人可以是其他小组的指导教师和成员，答辩委员会的成员由各组指导教师组成。提交的文档有：需求说明书、系统设计报告、系统测试用例设计报告以及测试报告、用户手册等。

9.2.3 项目实训的形式

项目实训不同于传统的课堂教学，倡导的是一种“开放式学习”的自主学习模式。实训的方式可以是课堂授课、专家讲座、案例讨论、方案评估、项目开发、教师指导等多种形式。其中小组讨论是一种行之有效的教学方式。学生在教师的指导下，对实训过程中遇到的问题展开讨论。这种教学模式不仅利于发挥学生的学习主动性，也有利于学生实现由掌握知识向发展能力的转化。此时教师不再是一个滔滔不绝的演讲者，而是整个工作的组织策划者。作为教师在讨论之初，要设计好讨论的问题，既要有针对性，又要有一定的争论性。讨论过程中，要能控制好活动的进程、活跃好讨论的气氛，冷场和无休止的争论都会直接影响到讨论效果。最后，教师要能对学生的讨论作出归纳和总结，明确问题的是非，启发学生进一步的思考。

此外，在教学中，还可以采取“请进来，走出去”的方法。请校外专家来校讲座，组织学生走出校门，去企业参观考察，进行现场教学。

9.2.4 实训任务分配

实训项目确定以后，由指导教师根据学生的能力和实训目标分配实训任务，以确保小组的每一个成员都能承担一定量的开发工作，使每一个学生都能得到全方位的锻炼和提升。工作任务分配及人员分工表如表 9-1 所示。

表 9-1 工作任务分配及人员分工表

模块名称	工作	负责人员	所需时间（天数）	标志性事件（交付物）

9.3 实训考评

学生成绩评定采用公司对员工的绩效考核方式，按照软件开发的过程进行阶段性考核。各阶段考核可参照如下比例分配。

系统调研和评审 10%；

系统分析 20%；

系统设计 30%；

实现和测试 20%；

发布和部署 5%；

实训答辩 15%；

考核的内容包括工作能力（文档的编写、程序的质量、工作进度）、工作态度（出勤情况）、表达能力（答辩情况）、团队合作能力等。采用学生自评、他人评价、教师综合评价等方式。

第10章 需求分析

10.1 需求分析的任务

需求分析的任务就是在用户的参与下对目标系统提出完整、准确、清晰、具体的要求。明确回答“系统必须做什么”的问题。整个过程分为：了解用户需求、分析用户需求、编写需求文档、评审需求文档。即将用户非形式化的需求陈述转化为完整的需求定义，再由需求定义转化为相应的软件需求规格说明书。

10.2 了解用户需求

需求分析的前提是准确、完整地获取用户需求，由分析人员通过座谈、走访、问卷等形式来获取用户需求。需求调研需要充分细致地了解客户目标、业务内容和流程，这是需求的采集过程，是进行需求分析的基础准备。需求调研的内容包括：总体需求、功能需求、信息需求、性能需求等。本次实训项目是基于.NET平台的系一级教学管理系统的设计和开发。

10.2.1 项目背景

系部一级的教学管理是高等学校教学管理工作的一个重要组成部分，是学校当前运行方式和业务流程的具体体现，从一个侧面反映了学校总体管理水平。目前，校一级的教学管理工作已经实现网络化、自动化。而基层管理工作仍停留在人工作业阶段，面对种类繁多的数据和报表，长期以来，一直采用微软的办公自动化软件Word和Excel进行处理和存储，众多事务性的工作甚至依靠电话、短信、邮件等方式来完成。另外，由于信息记录的不完整，没有统一的格式，数据不能共享，存在大量的冗余和不一致。无论是信息的添加和修改，还是信息的存储和查找都非常地不方便，其工作效率已远远不能适应新时期高等教育发展的需要。尽快改变传统的工作模式，运用现代化手段进行科学管理，不仅是校一级也是系部一级管理部门亟待解决的问题。本系统的开发目标就是通过建立一个完整统一、高效稳定、安全可靠的信息平台来实现信息资源的集中管理和统一调度，为信息交流、教学管理提供一个高效快捷的现代化手段，从而实现系一级教学管理部门的办公自动化。

10.2.2 学校的人员和课程的组织结构情况

一个学校下设若干学院，如电子与信息工程学院、化工学院、土木学院、测绘学院等。一个学院下设若干专业，如电子与信息工程学院下设三个专业：计算机科学与技术、电子信息工程、通信工程。一个专业含有若干个班级，如计算机科学与技术专业下设两个专业班级：计1001、计1002，一个专业班级有若干名学生，每一位学生隶属于一个专业班级。

每一个专业开设有若干门课程，如电子与信息工程学院的计算机科学与技术专业开设有高等数学、大学物理、V isual C++程序设计、数据库系统概论、计算机网络等课程。

一个学校下设若干学院，如电子与信息工程学院、化工学院、土木学院、测绘学院等。一个学院下设若干系部。如电子与信息工程学院下设：计算机科学与技术系、电子科学与工程系、通信工程系和计算机基础教学部。每个系部有若干名教师，每一位教师隶属于某一个系或部。每一位在职教师均有一个独一无二的ID号（工号）。

每一个系部承担若干门课程的教学任务。如计算机基础教学部承担了全校大学信息技术基础、Visual Basic、Viusal C++、Visual Foxpro等课程的教学。一位教师可以开设若干门课程，一门课程可以由多个教师讲授。每一门课程可以作为若干个专业的必修课或选修课。

10.2.3 系部级教学管理工作的主要内容

系部级管理部门最重要的一项教学管理工作就是每一学期教学任务的安排。每学期排课时，学校教务处下达教学任务至各教学部门。系部一级的管理部门根据教学任务量和在编教师的人员情况制定排课方案，制作本部门的教学任务安排表报教务处。教务处根据各系部上报的教学任务安排表编制全校各班级的课程表，下发到各系部、班级及任课教师。系部管理人员汇总个人课表，制作部门的教学总课表，以便系部领导对本部门的教学工作有一个全面、直观的了解，对后继其他工作的开展和安排做到心中有数，统筹兼顾。

课后的辅导答疑是教学工作的重要一环，和课堂教学一样也有教学工作量，为了规范教师的答疑工作安排、方便年终时此项工作量的计算，在开学时进行此项工作安排，为每个教学班级指定答疑教师、答疑时间和答疑地点。通常答疑辅导教师即是班级任课教师，答疑时间和地点由教师与学生、部门领导共同协商确定。因为大学不实行教师全员坐班制，每天每部门必须安排一位人员在办公室值班，负责一些日常事务性的工作，如重要通知的上传下达等。

学期期间，一项重要的工作就是期中教学检查。每到此时学校下发各种检查表格，由教师和管理人员填写，然后按要求上交给各级管理部门。若有调课申请、请假申请也须按要求逐级审批。

每学期末，教师必须参加考试课程的监考。监考的课程、时间、地点由教务处下发，监考教师由部门安排，并负责通知到监考教师本人。考试完毕，学校要求学生的试卷和平时记分册统一归档登记，方便上级部门的随机抽查，所有存档的试卷名称和主考教师都需有所记载。

年终时最为烦琐的一项工作就是教学工作量、过江津贴（去分校区上课、辅导答疑、监考，学校按照不同的标准每课时给予相应的补贴）和年度业绩的统计。学校相关部门提供计算公式，部门负责人根据各位教师一学年（两个学期）所做的各项工作进行统计，辅导答疑、监考与课堂教学一样纳入教学工作量和过江津贴的计算范畴，最后将计算结果报上级部门，这项工作与教师年度工作津贴息息相关。年度业绩包括科研到款、发表的论文等，这些信息是学校发放奖励津贴的依据。

10.2.4 用户需求调查

用户需求调查通过问卷方式获得。问卷的填写内容有：调研项目、填写日期、被访者基本情况、访问员基本情况、调研提纲和调研结果、调研地点等，具体格式如表 10-1 所示。

表 10-1 调研报告

调研项目	报告人： 报告日： 年 月 日				
基本情况					
调研时间	年 月 日	调研地点		调研方式	
我方负责人		我方参与人			
对方负责人		负责人 联系方式			
对方协调人		协调人 联系方式			
对方参与人					
调研内容					

下面以教学任务工作安排的调研为例，展示调查问卷的内容。

① 调研提纲：教学任务需要反映那些信息？

调研结果：课程名，理论学时数，实验学时数，起始周，结束周，周学时数，班级，上课校区，学期，人数、课程类型。

说明：班级信息来自于专业信息库。起始周、结束周、学期信息来自于校历。课程名、理论学时数、实验课时数来自于课程信息库。周学时数由公式计算所得。

专业信息库：专业编号，专业名，所属学院。

学院信息库：学院编号，学院名称。

课程信息库：课程名、理论学时、实验学时、课程性质（必修、选修）、开课学期（范围 1～8）。

校历：学期信息、起始日期、结束日期、本学期的总周数

② 调研提纲：教学任务信息的录入、修改、查询权限？

调研结果：录入、修改权限为管理员。查询权限为管理员和普通用户。

③ 调研提纲：教学任务信息查询条件有哪些？

调研结果：根据学期、课程名称、所在校区、专业进行教学任务信息的查询。

④ 调研提纲：教学任务安排表的展现形式是 Web 方式还是附件？

调研结果：教学任务安排表以 Web 形式呈现，亦可导出到 Excel 表。

⑤ 调研提纲：教学任务的安排是管理员指定还是教师自己选择?

调研结果：管理员指定。上报教务处之前可以随时修改。

10.3 分析用户需求

系统包含普通教师和管理员两类用户，每类用户具有不同的权限，用户必须登录才可使

用系统。系统要能够完成教学任务安排、值班安排、答疑安排、工作量计算、年度业绩统计、教学资料归档、文件审批等项工作，并同时完成与之相关的其他辅助功能。

根据调研分析，最终确定教学管理系统由基本信息管理、课程安排管理、教学管理、审批管理四个子系统构成。

10.3.1 系统的功能需求

（1）基本信息管理子系统

基本信息管理子系统是教学管理系统的基础，所有的管理都离不开它的支持。它主要是对系统中涉及的一些基本信息：教师基本信息（个人信息、科研信息、论文信息）、课程信息、专业信息、学院信息、教材信息进行管理，实现基础数据的录入、修改和查询等功能。建立基本信息之间的对应关系，通过友好的界面为业务过程提供更加快捷、高效的操作方式。

（2）课程安排管理子系统

课程安排管理子系统包含教学任务安排、课表信息、答疑安排、监考安排四个功能模块。教学任务安排模块主要完成每学期教学任务信息的组织和发布，并为每项教学任务指定授课教师，为普通教师提供教学任务信息安排的查询功能。课表管理模块实现教师个人授课信息的添加和编辑。在此基础上，自动生成个人和部门的总课表，供各位教师查询。答疑安排模块能在教师和管理人员协商的基础上完成每学期的答疑安排。接收到监考任务以后，部门管理人员能通过监考安排模块安排监考教师，发布监考信息，并制作监考安排表报教务处和部门留档，普通教师能及时查询到相关的监考信息。

（3）教学管理子系统

与教学管理子系统相关的工作是值班安排、期中教学检查和工作业绩管理。要求能根据每个教师的授课情况合理均衡地安排值班时间，确保值班时间不与教师的上课时间、答疑时间冲突。期中教学检查能实现各种电子表格的下发、填写和上交。工作业绩管理能根据教师的教学任务信息、答疑安排和监考安排，自动计算出教师年度教学工作量和过江津贴。因为学校提供的工作量计算方法可能会发生变更，应具有重新配置计算公式的功能。年度业绩的统计信息根据系统已有的基础数据由系统自动生成，只能查询。

（4）审批管理子系统

审批管理子系统由流程配置和文件审批两部分构成。文件审批的功能就是由申请人提出申请，内容包括申请类型、申请内容、审批人、审批结果、审批状态等项信息。流程配置主要完成审批人、申请表类型配置和对申请的批复。

10.3.2 系统的信息需求

① 教师基本信息：工号、姓名、性别（0—男；1—女）、出生年月、学历、职称、职务、状态（在编、退休、外聘、调离）、教师进入本岗时间、教师离开本岗时间、角色权限、固定电话、移动电话、E-mail、QQ、用户名、用户密码。

② 学历信息：中学、中专、大专、本科、学历硕士、工程硕士、博士、博士后。

③ 职称信息：助教、讲师、副教授、教授、助理工程师、工程师、高级工程师。

④ 职务信息：主任、副主任、书记、副书记、教学助理、教师。

⑤ 角色权限信息：Super、教师。

⑥ 论文信息：论文名称、第一作者、第二作者、第三作者、刊物名称、刊号、期数、级别（0—非核心；1—核心；2—EI；3—SCI）、发表时间。

⑦ 科研项目信息：项目名称、项目主持人、项目来源（1—国家级；2—省部级；3—市级；4—校级）、单位名称、科研到款、开题年度、结题年度。

⑧ 课程信息：课程编号、课程名、学时数（理论学时、实验学时）、课程性质（0—必修；1—选修）、课程开课学期（1～8）、课程学分、课程大纲、进度表。

⑨ 教材信息：教材名、主编、出版社、版本、出版时间、价格、书号。

⑩ 专业信息：专业编号、专业名、所属学院。

⑪ 学院信息：学院编号、学院名称。

⑫ 教学任务信息：课程名、课程类型（计划内、计划外、课程设计）、理论学时数、实验课时数、起始周、结束周、周学时数、教学班级、班级数、上课校区（虹桥、江浦、浦江）、开课学期（如 08-09-1）、人数、理论教师、实验教师。

⑬ 上课时间及地点信息：课程名、课程形式（理论或上机）、周数方式（连续、单、双周）、上课时间（起始周、结束周、周几、上课时间、结束时间）、上课地点。

⑭ 值班安排信息：学期、值班时间、值班人员。

⑮ 监考安排信息：教师姓名、监考时间、监考课程、监考地点。

⑯ 答疑信息：答疑教师、答疑时间、答疑地点。

⑰ 期末考试归档索引单：考试学期、主考教师、考试名称。

⑱ 文件申请信息：申请类型、申请人、申请时间、申请原因、申请内容、审批人、审批时间、审批结果、审批意见、审批状态。

⑲ 工作量公式：教学类型（0—理论；1—实验；2—课程设计）、公式内容、公式创建时间。

⑳ 校历信息：学期信息、起始日期、结束日期。

10.3.3 安全性需求

① 系统应为每一个合法用户设置账号，并要求用户设置密码。通过登录验证的方式检验用户的合法性。

② 对系统中的数据进行保护，设置访问级别和访问权限。

③ 系统应能区分不同的用户，如普通教师和管理员。对不同的用户设置不同的使用权限，普通教师只能进行基本信息的查询和个人信息的录入，管理员可进行日常所有事务的处理，如增加、删除、更新基本信息等。

10.3.4 完整性需求

① 各种信息记录完整，内容不能为空。

② 各种数据间的联系一致、正确。

③ 相同数据在不同记录中必须保持一致。

10.4 需求规格说明书

由前述分析可知，本系统由四个子系统构成，每一个子系统分别实现各自不同的功能，既相互独立，又互相关联。其中课程安排管理子系统是整个教学管理系统的核心和难点，下面以此为例介绍需求规格说明书的撰写。

课程安排管理子系统需求规格说明书

一、引言

1. 编写目的

编写本文档的目的是为了对课程安排子系统进行明确定义，为后续阶段的设计、开发提供依据，也是项目评审验收的重要依据。

本需求说明书主要适合以下读者：用户、系统设计人员、数据库设计人员、系统测试人员、系统维护人员。

本需求说明书是以下开发活动的依据之一：数据库设计、系统设计、系统确认测试、编写用户手册、用户验收。

2. 适用范围

本文档适用于课程安排子系统项目开发的整个过程。

3. 文档概述

文档主要描述了课程安排子系统的功能需求以及其他非功能性需求。

4. 参考资料

《实用软件工程（第二版）》，郑人杰，殷人昆，陶永雷，清华大学出版社。

二、系统综述

1. 项目背景

课程安排子系统是教学管理系统下的一个子系统。课程安排的一项主要工作就是教学任务安排。学校每一届的在校生约6000人，近200个专业班级，分属于20多个学院，分布在三个校区，每个专业班级的课程设置各不相同。将这些专业班级根据开设的课程、所在的校区和开课时间归并组合成若干个符合学校规定要求的教学班级，并为每一个教学班级指定任课教师，是一项极其烦琐和耗时的工作。此外，每学期的答疑和监考安排、课表信息的管理和查询，也给系部一级的管理人员带来很大的工作量。为此，希望有一个完善的课程安排系统给他们的工作提供便利，提高整个部门的工作效率。

2. 用户的特点

本系统将在学校专业系部使用，使用者分为管理员和普通用户（教师）两类。均是懂得计算机操作的人员，对学校的教学管理流程非常熟悉。

3. 目标

在此系统支持下，管理人员完成与课程安排相关的教学信息的组织和发布，为工作业绩的统计、教学检查和值班安排等业务工作提供基础数据。普通教师通过这个系统了解系部各项教学工作的开展情况和安排。具体来讲，要求系统含有以下几个功能。

① 方便管理员对每学期的教学任务信息进行添加、删除、修改等操作，并为每项教学任务分配教学人员。普通用户能及时查询任务信息。

② 实现教师个人授课信息的管理。包括授课信息的添加、编辑、列表显示及详细信息的展示等，实现个人和部门课表的自动生成和显示（课表样式类似于学校下发的课表版式）。

③ 管理员方便快捷地添加、修改、删除监考信息，实现监考事务的现代化管理；普通用户能及时查询到监考信息。

④ 管理员和普通用户共同完成答疑工作的安排，实现答疑信息的添加、修改、删除和查询。

三、系统用例图

1. 教学任务安排用例图

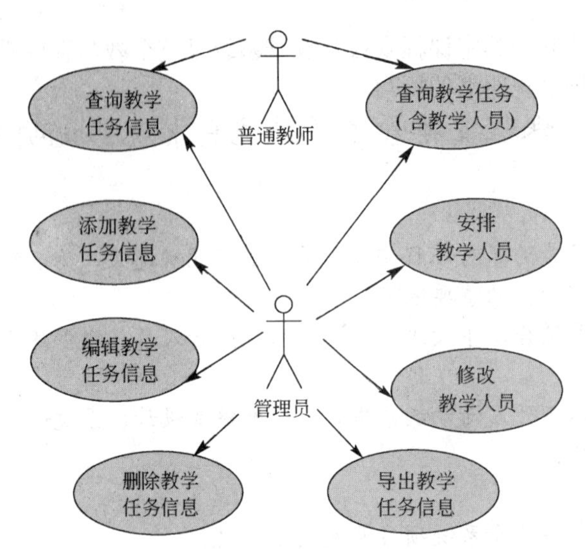

2. 课表信息用例图

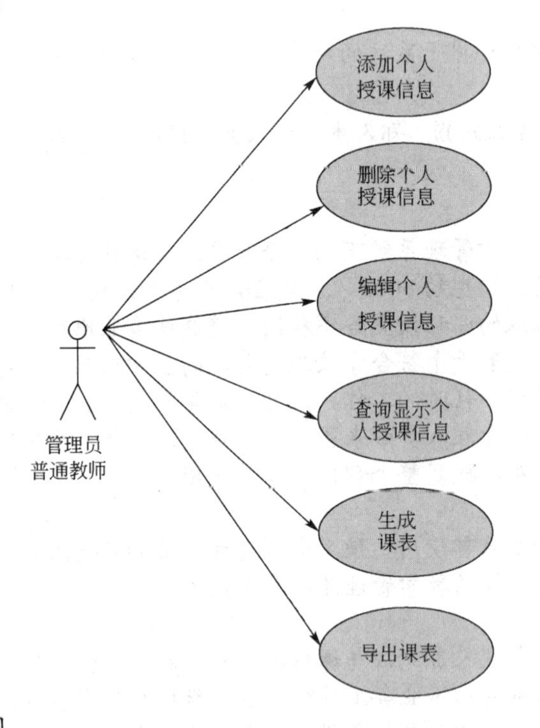

3. 答疑安排用例图

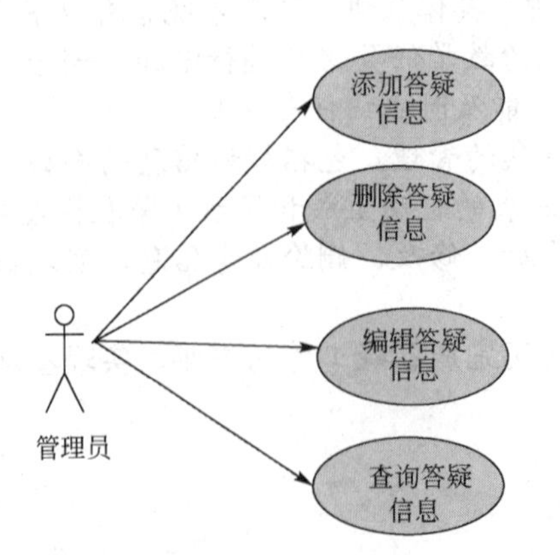

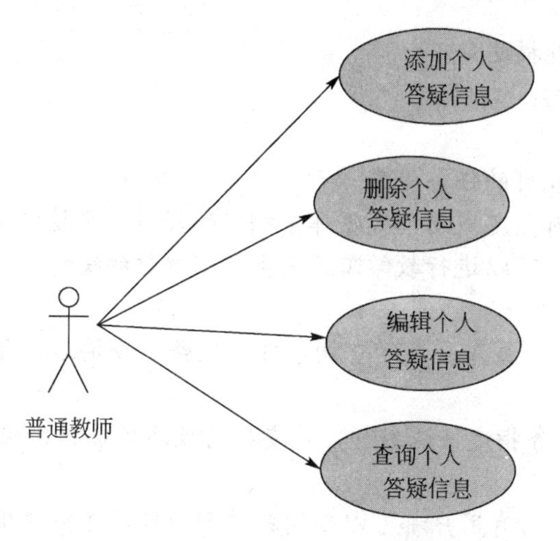

4. 监考安排用例图

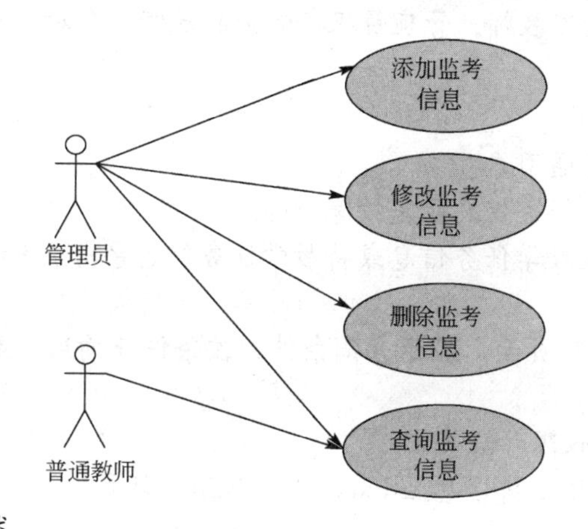

四、功能性需求描述

1. 教学任务安排

（1）任务信息功能　提供教学任务信息的添加、修改、删除和查询功能。管理人员根据教务处提供的各专业班级的开课信息，将专业班级以教学班级为单位进行分组，形成新学期的教学任务信息，即排课方案。所有用户按学期、校区、课程、专业查询条件浏览教学任务信息。具体功能描述如下。

用例描述：任务信息。

执行者：管理员、普通用户。

前置条件：用户已登录系统。

后置条件：如果数据维护成功，数据库中的教学任务信息随之变化，此时可以指定授课教师。普通用户可以查询新学期的教学任务信息。

基本路径如下。

① 进入“任务信息”页面，首先展示的是“任务信息查询”页面。按条件查询后，显示满足查询条件的任务信息。

② 点击每个任务信息，可以详细浏览这个任务信息的具体内容。

③ 添加新的任务信息，仅限管理员。

④ 修改任务信息，仅限管理员。

⑤ 删除选中的任务信息（单条和多条），仅限管理员。

（2）任务安排功能

排课方案制定以后，接下来的工作就是为每一个教学班级指定任课教师，完成新学期的教学任务安排。具体功能描述如下。

用例描述：任务安排。

执行者：管理员。

前置条件：已有组织好的任务信息。

后置条件：如果教师指定成功，数据库中相应的任务信息随之变化，普通用户可以查询安排好的教学任务信息。可以进行教学工作量和过江津贴的统计。

基本路径如下。

① 进入“任务安排”页面，显示查询条件。按条件查询后，显示满足查询条件的任务信息。

② 为每一项教学任务指定任课教师，将安排的教师名添加到相应的教学任务信息中。

（3）任务查询功能

任务安排一旦完成，所有用户都可以查询新学期的教学任务安排，查询内容包括课程名、课程学时、授课班级和授课教师。管理员根据教师的反馈信息对人员安排进行适当调整。具体功能描述如下。

用例描述：任务查询。

执行者：管理员、普通用户。

前置条件：已为教学任务信息指定授课教师。

后置条件：可以修改教学任务信息或将教学任务信息导出至Excel表报教务处。

基本路径如下。

① 进入“任务查询”页面，显示查询条件。按条件查询后，显示满足查询条件的教学任务安排信息。

② 修改任课教师，仅限管理员。

③ 导出教学任务人员安排信息至Excel表，仅限管理员。

2. 课表信息

（1）授课信息功能　新学期伊始，学校教务处将制作好的班级课表下发给教师个人和学生班级，其中包括课程名、授课时间、授课地点、授课教师等信息，它是形成教师个人和部门教学总课表的基础数据。授课信息模块主要完成个人授课信息的录入、删除和修改，生成个人教学课表。具体功能描述如下。

用例描述：授课信息。

执行者：管理员、普通用户。

前置条件：普通用户已被安排教学任务。

后置条件：如果数据维护成功，则数据库中的上课时间及地点信息随之变化，此时可以查询个人课表和部门总课表。

基本路径如下。

① 进入“授课信息”页面，普通用户显示个人的教学任务信息，管理员用户显示所有任课教师的教学任务信息。

② 增加新的授课信息时，首先选定教学任务信息，然后为其添加授课时间、授课地点等项信息。

③ 修改授课信息。

④ 提供上课时间及地点信息删除功能。

⑤ 显示个人课表（个人授课信息）。

⑥ 导出个人课表至Excel表。

（2）课表功能　自动生成部门的总课表，供管理者和部门教师查询，为值班、答疑工作的安排提供时间查询依据。查询条件：教师姓名、上课时间（星期几、第几节课）、课表类型（理论课、实验课）。具体功能描述如下。

用例描述：课表。

执行者：管理员、普通用户。

前置条件：用户已为教学任务信息添加了上课时间和地点信息。

后置条件：形成部门总课表。可以进行值班、答疑、监考工作的安排。

基本路径如下。

① 进入“课表”页面，首先展示的是部门的总课表信息。

② 按条件查询后，显示满足查询条件的部门课表信息。

③ 导出部门课表至Excel表。

3. 答疑安排

为教学班级安排答疑时间和答疑地点。管理员可以为任一教师安排答疑时间和答疑地点。普通用户只能添加、修改、删除自己的答疑安排。具体功能描述如下。

用例描述：答疑安排。

执行者：管理员、普通用户。

前置条件：用户已登录系统。

后置条件：如果数据维护成功，数据库中的答疑安排信息随之变化，可以进行教学工作量和过江津贴的统计。

基本路径（管理员）如下。

① 进入“答疑安排”页面，首先展示的是答疑安排的查询条件。

② 选择查询学期和教师名，按条件查询后，显示满足查询条件的答疑安排。

③ 为任一教师安排答疑时间和地点。

④ 修改答疑时间和地点。

⑤ 删除已有的答疑安排。

基本路径（普通用户）如下。

① 进入“答疑安排”页面，展示的是教师本人的答疑安排。

② 教师为自己添加新的答疑时间和地点。

③ 教师修改已有的答疑安排。

④ 教师删除答疑安排。

4. 监考安排

教务处下达的考试信息，包括：考试科目、考试地点、考试时间等。管理员录入监考信息，安排监考教师，要求同一时间段不能安排同一位教师监考。普通用户可以查询个人和所有人的监考信息。具体功能描述如下。

用例描述：监考安排。

执行者：管理员、普通用户。

前置条件：用户已登录系统。

后置条件：如果数据维护成功，数据库中的监考信息随之发生变化。

基本路径如下。

① 进入“监考安排”页面，首先展示的是本学期本部门的所有监考记录。按条件查询后，显示满足查询条件的监考记录。

② 根据教务处监考信息（开始时间、结束时间、地点、考试科目），添加监考记录，

指定监考教师，仅限管理员。

③ 修改监考记录，仅限管理员。

④ 删除监考记录（单条和多条），仅限管理员。

⑤ 导出监考信息至Excel表，仅限管理员。

五、性能需求

1. 精度

① 进行数据操作时，要求数据记录定位准确。

② 增加数据的时候，要求输入数据准确。不允许出现因为程序的原因导致增加操作失败，也不允许发生重复增加数据的错误。

③ 删除数据的时候，不允许因为程序的原因发生多删除或少删除数据以及删除失败的情况。

④ 数据的修改要求保持对应的准确性。

2. 时间特性要求

服务器的及时响应也是衡量服务质量的重要指标，太长的延迟时间会给用户带来不便。在单用户执行增加、修改和删除操作的时候，在规定的运行环境条件下，单次操作的响应时间要求在2s之内。

3. 安全性要求

安全性是任何系统成功的基本要素。系统应该能够保护数据或基础结构免受恶意攻击或盗用。系统应有严格的权限管理功能，对不同的功能进行权限划分，以确保数据处理过程中的数据不被篡改。

4. 故障处理要求

① 系统应具有较强的容错性。若操作员输入了一些不合理的数据，系统能够给出明确的提示信息及处理方法，不能因为输入错误而导致系统错误，或者程序停止运行。

② 程序运行过程中，能够正确识别服务器和网络通信故障并给予提示。故障排除后，程序能迅速恢复正常运行。

③ 数据库要求有灾难备份机制，以防止数据的全部丢失。对于已经发生的错误或异常，系统应尽可能恢复到原来的操作状态。

5. 文档需求

与软件一同发行的用户文档有用户手册。

6. 测试需求

单元测试：对单一的模块测试。

集成测试：模块组装成子系统后，测试子系统。

系统测试：对整个系统进行测试。

压力测试：测试系统的可靠性和伸缩性。

7. 界面需求

应从输入输出的角度，反映系统的整体功能。以易理解、可操作为基本设计目标。本系统用户界面必须满足以下几个要求。

① 用户界面设计应反映用户操作权限，即各类用户只能操作和修改与自己相关的功能和数据。

② 页面具有明确的导航指示，易于理解，方便使用。

③ 操作简捷，易于学习，用户只需简单培训即可掌握系统操作。尽量利用“点选”实现数据的输入和操作。对于规范化、标准化的输入，如学院名称、课程名称等，通过下拉列

表框选择输入，既节约输入时间，又可以获得统一的输入格式。

④ 用户界面要求风格一致、操作灵活、界面用语描述一致，同样一个字段，原则上不允许有多个名称。

⑤ 对输入的数据要能进行有效性、合法性校验，以排除数据不一致的现象，从逻辑上、数据完整性上保证数据的质量。做到“正确的输入有正确的结果，错误的输入有正确的响应。”

六、运行环境规定

1. 设备

客户机硬件需求如下。

具有 P4 1.8GHz 以上的处理器且满足以下要求的计算机：最低 256 MB 内存；最小 40 GB 硬盘；鼠标；键盘。

服务器硬件需求如下。

具有 P4 2.0GHz 以上的处理器且满足以下要求的计算机：最低 512 MB 内存；最小 80 GB 硬盘；鼠标；键盘。

2. 支持软件

客户端需支持的软件如下。

操作系统：Microsoft Windows XP 或更高版本。

浏览器：IE6.0, IE7.0 ,IE8.0。

服务器需支持的软件如下。

操作系统：Windows Server 2003 或更高版本。

Web 服务器：IIS 6.0 以上。

数据库产品：Microsoft SQL Server 2005。

3. 接口

（1）硬件接口　本系统通过操作系统的支持对硬件进行操作。

（2）软件接口　采用.NET 框架，使用 C#语言及 ASP.NET 技术。开发工具：Microsoft Visual Studio。

（3）通信接口　系统采用 HTTP 和 HTTPS 协议支持远程用户对系统的访问。

第11章

系统设计

11.1 系统设计概述

系统设计主要解决系统功能的实现问题，即“怎么做”的问题。在系统分析的基础上，进行系统的总体设计和详细设计，为下一阶段系统实施提供必要的技术资料。主要完成的工作有：系统总体结构设计、运行环境设计、数据库设计、功能设计、接口设计和测试用例设计。

11.2 系统总体结构设计

11.2.1 软件技术分层架构设计

教学管理系统软件架构采用的是基于B/S的三层体系结构。从上至下分别为：表示层、业务逻辑层、数据访问层。各层之间的关系如图11-1所示。

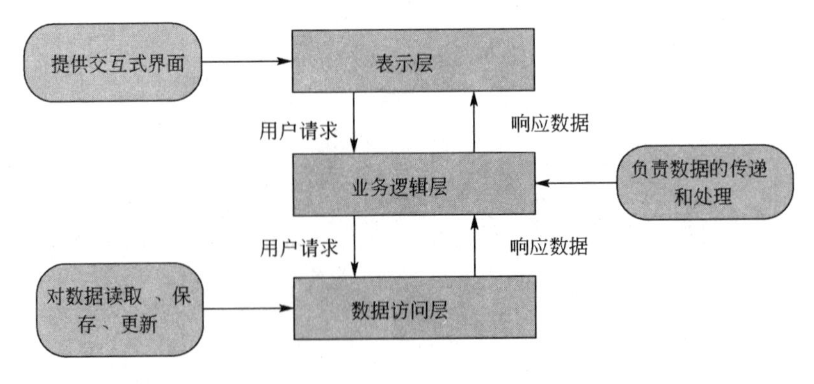

图11-1 三层体系结构之间的关系

① 表示层（Browser），位于客户端。负责向网络上的Web服务器(即业务逻辑层)发出服务请求，把服务器传来的运行结果显示在Web浏览器上，为用户提供一种交互式操作的界面。

借助 Javascript、Vbscript 等技术处理一些简单的客户端处理逻辑。

② 业务逻辑层，是用户服务和数据服务的逻辑桥梁。它负责接受远程或本地用户的请求，对用户身份和数据库存取权限进行验证，运用服务器脚本，借助于中间件把请求发送到数据库服务器（即数据访问层），把数据库服务器返回的数据经过逻辑处理并转换成 HTML 及各种脚本传回客户端。

③ 数据访问层，位于最底层，它负责管理数据库，接受 Web 服务器对数据库操纵的请求，实现对数据库查询、修改、更新等功能及相关服务，并把结果数据提交给 Web 服务器。数据访问层一般由业务实体和数据访问两部分组成。

11.2.2 系统功能模块设计

根据系统分析，教学管理系统的功能模块如图 11-2 所示。

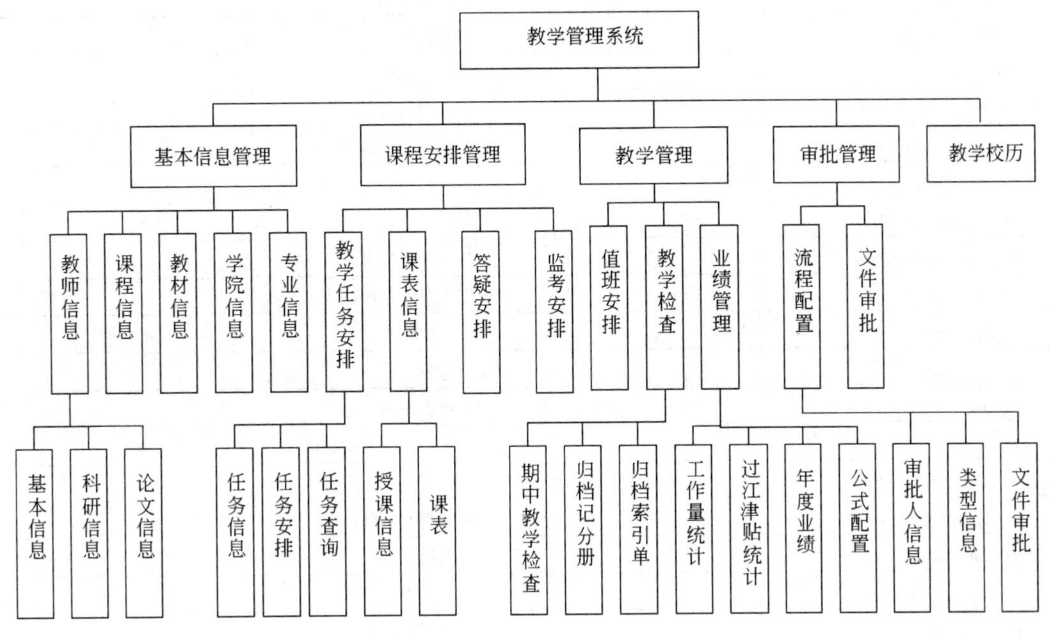

图 11-2 教学管理系统的功能模块

11.3 数据库设计

教学管理系统的数据库设计与系统的功能密切相关，因此数据库的设计按照教学管理系统的功能需求而设计，以实现一个功能完备的实际应用。

创建数据表时，应从以下几个方面加以考虑，力求使数据表结构和合理性达到最佳效果。

① 表中要存储哪些类型数据。

② 将表中的哪些列作为主键。

③ 表中的列是否可以为空。

④ 表中每一列的类型和长度。

⑤ 是否需要在列上使用约束、默认值和规则。

本系统选用的是 SQL Server2005 数据库，数据库存放在服务器端，数据信息全部存储于服务器，客户端与此完全分离。所使用的数据库名为 JCBTMS ，包含 26 个数据表，各表的表名如表 11-1 所示。各表的结构定义如表 11-2～表 11-27 所示。

表 11-1　数据表一览

数 据 表 名	表 说 明
tb_TeacherInfo	教师基本信息表
tb_TeacherRoleInfo	教师角色信息表
tb_TeacherJobTitleInfo	教师职称信息表
tb_TeacherPositionInfo	教师职务信息表
tb_TeacherDegreeInfo	教师学历信息表
tb_CourseInfo	课程信息表
tb_BookInfo	教材信息表
tb_CourseBook	课程教材表
tb_PaperInfo	论文信息表
tb_ProjectInfo	科研项目信息表
tb_ProjectDetailInfo	科研项目信息详细表
tb_MajorInfo	专业信息表
tb_DepartmentInfo	学院信息表
tb_TeachTaskInfo	教学任务信息表
tb_Lectureinfo	上课时间及地点表
tb_Dutyarrange	值班安排表
tb_Invigilate	监考表
tb_QA	答疑安排表
tb_Examindex	期末考试归档索引单
tb_ApprovalNodeInfo	审批环节信息表
tb_ApplyTypeInfo	申请类型信息表
tb_ApplicationInfo	申请信息表
tb_ApplicationFlow	申请流程表
tb_Formula	工作量公式表
tb_Formula_Distribution	工作量公式分配表
tb_SchoolCalendar	教学校历表

表 11-2　tb_TeacherInfo 教师基本信息表

主键	字 段 名 称	属　　性	非空	默认值	字 段 说 明
●	TeacherInfoID	char(10)	○		教师 ID
	TeacherJobID	nvarchar(20)	○		工号，unique
	TeacherName	nvarchar(50)	○		姓名
	TeacherSex	Char(1)	○		性别：0—男；1—女
	TeacherBirth	datetime	○		出生年月
	TeacherDegreeID	char(10)	○		学历 ID（外键，与教师学历信息表关联）
	TeacherJobTitleID	char(10)			职称 ID（外键，与教师职称信息表关联）
	TeacherPositionID	char(10)			教师职务 ID（外键，与教师职务信息表关联）
	TeacherState	nChar(1)	○		教师状态：1—在编；2—退休；3—外聘；4—调离
	TeacherEnterTime	datetime	○		教师进入本岗时间

续表

主键	字段名称	属性	非空	默认值	字段说明
	TeacherLeaveTime	datetime			教师离开本岗时间
	TeacherRoleID	char(10)	○		角色权限 ID（外键，与教师角色信息表关联）
	TeacherTel	nvarChar(20)			固定电话
	TeacherCell	nvarChar(20)			移动电话
	TeacherEmail	nvarChar(50)			E-mail
	TeacherQQ	nvarChar(30)			QQ
	Nickname	nvarChar(30)	○		用户名
	Password	nvarChar(30)	○		用户密码
	DeleteFlag	nvarChar(1)	○		删除标记：0—未删除；1—删除

表 11-3　tb_TeacherRoleInfo 教师角色信息表

主键	字段名称	数据类型	非空	默认值	字段说明
●	TeacherRoleID	char(10)	○		教师角色流水号
	TeacherRoleName	char(20)	○		教师角色名

预设值定义

TeacherRoleID	TeacherRoleName
0000000001	管理员
0000000002	普通教师

表 11-4　tb_TeacherJobTitleInfo 教师职称信息表

主键	字段名称	属性	非空	默认值	字段说明
●	TeacherJobTitleID	char(10)	○		职称 ID
	TeacherJobTitleName	nvarchar(30)	○		职称名

预设值定义

TeacherJobTitleID	TeacherJobTitleName
1	助教
2	讲师
3	副教授
4	教授
5	助理工程师
6	工程师
7	高级工程师

表 11-5　tb_TeacherPositionInfo 教师职务信息表

主键	字段名称	属性	非空	默认值	字段说明
●	TeacherPositionID	char(10)	○		教师职务 ID
	TeacherPositionName	nvarchar(30)	○		教师职务名

预设值定义

TeacherPositionID	TeacherPositionName
1	主任
2	副主任
3	书记
4	副书记
5	教学助理
6	教师

表 11-6　tb_TeacherDegreeInfo 教师学历信息表

主键	字 段 名 称	属性	非空	默认值	字段说明
●	TeacherDegreeID	char(10)	○		学历 ID
	TeacherDegreeName	nvarchar(30)	○		学历名

预设值定义

TeacherDegreeID	TeacherDegreeName
1	中学
2	中专
3	大专
4	本科
5	学历硕士
6	工程硕士
7	博士
8	博士后

表 11-7　tb_CourseInfo 课程信息表

主键	字 段 名 称	属性	非空	默认值	字 段 说 明
●	CourseID	char(10)	○		课程流水号
	CourseSchoolID	nvarchar(30)			学校课程编号
	CourseName	nvarchar(50)	○		课程名
	CourseInClass	int	○		理论学时
	CourseInLab	int	○		实验学时
	CourseKind	nchar(1)	○	0	课程性质：0—必修；1—选修
	CourseSemester	tinyint	○		开课学期（范围 1～8）
	CourseCredit	tinyint			课程学分
	CourseSyllabus	nvarChar(250)			课程大纲路径
	CourseSchedule	nvarChar(250)			进度表路径

表 11-8　tb_BookInfo 教材信息表

主键	字 段 名 称	属　　性	非空	默认值	字段说明
●	BookID	char(10)	○		教材编号
	BookName	nvarchar(60)	○		教材名
	BookAuthor	nvarchar(60)	○		主编
	BookPublisher	nvarChar(60)			出版社
	BookVersion	nChar(10)			版本

续表

主键	字 段 名 称	属　　性	非空	默认值	字段说明
	BookPublishTime	datetime			出版时间
	BookPrice	money			价格
	BookISBN	nvarChar(30)	○		书号

表 11-9　tb_CourseBook 课程教材表

主键	Field Name	属性	非空	默认值	字 段 说 明
●	CourseID	char(10)	○		课程编号(外键，课程信息表)
●	BookID	char(10)	○		教材编号(外键，教材信息表)

表 11-10　tb_PaperInfo 论文信息表

主键	字 段 名 称	属性	非空	默认值	字 段 说 明
●	PaperID	char(10)	○		论文 ID
	PaperTitle	nvarchar(60)	○		论文名称
	PaperFirstAuthorID	char(10)			第一作者教师 ID（外键，与教师信息表关联）
	PaperSecondAuthorID	char(10)			第二作者教师 ID（外键，与教师信息表关联）
	PaperThirdAuthorID	char(10)			第三作者教师 ID（外键，与教师信息表关联）
	PaperPublicationName	nvarChar(250)	○		刊物名称
	PaperISSN	nvarchar(50)	○		刊号
	PaperPeriodNum	int	○		期数
	PaperRank	nvarChar(1)	○		级别：0—非核心；1—核心；2—EI；3—SCI
	PaperPublishTime	datetime	○		发表时间
	PaperMemo	nvarChar(max)			备注
	PaperAccessory	nvarChar(250)			附件路径

表 11-11　tb_ProjectInfo 科研项目信息表

主键	字 段 名 称	属　　性	非空	默认值	字 段 说 明
●	ProjectID	char(10)	○		科研项目 ID
	ProjectTitle	nvarchar(50)	○		项目名称
	ProjectHostID	char(10)			项目主持人 ID（外键，与教师信息表关联）
	ProjectSourceV	char(1)			项目来源：1—国家级；2—省部级；3—市级；4—校级
	ProjectSourceH	nvarChar(100)			单位名称，由录入人填写
	ProjectMoney	money	○		科研到款
	ProjectStartTime	datetime	○		开题年度
	ProjectEndTime	datetime	○		结题年度
	ProjectMemo	nvarchar(max)			项目备注

表 11-12　tb_ProjectDetailInfo 科研项目信息详细表

主键	字 段 名 称	属性	非空	默认值	字 段 说 明
●	ProjectID	char(10)	○		科研项目 ID
	ProjectAttenderID	char(10)			其他参与人 ID（外键，与教师信息表关联）

表 11-13　tb_MajorInfo 专业信息表

主键	字段名称	属性	非空	默认值	字段说明
●	MajorID	char(10)	○		专业流水号
	MajorNum	nvarchar(20)	○		专业编号，unique
	MajorName	nvarchar(50)	○		专业名称
	DepartmentID	char(10)			专业所属学院流水号（外键，与学院信息表关联）

表 11-14　tb_DepartmentInfo 学院信息表

主键	字段名称	属性	非空	默认值	字段说明
●	DepartmentID	char(10)	○		学院流水号
	DepartmentNum	nvarchar(20)	○		学院编号，unique
	DepartmentName	nvarchar(50)	○		学院名称

表 11-15　tb_TeachTaskInfo 教学任务信息表

主键	字段名称	属性	非空	默认值	字段说明
●	TaskID	char(10)	○		任务信息 ID
	TermID	char(10)	○		保存教学校历表主键，页面上根据主键获得学年信息并显示（外键，与教学校历表关联）
	CourseID	char(10)	○		课程 ID（外键，与课程信息表关联）
	CourseType	nvarChar(1)	○	0	课程设计类型：0—计划内；1—计划外；2—课程设计
	TheoreticalCDHour	int		0	理论承担课时数
	TheoreticalBSHour	numeric(6,2)	○		理论标时数
	ExperimentCDHour	int		0	实验承担课时数
	ExperimentBSHour	numeric(6,2)	○		实验标时数
	TheoreticalTeacherInfoID	char(10)			保存理论教师 ID（外键，与教师基本信息表关联）
	ExperimentTeacherInfoID	char(10)			保存实验教师 ID（外键，与教师基本信息表关联）
	StartWeek	int	○		起时周（1～25）
	EndWeek	int	○		结束周（1～25）
	PerWeekHour	numeric(2,1)			周学时数
	TeachClass	nvarChar(50)	○		教学班，以一定字符串格式保存多个班级信息
	ClassNum	int	○		班级数
	CampusPlace	nvarChar(1)	○	0	教学校区：0—虹桥；1—江浦；2—浦江
	StudentsNum	int	○		学生数，默认为：班级数×30 个

表 11-16　tb_LectureInfo 上课时间及地点表

主键	字段名称	属性	非空	默认值	字段说明
●	LectureID	char(10)	○		授课信息流水号
	TaskID	char(10)	○		教学任务 ID
	CourseMode	char(1)	○	0	课程形式：0—理论；1—实验
	WeekMode	nvarchar(1)	○	0	周数方式：0—连续；1—单周；2—双周
	ClassWeekStart	tinyint	○		起始周数（1～25）
	ClassWeekEnd	tinyint	○		结束周数（1～25）
	Classday	tinyint	○		上课周几（1～7）

续表

主键	字 段 名 称	属性	非空	默认值	字 段 说 明
	ClassTimeStart	Tinyint	○		上课开始节数（1～11）
	ClassTimeEnd	tinyint	○		上课结束节数（1～11）
	ClassRoom	nvarchar(20)	○		上课地点

表 11-17　tb_Dutyarrange 值班安排表

主键	字 段 名 称	属性	非空	默认值	字 段 说 明
●	ArrangeID	char(10)	○		流水号
	Term	char(10)	○		起始年份和学期（08-09-1）
	Week	char(2)	○		周次
	MonTeacherInfoID	char(10)			该周周一值班人流水号
	TueTeacherInfoID	char(10)			该周周二值班人流水号
	WedTeacherInfoID	char(10)			该周周三值班人流水号
	ThuTeacherInfoID	char(10)			该周周四值班人流水号
	FriTeacherInfoID	char(10)			该周周五值班人流水号

表 11-18　tb_Invigilate 监考表

主键	字 段 名 称	属性	非空	默认值	字段说明
●	ExamID	Char(10)	○		监考号
	ExamTeacherInfoID	Char(10)	○		监考教师 ID(外键，与教师基本信息表关联)
	TermID	char(10)	○		保存教学校历表主键，页面上根据主键获得学年信息并显示(外键，与教学校历表关联)
	ExamBeginTime	datetime	○		考试开始时间
	ExamEndTime	datetime	○		考试结束时间
	ExamCourse	nvarChar(30)	○		考试科目
	ExamPlace	nvarChar(50)	○		考试地点

表 11-19　tb_QA 答疑安排表

主键	字 段 名 称	属性	非空	默认值	字 段 说 明
●	QAID	char(10)	○		答疑 ID
	QATeacherInfoID	char(10)	○		答疑教师 ID（外键，与教师基本信息表关联）
	QAStartWeek	int	○		答疑起始周
	QAEndWeek	int	○		答疑终止周
	QAWeekCount	nChar(1)	○	1	答疑周数：1—连续；2—单周；3—双周
	QAClass	nvarChar(20)	○		答疑班级
	QADate	nChar(1)	○		答疑周几（1～7），1—周一；2—周二；…
	QAStartTime	datetime	○		答疑起始时间（如 14：00）
	QAEndTime	datetime	○		答疑终止时间
	QAPlace	nvarChar(50)	○		答疑地点
	TermID	char(10)	○		保存教学校历表主键,页面上根据主键获得学年信息并显示（外键，与教学校历表关联）

表 11-20　tb_Examindex 期末考试归档索引单

主键	字 段 名 称	属　　性	非空	默认值	字 段 说 明
●	IndexID	char(10)	○		流水号
	Term	char(10)	○		起始年份和学期 08-09-1
	TeacherName	nvarchar(10)	○		教师姓名
	LectureName	nvarChar(100)			理论考试名称
	OperationName	nvarChar(100)			上机考试名称

表 11-21　tb_ApprovalNodeInfo 审批环节信息表

主键	字 段 名 称	属　　性	非空	默认值	字 段 说 明
●	NodeID	char(10)	○		环节编号（流水号）
	NodeName	nvarchar(50)	○		环节名
	ApproverTeacherInfoID	char(10)	○		审批人信息号（外键，与教师基本信息表关联）
	ApproverRealName	nvarchar(20)			实际审批人姓名
	DeleteFlag	nvarChar(1)	○		删除标记：0—未删除；1—删除

表 11-22　tb_ApplyTypeInfo 申请类型信息表

主键	字 段 名 称	属性	非空	默认值	字段说明
●	ApplyID	char(10)	○		申请编号(流水号)
	ApplyName	nvarchar(50)	○		申请类型名
	ItemDays	nvarChar(2)	○		审批天数
	ItemProgress	nvarChar(1)	○	1	审批进度状态申请人是否可见：1—可见；0—不可见
	ApprovalFlow	nvarChar(200)	○		审批流程（NodeID 的有序字符串，用逗号隔开）
	Remarks	text			备注
	DeleteFlag	nvarChar(1)	○		删除标记：0—未删除；1—删除

表 11-23　tb_ApplicationInfo 申请信息表

主键	字 段 名 称	属性	非空	默认值	字 段 说 明
●	ApplicationID	char(10)	○		申请表编号（流水号）
	ApplyID	char(10)	○		申请类型编号（外键，与申请类型信息表关联）
	TeacherInfoID	char(10)	○		申请人信息号（外键，与教师基本信息表关联）
	ApplyDate	datetime	○		申请日期
	ApplyReason	nvarchar(200)			申请原因
	ApplyContent	text	○		申请内容
	Attachment	nvarChar(200)			附件存储路径及文件名
	ApprovalFlow	nvarchar(200)	○		计划环节串（NodeID 的有序字符串，用逗号隔开）（外键，与审批环节信息表关联）
	TeacherInfoIDFlow	nvarchar(200)	○		计划审批人信息号串（TeacherInfoID 的有序字符串，用逗号隔开）（外键，与教师信息表关联）
	TeacherInfoIDRest	nvarchar(200)	○		尚未审批人信息号串（每完成一个审批环节删除对应工号）（外键，与教师信息表关联）
	ApprovalDate	datetime			审批时间
	ApprovalResult	nvarChar(1)			审批结果：1—同意；0—不同意
	ApprovalSuggestion	text			审批意见
	ApprovalStatus	nvarChar(1)	○	0	审批状态：-1—过期；0—审批中；1—终审结束；2—审批驳回

表 11-24　tb_ApplicationFlow 申请流程表

主键	字段名称	属性	非空	默认值	字段说明
●	ApplicationFlowID	char(10)	○		申请流程号（流水号）
	ApplicationID	char(10)	○		申请表编号（外键，与申请信息表关联）
	NodeID	char(10)	○		当前审批环节编号（外键，与审批环节信息表关联）
	TeacherInfoID	char(10)	○		审批人信息号（外键，与教师基本信息表关联）
	ApprovalDate	datetime	○		审批时间
	ApprovalResult	nvarChar(1)	○		审批结果：1—同意；0—不同意
	ApprovalSuggestion	text			审批意见
	ItemFinal	nvarChar(1)	○	0	是否终审：1—是；0—不是

表 11-25　tb_Formula 工作量公式表

主键	字段名称	属性	非空	默认值	字段说明
•	FormulaID	char(10)	○		公式代号流水号
	FormulaType	nvarChar(2)	○		教学类型：0—理论；1—实验；2—课程设计
	FormulaDetail	nvarChar(200)	○		公式内容
	AddDate	datetime	○		公式创建时间 2009-6-15
	DeleteFlag	nvarChar(1)	○	0	删除标记；0—未删除；1—删除

表 11-26　tb_Formula_Distribution 工作量公式分配表

主键	字段名称	属性	非空	默认值	字段说明
●	DistributionID	char(10)	○		流水号
	CourseID	char(10)	○		课程号（外键，与课程信息表关联）
	LectureFormulaID	char(10)			理论公式代号（外键，与工作量公式表关联）
	OperationFormulaID	char(10)			实验公式代号（外键，与工作量公式表关联）
	KCSJFormulaID	char(10)			课程设计公式代号（外键，与工作量公式表关联）
	TermID	char(10)	○		保存教学校历表主键，页面上根据主键获得学年信息并显示（外键，与教学校历表关联）

表 11-27　tb_SchoolCalendar 教学校历表

主键	字段名称	属性	非空	默认值	字段说明
●	TermID	char(10)	○		校历 ID
	Term	nvarchar(10)	○		学年信息，如 08-09-1
	BeginDate	datetime	○		起始日期
	EndDate	datetime	○		结束日期

11.4 系统设计报告

由图 11-2 可以看出教学管理系统包含了诸多的功能模块，限于篇幅，下面以课程安排管理子系统中的教学任务安排为例介绍其下的三个功能模块任务信息、任务安排和任务查询的详细设计。

11.4.1 任务信息模块的详细设计

任务信息模块详细设计报告

一、概要

完成教学任务信息模块的功能设计和接口设计。

1. 开发环境

操作系统：Microsoft Windows XP Professional Edition (Service Pack 3)。

开发平台：Microsoft Visual Studio 2008；Microsoft SQL Server 2005。

2. 运行环境

操作系统：Server，Windows Server 2003 或更高版本；Client，Microsoft Windows XP 或更高版本。

软件环境：IIS 6.0；Microsoft SQL Server 2005；IE6.0，IE7.0，IE8.0。

二、功能总体说明

通过对教学任务信息的查询，获取用户所需的教学任务信息，并提供用户删除、编辑、添加、了解详情的功能，实现教学任务信息的录入和修改。

三、功能设计

1. 教学任务信息查询

（1）画面图片如图 11-3 所示。

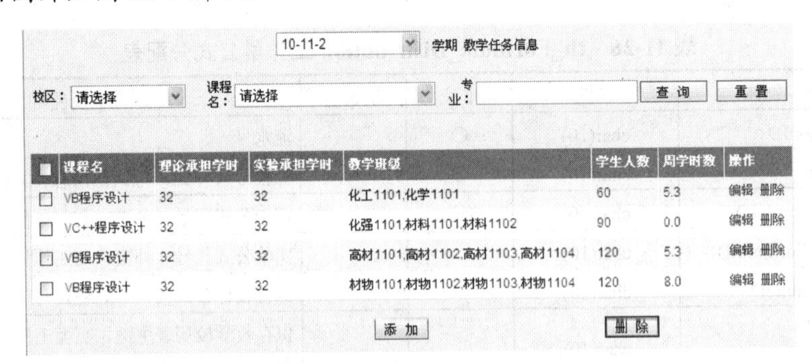

图 11-3 教学任务信息查询画面

（2）相关的数据表及表间关系如图 11-4 所示。

课程信息表{tb_CourseInfo}

教学校历表{tb_SchoolCalendar}

教学任务信息表{tb_TeachTaskInfo}

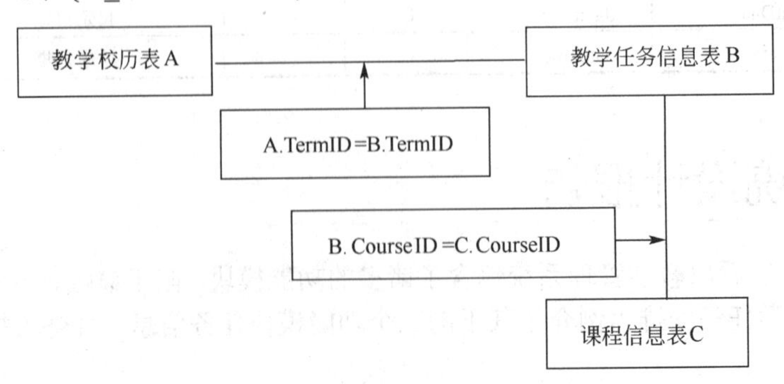

图 11-4 相关数据表及表间关系

说明：数据表以{xx}表示，字段名以[xx]表示，以下类同。

（3）功能详细说明

① 功能说明：检索教学任务信息。

② 页面导航：【课程安排】→【教学任务安排】→【任务信息】。

③ 页面控件说明如下。

◆ “学期”下拉列表框，其值来自于教学校历表{ tb_SchoolCalendar}，默认为本年度本学期。

◆ “校区”下拉列表框，内容为0—虹桥；1—江浦；2—浦江，默认为所有校区。

◆ “课程名”下拉列表框，其值来自于课程信息表{tb_CourseInfo}，默认所有课程。

◆ “专业”文本框，初值为空，可以模糊查询。

◆ GridView控件，其值根据教学校历表{ tb_SchoolCalendar}的[TermID]在教学任务信息表{tb_TeachTaskInfo}中检索得到，默认为本年度本学期的教学任务信息。各列的值来源于教学任务信息表{tb_TeachTaskInfo}的[TheoreticalBSHour]、[ExperimentBSHour]、[TeachClass]、[StudentsNum]、[PerWeekHour]。其中课程名[CourseName]根据教学任务信息表{tb_TeachTaskInfo}中的[CourseID]在课程信息表{tb_CourseInfo}中检索得到。

④ 功能操作如下。

◆ 点击“查询”按钮， 在GridView控件中列表显示符合条件的记录。

◆ 点击“重置”按钮，置所有查询条件为空。

◆ 点击“添加”按钮，跳转到“教学任务信息添加”页面。

◆ 点击“删除”按钮，弹出“你确认要删除所选数据吗？”提示框。单击“确定”按钮，则删除选中的记录并重新刷新页面。单击“取消”按钮，则返回“教学任务信息查询”页面不做任何操作。

◆ 点击表格内链接“编辑”，跳转到“教务任务信息编辑”页面，并加载本条记录所有字段。

◆ 点击表格内链接“删除”，弹出“你确定要删除吗？”提示框，单击“确定”按钮，删除所在行的记录重新刷新页面，单击“取消”按钮，则返回页面不做任何操作。

◆ 勾选复选框，表示选中该条信息。勾选该列头部的“全选”，选中所有复选框。再次勾选“全选”，则不选中所有复选框。

2. 教学任务信息编辑

（1）画面图片如图11-5所示。

（2）相关的数据表及表间关系如图11-6所示。

课程信息表{tb_CourseInfo}

教学校历表 tb_SchoolCalendar}

教学任务信息表{tb_TeachTaskInfo}

专业信息表{tb_MajorInfo }

教师基本信息表{tb_TeacherInfo}

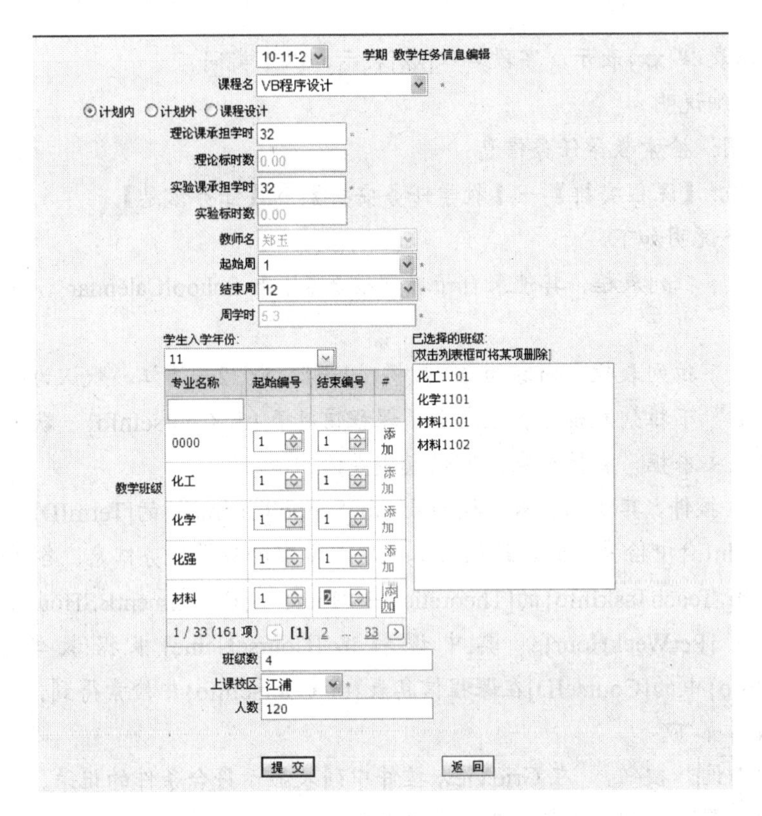

图 11-5　教学任务信息编辑画面

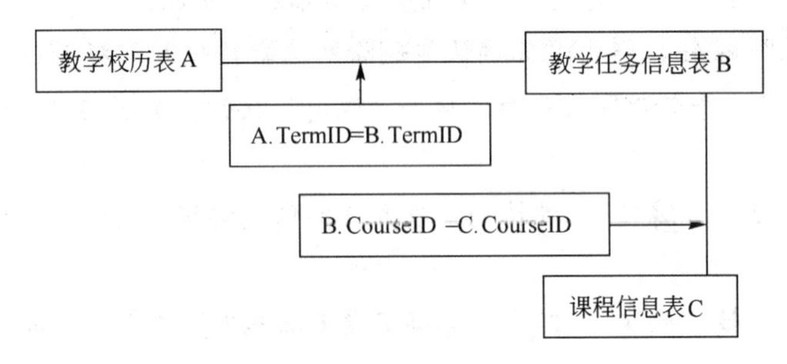

图 11-6　相关数据表及表间关系

（3）功能详细说明

① 功能说明：修改教学任务信息。

② 页面导航：【课程安排】→【教学任务安排】→【任务信息】。

③ 页面控件说明如下。

◆ “学期选择”下拉列表框，初值为根据查询页面传递过来的 TaskID，由相应的{tb_TeachTaskInfo}.[TermID]在教学校历表{tb_SchoolCalendar}中检索出的[Term]。

◆ “课程名”下拉列表框，初值为根据查询页面传递过来的 TaskID，由相应的{tb_TeachTaskInfo}.[CourseID]在课程信息表{tb_CourseInfo}中检索出的[CourseName]。

◆ “类型”单选钮的初值为根据查询页面传递过来的 TaskID，在教学任务信息表{tb_TeachTaskInfo}中检索出的[CourseType]（0—计划内；1—计划外；2—课程设计）。

◆ “理论课承担学时”文本框，初值为根据查询页面传递过来的 TaskID，在教学任务信息表{tb_TeachTaskInfo}中检索出的[TheoreticalCDHour]。

◆ “理论标时数”文本框，初值为根据查询页面传递过来的 TaskID，在教学任务信息表{tb_TeachTaskInfo}中检索出的[TheoreticalBSHour]。

◆ “实验课承担学时”文本框，初值为根据查询页面传递过来的 TaskID，在教学任务信息表{tb_TeachTaskInfo}中检索出的[ExperimentCDHour] 。

◆ “实验标时数”文本框，初值为根据查询页面传递过来的 TaskID，在教学任务信息表{tb_TeachTaskInfo}中检索出的[ExperimentBSHour]。

◆ “教师名”下拉列表框，初值为根据查询页面传递过来的 TaskID，由相应的{tb_TeachTaskInfo}.[TheoreticalTeacherInfoID]在教师基本信息表{tb_TeacherInfo}中检索出的[TeacherName]（课程类型为“课程设计”显示该字段，否则不显示）。

◆ “起始周”文本框，初值为根据查询页面传递过来的 TaskID，在教学任务信息表{tb_TeachTaskInfo}中检索出的[StartWeek]。

◆ “结束周”文本框，初值为根据查询页面传递过来的 TaskID，在教学任务信息表{tb_TeachTaskInfo}中检索出的[EndWeek]。

◆ “周学时数”文本框，初值为根据查询页面传递过来的 TaskID，在教学任务信息表{tb_TeachTaskInfo}中检索出的[PerWeekHour]。

◆ “学生入学年份”列表框，其值来自于当前日期。

◆ “教学班级”gridView 控件，其值来源于专业信息表{tb_MajorInfo }的[MajorName]，当点击添加按钮以后，将班级名添加到右列表框中。

◆ “教学班级”列表框，初始值为根据查询页面传递过来的 TaskID，在教学任务信息表{tb_TeachTaskInfo}中检索出的[TeachClass]。

◆ “班级数”文本框，初值为根据查询页面传递过来的 TaskID，在教学任务信息表{tb_TeachTaskInfo}中检索出的[ClassesNum]。

◆ “上课校区”下拉列表框，初值为根据查询页面传递过来的 TaskID，在教学任务信息表{tb_TeachTaskInfo}中检索出的[CampusPlace]。

◆ “人数”文本框，初值为根据查询页面传递过来的 TaskID，在教学任务信息表{tb_TeachTaskInfo}中检索出的[StudentsNum]。

④ 功能操作如下。

◆ 点击“提交”按钮，判断必填项，若合法则将页面输入的信息保存至教学任务信息表{ tb_TeachTaskInfo}，跳转到“教务任务信息查询”页面。否则提示错误信息。

◆ 点击“返回”按钮，跳转到“教务任务信息查询”页面。

3. 教学任务信息添加

（1）画面图片如图 11-7 所示。

（2）相关的数据表及表间关系如图 11-8 所示。

课程信息表{tb_CourseInfo}

教学校历表{tb_SchoolCalendar}

教学任务信息表{tb_TeachTaskInfo}

专业信息表{tb_MajorInfo }

（3）功能详细说明

① 功能说明：教学任务信息添加。

② 页面导航：【课程安排】→【教学任务安排】→【任务信息】。

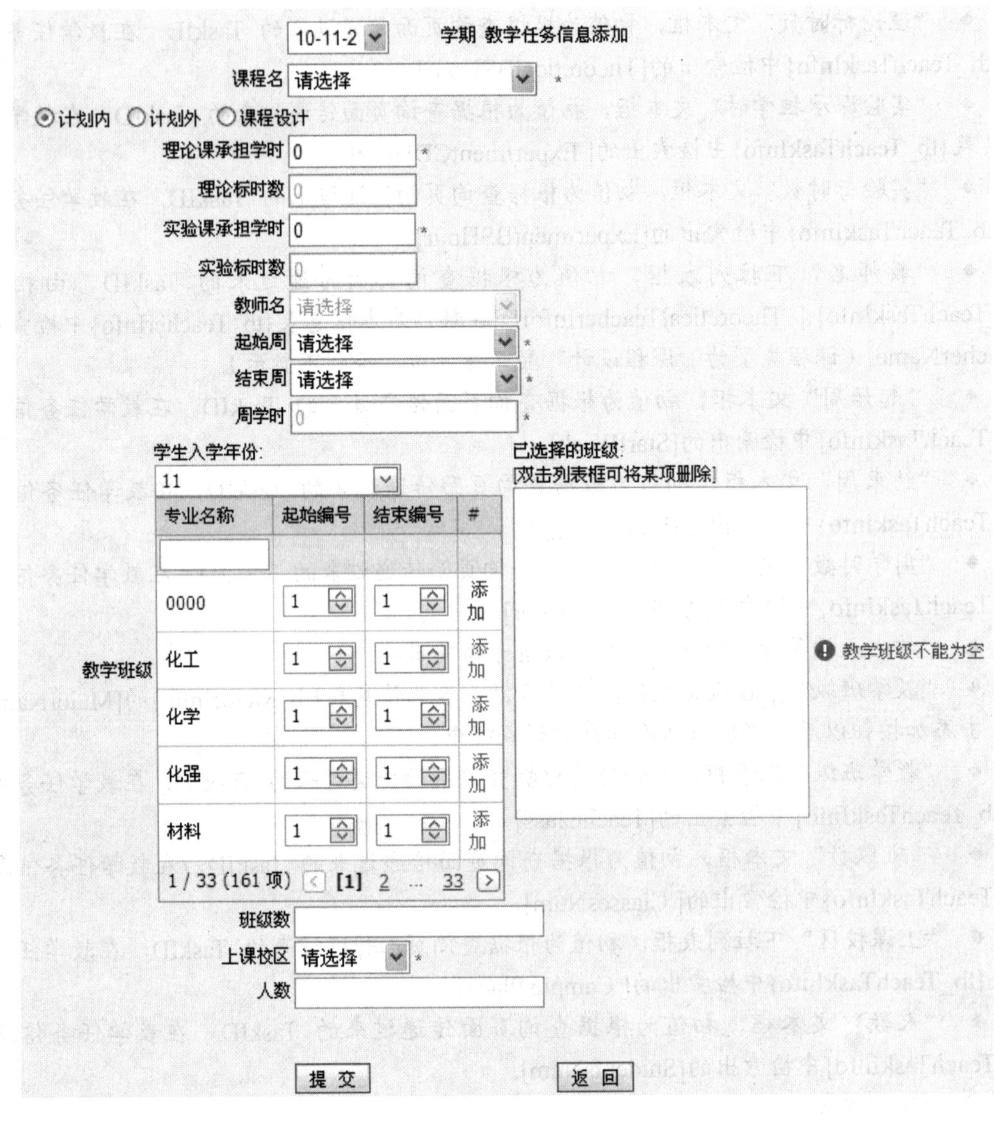

图 11-7 教学任务信息添加画图

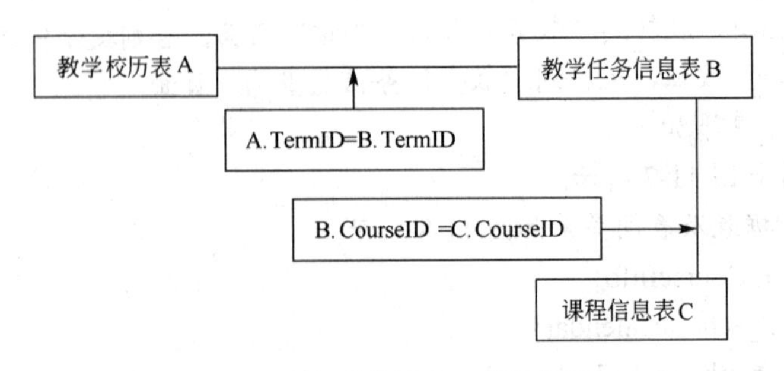

图 11-8 相关数据表及表间关系

③ 页面控件说明如下。

◆ “学期选择”下拉列表框，其值来自于教学校历表{tb_SchoolCalendar}的[Term]，默认为本年度本学期。

◆ “课程名”下拉列表框，其值来自于课程信息表{tb_CourseInfo}的[CourseName]。

◆ 单选钮，其值来自于教学任务信息表{tb_TeachTaskInfo}. [CourseType]（0—计划内；1—计划外；2—课程设计）。

◆ “理论课承担学时”文本框，初始值为空白。

◆ “理论标时数”文本框，初始值为空白。当选择了课程名后，其值来自于课程信息表{tb_CourseInfo}的[CourseInClass]。

◆ “实验课承担学时”文本框，初始值为空白。

◆ “实验标时数”文本框，初始值为空白。当选择了课程名后，其值来自于课程信息表{tb_CourseInfo}的[CourseInLab]。

◆ “教师名”下拉列表框，在添加教学任务时，如果课程类型为“课程设计”则显示该字段。初始值为空。

◆ “起始周”下拉列表框，内容为1，2，3，…，22，初始值为空白。

◆ “结束周”下拉列表框，内容为1，2，3，…，22，初始值为空白。

◆ “周学时数”文本框，初始值为空，当选定课程、“起始周”、“结束周”后由公式自动计算并填充。

◆ “学生入学年份”列表框，其值来自于当前日期。

◆ “教学班级”gridView控件，其值为来源于专业信息表{tb_MajorInfo }的[MajorName]，当点击添加按钮以后，将班级名添加到右列表框中。

◆ “教学班级”列表框，初始值为空白。

◆ “班级数”文本框，初始值为空白，根据教学班级右列表框，自动计算并填充。

◆ “上课校区”下拉列表框，内容为0—虹桥；1—江浦；2—浦江。

◆ “人数”文本框，初始值为空白。当有班级数时，自动计算以班级数*30填充。

④ 功能操作如下。

◆ 点击“提交”按钮，判断必填项，若合法则将页面输入的信息保存至教学任信息表{ tb_TeachTaskInfo}中，提示“新的教学任务保存成功!”，并跳转到“教务任务信息查询”页面。否则提示错误信息。

◆ 点击“返回”按钮，跳转到“教务任务信息查询”页面。

4. 教学任务详细信息

（1）画面图片如图11-9所示。

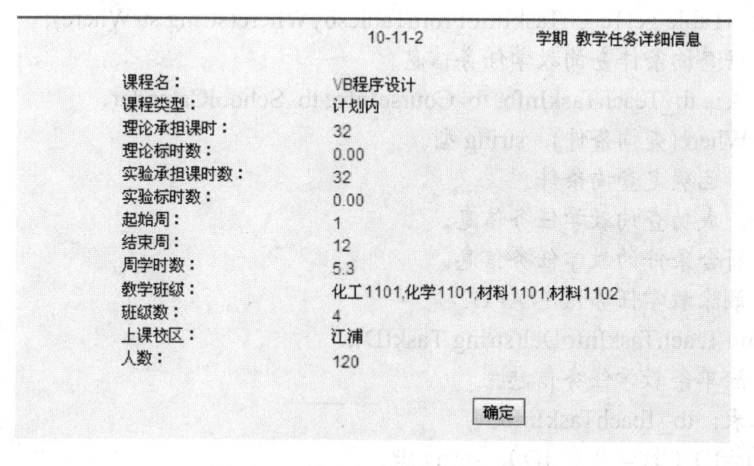

图11-9 教学任务详细信息画面

(2) 相关的数据表及表间关系如图 11-10 所示。

课程信息表{tb_CourseInfo}

教学校历表 tb_SchoolCalendar}

教学任务信息表{tb_TeachTaskInfo}

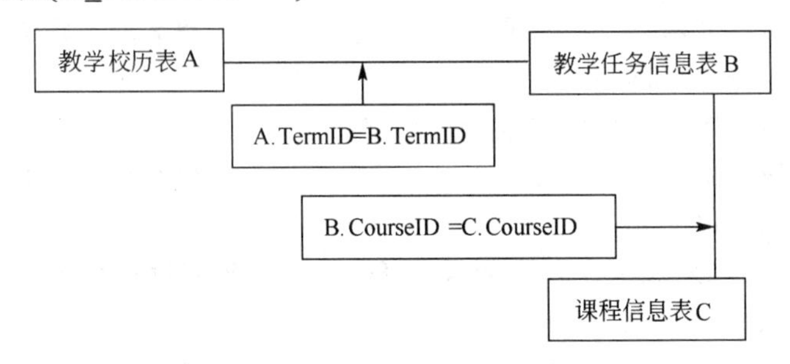

图 11-10　相关数据表及表间关系

(3) 功能详细说明

① 功能说明：显示教学任务详细信息。

② 页面导航：【课程安排】→【教学任务安排】→【任务信息】。

③ 页面控件说明：无。

④ 功能操作：点击“确定”按钮，返回“教务任务信息查询”页面。

四、接口设计 (API)

1. 教学任务信息查询

(1) 查询所有的教学任务信息 API

原型：DataTable getTeachTaskInfoFromTables();

描述：查询所有教学任务信息。

操作对象表：tb_TeachTaskInfo, tb_CourseInfo, tb_SchoolCalendar。

参数：无。

前提条件：无。

后继条件：无。

返回值：返回所有教学任务信息。

(2) 根据查询条件获取教学任务信息 API

原型：DataTable getTeachTaskInfoFromTablesbyWhere(string strWhere);

描述：根据查询条件查询教学任务信息。

操作对象表：tb_TeachTaskInfo, tb_CourseInfo, tb_SchoolCalendar。

参数：strWhere(查询条件)，string 型。

前提条件：已确定查询条件。

后继条件：成功查询教学任务信息。

返回值：符合条件的教学任务信息。

(3) 单条删除教学任务信息 API

原型：void TeachTaskInfoDel(string TaskID);

描述：删除单条教学任务信息。

操作对象表：tb_TeachTaskInfo。

参数：TaskID (教学任务 ID)，string 型。

前提条件：该记录存在。

后继条件：成功删除单条教学任务信息。

返回值：无。

（4）批量删除教学任务信息 API

原型：void TeachTaskInfoDels(List<string> TaskIDs);

描述：批量删除选中的教学任务。

操作对象表：tb_TeachTaskInfo。

参数：TaskIDs (教学任务 ID)，string 型数组。

前提条件：无。

后继条件：成功删除选中的教学任务。

返回值：无。

2. 教学任务信息添加

教学任务信息添加 API

原型：void TeachTaskInfoAdd(string TermID, string CourseID, char CourseType, int TheoreticalCDHour, float TheoreticalBSHour, int ExperimentCDHour, float ExperimentBSHour, string TheoreticalTeacherInfoID, string ExperimentTeacherInfoID, int StartWeek, int EndWeek, float PerWeekHour, string TeachClass, int ClassNum, string CampusPlace, int StudentsNum)

描述：添加教学任务信息。

操作对象表：tb_TeachTaskInfo。

参数：

— TermID(学期 ID)，string 类型；
— CourseID（课程 ID），string 类型；
— CourseType（课程类型），char 类型；
— TheoreticalCDHour（理论承担课时数），int 类型；
— TheoreticalBSHour（理论标时数），int 类型；
— ExperimentCDHour（实验承担课时数），int 类型；
— courseexperimenttime（实验标时数），int 类型；
— TheoreticalTeacherInfoID（理论教师 ID）string 类型；
— ExperimentTeacherInfoID（实验教师 ID）string 类型；
— StartWeek（起始周），int 类型；
— EndWeek（结束周），int 类型；
— PerWeekHour（周学时），float；
— TeachClass（教学班），string 类型；
— ClassNum（班级数），int 类型；
— CampusPlace（所在校区），string 类型；
— StudentsNum（学生数），int。

前提条件：无。

后继条件：成功添加一条教学任务信息。

返回值：无。

3. 教学任务信息编辑

（1）教学任务信息读取 API

原型：DataTable taskInfoByKey(string taskID);

描述：获取教学班信息。

操作对象表：tb_TeachTaskInfo。

参数： taskID（教学任务 ID），string 类型。

前提条件：该记录存在。

后继条件：成功获取指定的教学任务信息。

返回值：教学任务信息。

（2）教学任务信息编辑 API

原型：void TeachTaskInfoUpdate(string taskID，string TermID, string CourseID, char CourseType, int TheoreticalCDHour, float TheoreticalBSHour, int ExperimentCDHour, float ExperimentBSHour, string TheoreticalTeacherInfoID, string ExperimentTeacherInfoID, int StartWeek, int EndWeek, float PerWeekHour, string TeachClass, int ClassNum, string CampusPlace, int StudentsNum)

描述：添加教学任务信息。

操作对象表：tb_TeachTaskInfo。

参数：

— taskID（教学任务 ID），string 类型；

— TermID(学期 ID)，string 类型；

— CourseID（课程 ID），string 类型；

— CourseType（课程类型），char 类型；

— TheoreticalCDHour（理论承担课时数)，int 类型；

— TheoreticalBSHour（理论标时数），int 类型；

— ExperimentCDHour（实验承担课时数)，int 类型；

— courseexperimenttime（实验标时数），int 类型；

— TheoreticalTeacherInfoID（理论教师 ID）string 类型；

— ExperimentTeacherInfoID（实验教师 ID）string 类型；

— StartWeek（起始周），int 类型；

EndWeek（结束周），int 类型；

— PerWeekHour（周学时），float;

— TeachClass（教学班），string 类型；

— ClassNum（班级数），int 类型；

— CampusPlace（所在校区），string 类型；

— StudentsNum（学生数），int。

前提条件：无。

后继条件：成功修改一条教学任务信息。

返回值：无。

4. 教学任务详细信息

查询所选教学任务信息的详细信息 API

原型：DataTable getTeachTaskInfoFromTablesForDetail(string strWhere);

描述：查询所选教学任务的详细信息。

操作对象表：tb_TeachTaskInfo, tb_CourseInfo, tb_SchoolCalendar。

参数：strWhere(任务信息的 ID)，string 型。

前提条件：该记录存在。

后继条件：成功显示所选教学任务的详细信息。

返回值：所选教学任务的所有信息。

11.4.2 任务安排模块的详细设计

任务安排模块详细设计报告

一、概要

完成教学任务安排模块的功能设计和接口设计

1. 开发环境

参见教学任务信息模块的详细设计。

2. 运行环境

参见教学任务信息模块的详细设计。

二、功能总体说明

为新学期的某一门课程或所有课程安排授课教师。

三、功能设计

教学任务安排如下。

（1）画面图片如图 11-11 所示。

授课学期：10-11-2

课程名：请选择

教学任务号	教学班	上课校区	教师名	操作
0000000146	化工1101,化学1101,材料1101,材料1102	江浦	郑玉	确定 取消
0000000147	化强1101,材料1101,材料1102	江浦	李斌	指定教师
0000000148	高材1101,高材1102,高材1103,高材1104	江浦	郑玉	指定教师
0000000149	材物1101,材物1102,材物1103,材物1104	江浦	高珊	指定教师
0000000150	食品1101,食品1102,食品1103,食品1104	虹桥		指定教师

图 11-11　教学任务安排画面

（2）相关的数据表及表间关系如图 11-12 所示。

课程信息表{tb_CourseInfo}

教学校历表{tb_SchoolCalendar}

教学任务信息表{tb_TeachTaskInfo}

教师基本信息表{tb_TeacherInfo}

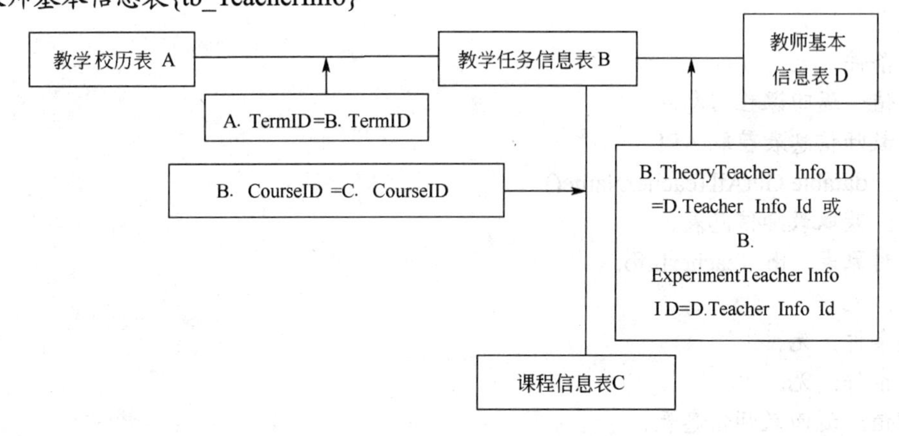

图 11-12　相关数据表及表间关系

说明：数据表以{xx}表示，字段名以[xx]表示，以下类同。

（3）功能详细说明

① 功能说明：管理员为未安排授课教师的教学任务指定任课教师。

② 页面导航：【课程安排】→【教学任务安排】→【任务安排】。

③ 页面控件说明如下。

◆ “学期”下拉列表框，其值来源于教学校历表{tb_SchoolCalendar}中的[Term]，初始值为本学年本学期。

◆ “课程名”下拉列表框，其值来源于课程信息表{tb_CourseInfo}中的[CourseName]。

◆ GridView 控件，其值来源于教学任务信息表{tb_TeachTaskInfo}的[TaskID]、[TeachClass]、[CampusPlace]。显示的记录信息根据查询条件在教学任务信息表{tb_TeachTaskInfo}中检索得到。

◆ “教师名”下拉列表框，当管理员点击“指定教师”链接后动态显示。其值来源于教师基本信息表{tb_TeacherInfo}的[TeacherName]，下拉列表按姓名的汉语拼音先后顺序排序。默认显示最前面教师名。

④ 功能操作如下。

◆ 点击“授课学期”下拉列表框，选中某一学期，刷新下方的 GridView 控件。

◆ 点击“课程名”下拉列表框，选中某一个课程，刷新下方的 GridView 控件。

◆ 点击“指定教师”链接，在 GridView 控件对应行 “教师名”列显示下拉列表框，操作列显示“确定”和“取消”链接。

◆ 点击“确定”链接，将下拉列表框中选中的教师的[TeacherInfoID]保存至教学任务信息表{tb_TeachTaskInfo}中对应记录的[TheoreticalTeacherInfoID]和[ExperimentTeacherInfoID]字段。

◆ 点击“取消”链接，将页面的数据恢复至页面初始状态。

四、接口设计

教学任务安排如下。

（1）课程信息表读取 API

原型：datatable CourseQuery()

描述：获取课程信息表。

操作对象表：tb_CourseInfo。

参数：无。

前提条件：无。

后继条件：无。

返回值：返回课程信息表。

（2）教师信息表获取 API

原型：datable GetAllTeacherName()

描述：获取教师信息表。

操作对象表：tb_TeacherInfo。

参数：无。

前提条件：无。

后继条件：无。

返回值：返回教师信息表。

（3）查询所选学期和所选课程的教学任务信息 API

原型：datatable GetTeacherTaskInfo(string termID,string courseID)
描述：根据所选学期和所选课程查询条件获取教学任务信息。
操作对象表：tb_TeachTaskInfo, tb_CourseInfo，tb_SchoolCalendar。
参数:
—termID（学期 ID）,string 类型;
—courseID（课程 ID）,string 类型。
前提条件：无。
后继条件：成功查询到教学任务信息。
返回值：返回指定学期和指定课程的教学任务信息。
（4）指定授课教师 API
原型：UpdateTeacherID(string TaskID, string TeacherID)
描述：将指定的任课教师，添加到教学任务信息表中。
操作对象表：tb_TeachTaskInfo,tb_TeacherInfo。
参数:
—TaskID (教学任务 ID)，string 类型;
—TeacherID（教师 ID），string 类型。
前提条件：教学任务信息记录已存在。
后继条件：成功指定任课教师。
返回值：无。

11.4.3 任务查询模块的详细设计

任务查询模块详细设计报告
一、概要
完成教学任务查询模块的功能设计和接口设计。
1. 开发环境
参见教学任务信息模块的详细设计。
2. 运行环境
参见教学任务信息模块的详细设计。
二、功能总体说明
所有用户根据查询条件在教学任务信息表中检索教学任务人员安排信息和教学总课表，并导出相关信息至 Excel 表。为管理员用户提供更新任课教师的功能。
三、功能设计
教学任务查询
（1）画面图片如图 11-13 所示。

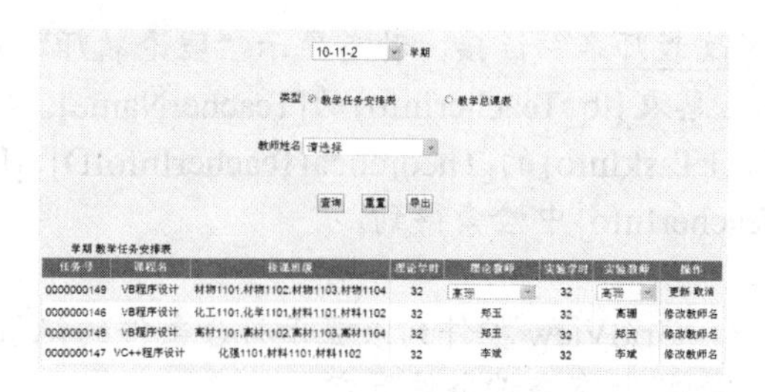

图 11-13 教学任务查询画面

第⑪章 系统设计

（2）相关的数据表及表间关系如图 11-14 所示。

课程信息表{tb_CourseInfo}

教学校历表{tb_SchoolCalendar}

教学任务信息表{tb_TeachTaskInfo}

教师基本信息表{tb_TeacherInfo}

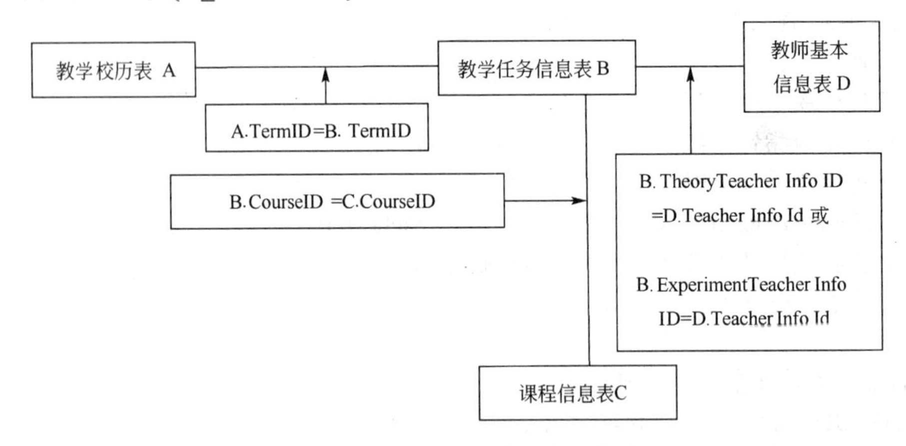

图 11-14　相关数据表及表间关系

说明：数据表以{xx}表示，字段名以[xx]表示，以下类同。

（3）功能详细说明

① 功能说明：管理员修改课程的任课教师。普通教师按条件查询教学任务的安排信息。

② 页面导航：【课程安排】→【教学任务安排】→【任务查询】。

③ 页面控件说明如下。

◆ “学期”下拉列表框，其值来源于教学校历表{tb_SchoolCalendar}中的[Term]，初始值为本学年本学期。

◆ “类型”单选钮，初值教学任务安排表。

◆ “教师姓名”下拉列表框，其值来源于教师基本信息表{tb_TeacherInfo}的[TeacherName]。

◆ GridView 控件，显示的记录信息根据查询条件在教学任务信息表{tb_TeachTaskInfo}中检索得到。各列的值来源于教学任务信息表{tb_TeachTaskInfo}的[TaskID]、[TeachClass]、[TheoreticalBSHour]、[ExperimentBSHour]。其中课程名[CourseName]根据教学任务信息表{tb_TeachTaskInfo}的[CourseID]在课程信息表{tb_CourseInfo}中检索得到。理论教师、实验教师[TeacherName]分别根据教学任务信息表{tb_TeachTaskInfo}的[TheoreticalTeacherInfoID]、[ExperimentTeacherInfoID]在教师基本信息表{tb_TeacherInfo}中检索得到。操作列对于普通教师不可见。

◆ 当管理员点击“修改教师名”链接，动态显示“理论教师”和“实验教师”下拉列表框，其值来源于教师基本信息表{tb_TeacherInfo}的[TeacherName]。初值[TeacherName]分别根据教学任务信息表{tb_TeachTaskInfo}的[TheoreticalTeacherInfoID]、[ExperimentTeacherInfoID]在教师基本信息表{tb_ TeacherInfo}中检索得到。

④ 功能操作如下。

◆ 点击“查询”按钮，GridView 控件列表显示符合条件的记录。

◆ 点击“重置”按钮，将所有查询条件置空。

◆ 点击“导出”按钮，将检索出的教学任务安排表导出至 Excel 表。

◆ 点击“修改教师名”链接，在GridView控件的“理论教师”和“实验教师”列显示下拉列表框，操作列显示“更新”和“取消”链接。此项功能仅限管理员。

◆ 点击“更新”链接，将“理论教师”下拉列表框和“实验教师”下拉列表框选中的教师-名所对应的[TeacherInfoID]分别保存至教学任务信息表{tb_TeachTaskInfo}中对应记录的[TheoreticalTeacherInfoID]和[ExperimentTeacherInfoID]字段。

◆ 点击“取消”链接，将页面的数据恢复至页面初始状态。

四、接口设计

任务查询

（1）查询所选学期和所选教师的教学任务信息API

原型：datatable getTaskByTermID(string termID，string TeacherID)

描述：根据所选学期和所选教师查询条件获取教学任务信息。

操作对象表：tb_TeachTaskInfo,tb_TeacherInfo,tb_SchoolCalendar,tb_CourseInfo。

参数：

—termID（学期ID）,string类型；

—TeacherID（教师ID）,string类型。

前提条件：无。

后继条件：成功查询到教学任务信息。

返回值：返回符合条件的教学任务信息。

（2）查询所选学期的教学任务信息API

原型：datatable getTaskByTermID(string termID);

描述：根据所选学期查询条件检索教学任务信息。

操作对象表：tb_TeachTaskInfo,tb_CourseInfo，tb_TeacherInfo, tb_SchoolCalendar。

参数：termID(学期ID)，string类型。

前提条件：无。

后继条件：成功查询到教学任务信息。

返回值：返回符合条件的教学任务信息。

（3）修改授课教师API

原型：void UpdateTeacherName(string TaskID, string TheTheacherID, string ExpTeacherID)

描述：将修改后的任课教师名，更新到教学任务信息表中。

操作对象表：tb_TeachTaskInfo,tb_TeacherInfo。

参数：

—TaskID (教学任务ID)，string型；

—TheTheacherID（理论课教师ID），string型；

—ExpTeacherID（实验课教师ID），string型。

前提条件：教学任务安排信息记录已存在。

后继条件：成功修改教学任务信息表中的任课教师名。

返回值：无。

11.5 功能测试用例设计

功能测试，就是通过大量的测试用例来检验软件的各个功能是否符合用户需求，程序是否能接收输入数据而产生正确的输出信息。在测试中，测试用例的设计对于测试是否充分起到至关重要的作用，决定着最后测试结果的成败。测试用例设计的方法有：等价类、边界值、因果图、错误猜测、正交试验等，无论哪一种设计方法都要求测试用例能覆盖所要测试的所有功能。目前比较常见的一种设计方法是要因分析法。要因分析法由分割功能、抽取要因、组合要因和完善测试用例描述等几个步骤组成，其中抽取要因和组合要因是两个关键步骤。要因抽取就是找出影响系统运行的因素，并使用等价划分法、边界值分析法找出这些影响因素的可能状态的典型取值，从而形成要因表的过程。本系统中我们采用的是要因分析法，限于篇幅，下面以任务信息查询功能模块为例，进行测试用例的设计。

测试用例设计报告原则上每个功能为一个独立的文件，页头部分包括项目名称、制作日期、制作人、测试用例名称、测试日期、测试人、处理说明、浏览器等。内容体部分是两张表：要因表和测试用例表。要因表是一个由链接、链接和非提交按钮说明、客户端的输入处理、提交处理、异常处理等因素以及它们的状态构成的二维表，测试用例表则包括了用于测试的预置条件、操作步骤、预期结果、测试日期、测试结果等，其形式如表 11-28、表 11-29 所示。

11.5.1 任务信息查询功能要因表

根据要因分析法形成的任务信息查询功能要因表如表 11-28 所示。

表 11-28 任务信息查询功能要因表

因子		A	B	C	D	E	F	G	H	I	J	K
		学期	查询条件	查询内容	查询	重置	选择	课程名（字段名）	编辑	删除（链接）	添加	删除
状态	1	当前学期之前	校区	空	未点击	未点击	全选	未点击	未点击	未点击	未点击	未点击
	2	当前学期	课程名	非空	点击	点击	全部不选	点击	点击	点击	点击	点击
	3	当前学期之后	专业				只选一个					
	4						选取多个					

11.5.2 任务信息查询功能测试用例

任务信息查询功能测试用例如表 11-29 所示。

表 11-29 任务信息查询功能测试用例

测试项	因子/状态											测试内容	预期结果	测试时间	OK/NG	备注（关联bug编号）
	A	B	C	D	E	F	G	H	I	J	K					
1	1	-	1	2	1	-	1	1	1	1	1	选择学期：当前学期之前 查询内容：空 查询按钮：点击 其他按钮：未点击	显示当前学期之前的记录 添加按钮不可用 删除按钮不可用 修改链接不可用 删除链接不可用			
2	2	-	1	2	1	-	1	1	1	1	1	选择学期：当前学期 查询内容：空 查询按钮：点击 其他按钮：未点击	显示当前学期的记录 添加按钮可用 删除按钮可用 修改链接可用 删除链接可用			

续表

测试项	因子/状态											测试内容	预期结果	测试时间	OK/NG	备注（关联bug编号）
	A	B	C	D	E	F	G	H	I	J	K					
3	3	-	1	2	1	-	1	1	1	1	1	选择学期：当前学期之后 查询内容：空 查询按钮：点击 其他按钮：未点击	显示当前学期之后的记录 添加按钮可用 删除按钮可用 修改链接可用 删除链接可用			
4	-	1	2	2	1	-	1	1	1	1	1	查询条件：校区 查询内容：非空 查询按钮：点击 其他按钮：未点击	显示符合校区名称的结果			
5	-	2	2	2	1	-	1	1	1	1	1	查询条件：课程名 查询内容：非空 查询按钮：点击 其他按钮：未点击	显示符合课程名称的结果			
6	-	3	2	2	1	-	1	1	1	1	1	查询条件：专业 查询内容：非空 查询按钮：点击 其他按钮：未点击	显示符合专业的结果			
7	-	-	-	1	2	-	1	1	1	1	1	重置按钮：点击 其他按钮：未点击	所有查询内容初始化 所有查询条件初始化 结果集显示选择的学期的所有记录			
8	-	-	-	1	1	1	1	1	1	1	2	选择：全选 删除按钮：点击 其他按钮：未点击	删除当前页结果集的所有记录			
9	-	-	-	1	1	2	1	1	1	1	2	选择：全不选 删除按钮：点击 其他按钮：未点击	不会删除任何记录			
10	-	-	-	1	1	3	1	1	1	1	2	选择：只选一个 删除按钮：点击 其他按钮：未点击	删除所选择的一条记录			
11	-	-	-	1	1	4	1	1	1	1	2	选择：选取多个 删除按钮：点击 其他按钮：未点击	删除所选择的多条记录			
12	-	-	-	1	1	-	2	1	1	1	1	课程名（记录字段名）：点击 其他按钮：未点击	链接到该记录的详细页面			
13	-	-	-	1	1	-	1	2	1	1	1	编辑（链接）：点击 其他按钮：未点击	链接到该记录的编辑页面			
14	-	-	-	1	1	-	1	1	2	1	1	删除（链接）：点击 其他按钮：未点击	删除该记录			
15	-	-	-	1	1	-	1	1	1	2	1	添加按钮：点击 其他按钮：未点击	链接到添加记录页面			

第12章 系统实现

12.1 系统开发前期准备

12.1.1 构建项目文件的组织结构

教学管理系统由基本信息、课程安排、教学管理、审批管理四个子系统构成，包含若干个功能模块，由多个项目小组联合开发完成。在项目开发过程中，需要创建诸多 Web 页、用户控件、类来完成基本的功能操作，加上第三方控件、数据库文件、图片等，整个项目涉及众多类型各异的项目文件，因而项目文件的组织和规划就显得十分必要。本网站采用的是三层软件架构，根据系统的结构特点和开发模式，在项目开发之前，对网站的文件组织结构进行了规划，其组织结构如图 12-1 所示。这将有益于网站整体结构的规范和后继开发工作的完成。

由图 12-1 可见，建立的三层架构分别是数据访问层 JCBTMS.DAL，业务逻辑层 JCBTMS.BLL 和表示层 TCBTMS.Web。其中表示层 TMS 文件夹下，包含了 jbzl、jxgl、kcap 和 spgl 四个子文件夹，分别用来存放基本资料管理子系统、教学管理子系统、课程安排子系统和审批管理子系统的 Web 窗体文件。相应的 usercontrols 文件夹下也包含了这几个文件夹，分别存放四个子系统中定义的用户控件。各功能模块的业务逻辑类存放在业务逻辑层的 Admin 文件夹下。各数据表的数据实体类和数据访问类分别存放在数据访问层的 CommonModel 和 CommonAccess 文件夹下。

12.1.2 Web.config 文件配置

Web.config 文件是一个 XML 文件，用来储存 ASP.NET Web 应用程序的配置信息（如最常用的设置 ASP.NET Web 应用程序的身份验证方式），它可以出现在应用程序的每一个目录中，可以包含各种标准的文字、数据、标示符等。一般主要定义用户应用的公用设置（SQLserver 的 sql 连接）、浏览器兼容性的设置、编译环境的设置、编码、文件、请求等。

本系统中 Web.config 文件的主要配置如下。

```
<?xml version="1.0"?>
//...........省略部分代码
```

```
    <configuration>
      <connectionStrings>
        <add name="LocalSqlServer" connectionString="Data Source=.;Initial
Catalog=JCBTMS;User ID=sa;Password=123456 />
      </connectionStrings>
      //..........省略部分代码
    </configuration>
```

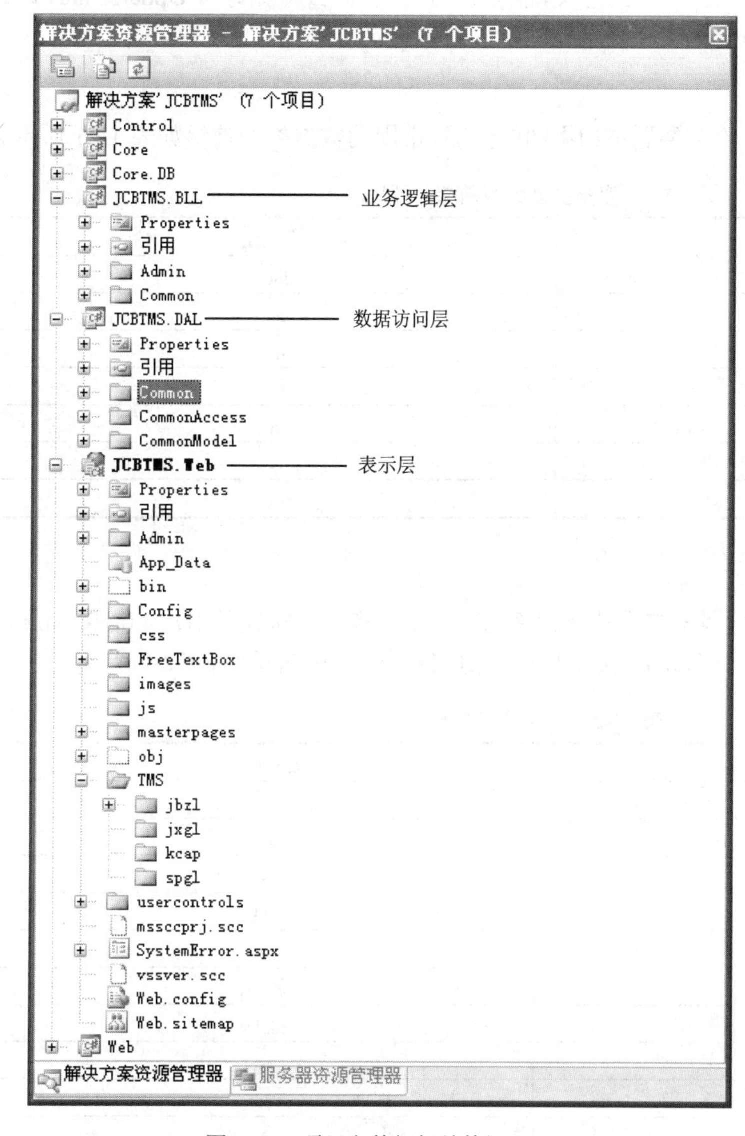

图 12-1　项目文件组织结构图

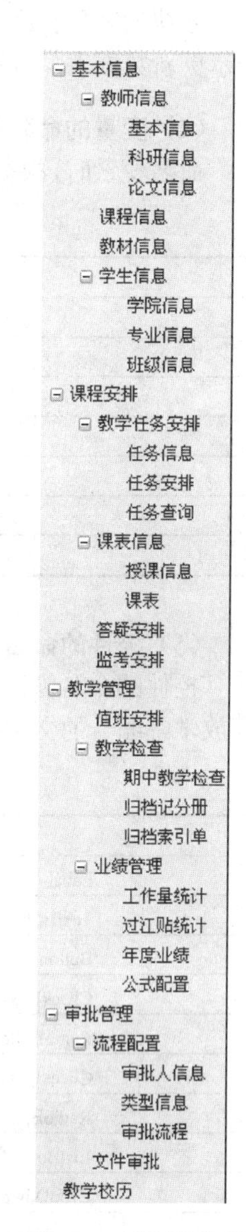

图 12-2　页面导航栏

12.1.3　系统编码命名规则

（1）文件的命名规则

文件的命名采用 Pascal 命名规则，文件的扩展名使用统一而且通用的扩展名，如 C#类使用扩展名：.cs。

（2）类的命名规则

类的名字必须是有意义的，且是与类实现的功能或业务逻辑相关的名字。如 tb_DepartmentInfoAccess 为学院信息表的数据访问类，DepartmentBLL 为学院模块的业务逻辑类。

（3）方法的命名规则

方法的名称长度要合适，应有一定的意义，能够说明是做"什么"。如方法 UpdateDataTable 表示更新数据表，方法 DepartmentDel 表示删除学院信息记录。

（4）变量的命名规范

命名变量时，根据变量的数据类型添加不同的前缀。常用的数据类型前缀如表 12-1 所示。

表 12-1　变量类型缩写前缀对照表

变量类型	缩写前缀
int	int
long	lng
float	flt
double	dbl
string	str
bool	is
decimal	dec

（5）控件的命名规范

控件的命名以控件名称缩写＋控件功能含义构成。如"提交"按钮的 ID 为 btnSubmit，存放学院编号的文本框 ID 为 txtDepartmentNum。常用的控件名称缩写如表 12-2 所示。

表 12-2　控件缩写对照表

控件	控件缩写
Label	lbl
TextBox	txt
Button	btn
CheckBox	chk
RadioButton	rdo
CheckBoxList	chklst
RadioButtonList	rdolist
ListBox	lst
DropDownList	ddl
DataGrid	dg
DataList	dl
Image	img
Table	tbl
Panel	pnl
LinkButton	lnkbtn
ImageButton	imgbtn
Calender	cld

续表

控件	控件缩写
RequiredFieldValidator	rfv
CompareValidator	cv
RangeValidator	rv
RegularExpressionValidator	rev
ValidatorSummary	vs

12.1.4 模板页设计

本系统采用的是树形目录结构的导航栏，模板页设计时使用了一个 TreeView 服务器控件，效果图如图 12-2 所示。导航设置及页面文件链接如下。

```
<asp:TreeView ID="MenuTreeView" runat="server">
   <Nodes>
     <asp:TreeNode Checked="True" Text="基本信息" Value="基本信息">
         <asp:TreeNode Text="教师信息" Value="教师信息">
            <asp:TreeNode Text="基本信息" Value="基本信息"
NavigateUrl="~/TMS/jbzl/TeacherInfoList.aspx"></asp:TreeNode>
             <asp:TreeNode Text="科研信息" Value="科研信息"
NavigateUrl="~/TMS/jbzl/ProjectInfoList.aspx"></asp:TreeNode>
              <asp:TreeNode Text="论文信息" Value="论文信息"
NavigateUrl="~/TMS/jbzl/PaperInfolist.aspx"></asp:TreeNode>
         </asp:TreeNode>
         <asp:TreeNode Text="课程信息" Value="课程信息"
NavigateUrl="~/TMS/jbzl/courseinfolist.aspx"></asp:TreeNode>
         <asp:TreeNode Text="教材信息" Value="教材信息"
NavigateUrl="~/TMS/jbzl/BookInfoList.aspx"></asp:TreeNode>
         <asp:TreeNode Text="学院信息" Value="学院信息"
NavigateUrl="~/TMS/jbzl/DepartmentinfoList.aspx" ></asp:TreeNode>
         <asp:TreeNode Text="专业信息" Value="专业信息"
              NavigateUrl="~/TMS/jbzl/MajorinfoList.aspx"></asp:TreeNode>
     </asp:TreeNode>
     <asp:TreeNode Text="课程安排" Value="课程安排">
         <asp:TreeNode Text="教学任务安排" Value="教学任务安排">
              <asp:TreeNode Text="任务信息" Value="任务信息"
NavigateUrl="~/TMS/kcap/TeachTaskInfoList.aspx"></asp:TreeNode>
               <asp:TreeNode Text="任务安排" Value="任务安排"
NavigateUrl="~/TMS/kcap/ TeachTaskInfoAppoint.aspx"></asp:TreeNode>
               <asp:TreeNode Text="任务查询" Value="任务查询"
NavigateUrl="~/TMS/kcap/ TimeTable.aspx "></asp:TreeNode>
          </asp:TreeNode>
         <asp:TreeNode Text="课表信息" Value="课表信息">
              <asp:TreeNode Text="授课信息" Value="授课信息"
NavigateUrl="~/TMS/kcap/LectureInfoList.aspx"></asp:TreeNode>
              <asp:TreeNode Text="课表" Value="课表"
NavigateUrl="~/TMS/kcap/TimeTable.aspx"></asp:TreeNode>
```

```
            </asp:TreeNode>
            <asp:TreeNode Text="答疑安排" Value="答疑安排"
NavigateUrl="~/TMS/kcap/QAlist.aspx"></asp:TreeNode>
            <asp:TreeNode Text="监考安排" Value="监考安排"
NavigateUrl="~/TMS/kcap/InvigilateList.aspx"></asp:TreeNode>
        </asp:TreeNode>
        <asp:TreeNode Text="教学管理" Value="教学管理">
            <asp:TreeNode Text="值班安排" Value="值班安排"
NavigateUrl="~/TMS/jxgl/DutyArrange.aspx"></asp:TreeNode>
            <asp:TreeNode Text="教学检查" Value="教学检查">
                <asp:TreeNode Text="期中教学检查" Value="期中教学检查"
NavigateUrl="~/TMS/jxgl/QiZhongJiaoXueJianChaMain.aspx">
                </asp:TreeNode>
                <asp:TreeNode Text="归档记分册" Value="归档记分册">
NavigateUrl="~/TMS/jxgl/GuiDangJiFenCe.aspx">
                </asp:TreeNode>
                <asp:TreeNode Text="归档索引单" Value="归档索引单">
NavigateUrl="~/TMS/jxgl/GuiDangSuoYinDan.aspx">
                </asp:TreeNode>
            </asp:TreeNode>
            <asp:TreeNode Text="业绩管理" Value="业绩管理">
                <asp:TreeNode Text="工作量统计" Value="工作量统计"
NavigateUrl="~/TMS/jxgl/GZLList.aspx"></asp:TreeNode>
                <asp:TreeNode Text="过江贴统计" Value="过江贴统计"
NavigateUrl="~/TMS/jxgl/GJTTJList.aspx"></asp:TreeNode>
                <asp:TreeNode Text="年度业绩" Value="年度业绩"
NavigateUrl="~/TMS/jxgl/AchievementList.aspx"></asp:TreeNode>
                <asp:TreeNode Text="公式配置" Value="公式配置"
NavigateUrl="~/TMS/jxgl/FormulaDistribution.aspx"></asp:TreeNode>
            </asp:TreeNode>
        </asp:TreeNode>
        <asp:TreeNode Text="审批管理" Value="审批管理">
            <asp:TreeNode Text="流程配置" Value="流程配置">
                <asp:TreeNode Text="审批人信息" Value="审批人信息">
NavigateUrl="~/TMS/spgl/ExamineList.aspx">
                </asp:TreeNode>
                <asp:TreeNode Text="类型信息" Value="类型信息">
NavigateUrl="~/TMS/spgl/TypeList.aspx">
                </asp:TreeNode>
                <asp:TreeNode Text="审批流程" Value="审批流程">
NavigateUrl="~/TMS/ spgl/ExamineFlow.aspx">
                </asp:TreeNode>
            </asp:TreeNode>
            <asp:TreeNode Text="文件审批" Value="文件审批">
NavigateUrl="~/TMS/ spgl /FileExamine.aspx">
            </asp:TreeNode>
        </asp:TreeNode>
        <asp:TreeNode Text="教学校历" Value="教学校历"
```

```
NavigateUrl="~/TMS/jbzl/SchoolCalendarList.aspx"></asp:TreeNode>
   </Nodes>
</asp:TreeView>
```

12.2 系统模块的编码实现

系统开发过程中，为了提高代码的重用率、方便代码的管理，模块的功能都以类的形式组织，封装了一些常用的方法和类的实体。下面以系统中最简单的一个模块——学院信息管理模块为例介绍类的定义，其他模块的开发与此类似。本模块中定义了 tb_DepartmentInfoData 类、tb_DepartmentInfoAccess 类和 DepartmentBLL 类。类 tb_DepartmentInfoData 位于 JCBTMS.DAL.CommonModel 类库中，主要对学院信息表{tb_DepartmentInfo}中的各个字段进行定义。位于 JCBTMS.DAL.CommonAccess 类库中的类 tb_DepartmentInfoAccess 主要实现对学院信息表{tb_DepartmentInfo}中的数据信息的访问。JCBTMS.BLL.Admin 类库中的类 DepartmentBLL 主要完成对 DAL 类库中类的逻辑调用，实现信息的查询、添加、删除和修改等功能。

在本模块功能的实现上，还涉及对更底层类的调用，如与打开数据库连接、关闭数据库连接相关的类，这些类定义在类库 Core.DB 中。此外，还有一些与数据操作相关的公共类，定义在数据访问层的 common 中。

12.2.1 构建 DAL 层

（1）数据实体类

学院信息表{tb_DepartmentInfo}含有 3 个字段，分别是 DepartmentID（学院流水号）、DepartmentNum（学院编号）、DepartmentName（学院名称），主键为 DepartmentID。其数据实体类 tb_DepartmentInfoData 的定义如下：

```
using System;
using System.Collections.Generic;
using System.Data;
using System.Text;
using System.Xml;
using System.Diagnostics;
using System.Reflection;
using System.Data.SqlClient;
using Core.DB;
namespace JCBTMS.DAL.CommonModel
{
    /// <summary>
    /// 提供了 tb_DepartmentInfo 表的字段的静态常量表示
    /// 提供了生成与 tb_DepartmentInfo 数据库表字段映射的 DataTable 的方法
    /// </summary>
    [System.ComponentModel.DesignerCategory("Code")]
    [SerializableAttribute]
    public class tb_DepartmentInfoData : System.Data.DataTable
    {
```

```
            #region 数据表的名称和字段的名称
            public const string tb_DepartmentInfo_TABLE = "tb_DepartmentInfo";
            public const string tb_DepartmentInfo_SCHEMA_TABLE =
                "dbo.tb_DepartmentInfo";
            public const string DepartmentID_FIELD = "DepartmentID";
            public const string DepartmentNum_FIELD = "DepartmentNum";
            public const string DepartmentName_FIELD = "DepartmentName";
            #endregion
            /// <summary>
            /// 初始化
            /// </summary>
            public tb_DepartmentInfoData()
            {
                BuildDataTable();
            }
            public void BuildDataTable()
            {
                this.TableName = tb_DepartmentInfo_TABLE;
                this.CaseSensitive = true;
                DataColumnCollection columns = this.Columns;
                columns.Add(DepartmentID_FIELD, typeof(System.String));
                columns.Add(DepartmentNum_FIELD, typeof(System.String));
                columns.Add(DepartmentName_FIELD, typeof(System.String));
                this.PrimaryKey=new DataColumn[] {this.Columns[Depa- rtmentID_
FIELD]};
            }
        }
    }
```

(2）构建数据访问类

学院信息表{tb_DepartmentInfo}数据访问类 tb_DepartmentInfoAccess 的部分代码如下。

```
    using System;
    using System.Collections.Generic;
    using System.Data;
    using System.Text;
    using System.Xml;
    using System.Diagnostics;
    using System.Reflection;
    using System.Data.SqlClient;
    using Core.DB;
    using JCBTMS.DAL.CommonModel;
    namespace JCBTMS.DAL.CommonAccess
    {
        /// <summary>
        ///提供操作数据库表tb_DepartmentInfo的方法,该类与数据库表tb_DepartmentInfo
进行映射，需要 tb_DepartmentInfoData 类的支持
        /// </summary>
        public class tb_DepartmentInfoAccess:IDisposable
```

```
    {
        private SqlConnection _connection = null;
        private SqlTransaction _transaction = null;
        /// <summary>
        /// 构造函数
        /// </summary>
        public tb_DepartmentInfoAccess()
        {
            this._connection = SqlCommon.Connection.Connection;
        }
        public tb_DepartmentInfoAccess(SqlServerTransaction ssTransaction)
        {
            _connection = ssTransaction.Connection;
            _transaction = ssTransaction.Transaction;
        }

        #region 数据操作的帮助方法
        private static tb_DepartmentInfoData ExecuteDataTable
        (SqlConnection connection, CommandType commandType,
        string commandText, params SqlParameter[] commandParameters)
        {
            if (connection == null) throw new ArgumentNullException
("connection");
            SqlCommand cmd = new SqlCommand();
            bool mustCloseConnection = false;
            SqlHelper.PrepareCommand(cmd, connection,
             (SqlTransaction)null, commandType, commandText,
            commandParameters, out mustCloseConnection);
            using (SqlDataAdapter da = new SqlDataAdapter(cmd))
            {
                tb_DepartmentInfoData dt = new tb_DepartmentInfoData();
                da.Fill(dt);
                cmd.Parameters.Clear();
                if (mustCloseConnection)
                    connection.Close();
                return dt;
            }
        }

        private static tb_DepartmentInfoData ExecuteDataTable
         (SqlTransaction transaction, CommandType commandType,
        string commandText, params SqlParameter[] commandParameters)
        {
            if (transaction == null) throw new ArgumentNullException
("transaction");
            if (transaction != null && transaction.Connection == null)
        throw new ArgumentException("The transaction was rollbacked or
commited,
```

```
please provide an open transaction.", "transaction");
    SqlCommand cmd = new SqlCommand();
    bool mustCloseConnection = false;
    SqlHelper.PrepareCommand(cmd, transaction.Connection,
    transaction, commandType, commandText, commandParameters,
     out mustCloseConnection);
    using (SqlDataAdapter da = new SqlDataAdapter(cmd))
    {
        tb_DepartmentInfoData dt = new tb_DepartmentInfoData();
        da.Fill(dt);
        cmd.Parameters.Clear();
        return dt;
    }
}

/// <summary>
/// 更新数据表
/// </summary>
public static void UpdateDataTable(SqlCommand insertCommand,
 SqlCommand deleteCommand, SqlCommand updateCommand,
 tb_DepartmentInfoData dataTable)
{
    if (insertCommand == null)
     throw new ArgumentNullException("insertCommand");
    if (deleteCommand == null)
     throw new ArgumentNullException("deleteCommand");
    if (updateCommand == null)
     throw new ArgumentNullException("updateCommand");
    using (SqlDataAdapter dataAdapter = new SqlDataAdapter())
    {
        dataAdapter.UpdateCommand = updateCommand;
        dataAdapter.InsertCommand = insertCommand;
        dataAdapter.DeleteCommand = deleteCommand;
        dataAdapter.Update(dataTable);
        dataTable.AcceptChanges();
    }
}
#endregion
/// <summary>
/// 根据主键取得tb_DepartmentInfo表数据
/// </summary>
public tb_DepartmentInfoData Gettb_DepartmentInfoByPrimaryKeys
      (string DepartmentIDKeyValue)    {    string strSQLCommand =
       "select [DepartmentID],[DepartmentNum],[DepartmentName]
      from [dbo].[tb_DepartmentInfo] where [DepartmentID]=@DepartmentID ";
    SqlParameter[] sqlParams = new SqlParameter[1];
    sqlParams[0] = new SqlParameter("@DepartmentID",SqlDbType.
Char);
```

```
            sqlParams[0].Value=DepartmentIDKeyValue.Replace("'","''");
            try
            {
                tb_DepartmentInfoData dt = null;
                if (_transaction == null)
                {
                    dt = ExecuteDataTable(_connection,
                    CommandType.Text, strSQLCommand,sqlParams);
                }
                else
                {
                    dt = ExecuteDataTable(_transaction,
                    CommandType.Text, strSQLCommand,sqlParams);
                }
                return dt;
            }
            catch(Exception ex)
            {
              Throw new Exception
              ("Error Method:Gettb_DepartmentInfoByPrimaryKeys:" + ex.
Message);
            }
        }

        /// <summary>
        /// 根据where条件取得tb_DepartmentInfo表数据
        /// </summary>
        public tb_DepartmentInfoData Gettb_DepartmentInfoByWhere(string
sqlWhere)
        {
            string strSQLCommand =
         "select [DepartmentID],[DepartmentNum],[DepartmentName]
         from [dbo].[tb_DepartmentInfo] where 1 = 1 and " + sqlWhere;
            try
            {
                tb_DepartmentInfoData dt = null;
                if (_transaction == null)
                {
                    dt = ExecuteDataTable(_connection,
                 CommandType.Text, strSQLCommand);
                }
                else
                {
                    dt = ExecuteDataTable(_transaction,
                  CommandType.Text, strSQLCommand);
                }
                return dt;
            }
```

```
            catch(Exception ex)
            {
                throw new Exception("Error Method:Gettb_DepartmentInf-
oByWhere:"+ ex.Message);
            }
        }

        /// <summary>
        /// 取得tb_DepartmentInfo表的所有数据
        /// </summary>
        public tb_DepartmentInfoData Gettb_DepartmentInfoByAll()
        {
            string strSQLCommand =
             "select [DepartmentID],[DepartmentNum],[DepartmentName]
            from [dbo].[tb_DepartmentInfo]";
            try
            {
                tb_DepartmentInfoData dt = null;
                if (_transaction == null)
                {
                    dt = ExecuteDataTable(_connection,
                  CommandType.Text, strSQLCommand);
                }
                else
                {
                    dt = ExecuteDataTable(_transaction,
                  CommandType.Text, strSQLCommand);
                }
                return dt;
            }
            catch(Exception ex)
            {
                throw new Exception("Error Method:GetDepartmentInfoBy-
Where:" + ex.Message);
            }
        }

        /// <summary>
        ///  插入记录
        /// </summary>
        private SqlCommand CreateInsertCommand()
        {
            //省略若干
        }

        /// <summary>
        ///  更新记录
        /// </summary>
```

```
        private SqlCommand CreateUpdateCommand()
        {
            //省略若干
        }

        /// <summary>
        ///  删除记录
        /// </summary>
        private SqlCommand CreateDeleteCommand()
        {
            //省略若干
        }

        /// <summary>
        /// 对tb_DepartmentInfo表的数据进行更改
        /// </summary>
        public  void  Changetb_DepartmentInfoData(tb_DepartmentInfoData
data)
        {
            try
            {
                UpdateDataTable(CreateInsertCommand(),
              CreateDeleteCommand(), CreateUpdateCommand(), data);
            }
            catch(Exception ex)
            {
                throw new Exception
                ("Error Method:Changetb_DepartmentInfoData", ex);
            }
        }

        /// <summary>
        /// 释放本类所占用的数据库连接及连接中可能包含的事务
        /// </summary>
        public void Dispose()
        {
            GC.SuppressFinalize(true);
        }
    }
}
```

12.2.2 构建BLL层——业务逻辑类的实现

学院信息表{tb_DepartmentInfo}业务逻辑类DepartmentBLL的定义如下。

```
using System;
using System.Collections.Generic;
using System.Text;
using JCBTMS.DAL.CommonModel;
```

```
using JCBTMS.DAL.CommonAccess;
using System.Data;
using JCBTMS.BLL.Common;
using Core;
using JCBTMS.DAL.Common;

namespace JCBTMS.BLL.Admin
{
    public class DepartmentBLL
    {
        /// <summary>
        /// 添加学院信息
        /// </summary>
        /// <param name="DepartmentNum">学院编号</param>
        /// <param name="DepartmentName">学院名称</param>
        public void DepartmentAdd(string DepartmentNum, string DepartmentName)
        {
            tb_DepartmentInfoAccess DepInfoA = new tb_DepartmentInfoAccess();
            tb_DepartmentInfoData DepInfoD = new tb_DepartmentInfoData();
            DataRow dr = DepInfoD.NewRow();
            try
            {
                dr[tb_DepartmentInfoData.DepartmentID_FIELD] = JCBTSMCommon.
GetNewID
                 (tb_DepartmentInfoData.tb_DepartmentInfo_TABLE);
                dr[tb_DepartmentInfoData.DepartmentNum_FIELD] = DepartmentNum;
                dr[tb_DepartmentInfoData.DepartmentName_FIELD] = DepartmentName;
                 DepInfoD.Rows.Add(dr);
                 DepInfoA.Changetb_DepartmentInfoData(DepInfoD);
            }
            catch(Exception ex)
            {
                throw ex;
            }
            finally
            {
                DepInfoA.Dispose();
            }
        }

        /// <summary>
        /// 学院信息列表
        /// </summary>
        public tb_DepartmentInfoData DepartmentList()
        {
            tb_DepartmentInfoAccess DepInfoA = new tb_DepartmentInfoAccess();
            try
            {
```

```
            tb_DepartmentInfoData DepInfoD =
            DepInfoA.Gettb_DepartmentInfoByAll();
            return DepInfoD;
        }
        catch (Exception ex)
        {
            throw ex;
        }
        finally
        {
            DepInfoA.Dispose();
        }

    }

    /// <summary>
    ///删除单个学院信息
    /// </summary>
    public void DepartmentDel(string DepartmentID)
    {
        tb_DepartmentInfoAccess DepInfoA = new tb_DepartmentInfoAccess();
        try
        {
            tb_DepartmentInfoData DepInfoD =
            DepInfoA.Gettb_DepartmentInfoByPrimaryKeys(DepartmentID);
            DepInfoD.Rows[0].Delete();
            DepInfoA.Changetb_DepartmentInfoData(DepInfoD);
        }
        catch (Exception ex)
        {
            throw ex;
        }
        finally
        {
            DepInfoA.Dispose();
        }
    }

    /// <summary>
    /// 查询某条记录
    /// </summary>
    public tb_DepartmentInfoData DepartmentByKey(string DepartmentID)
    {
        tb_DepartmentInfoAccess DepInfoA = new tb_DepartmentInfoAccess();
        try
        {
            tb_DepartmentInfoData DepInfoD =
                DepInfoA.Gettb_DepartmentInfoByPrimaryKeys(DepartmentID);
```

```
                return DepInfoD;
            }
            catch (Exception ex)
            {
                throw ex;
            }
            finally
            {
                DepInfoA.Dispose();
            }
        }

        /// <summary>
        /// 修改学院信息
        /// </summary>
        public void DepartmentModify(string DepartmentID,string DepartmentNum,
string DepartmentName)
        {
            tb_DepartmentInfoAccess DepInfoA = new tb_DepartmentInfoAccess();
            try
            {
                tb_DepartmentInfoData DepInfoD =
.DepInfoA.Gettb_Department- InfoByPrimaryKeys(DepartmentID);
                DepInfoD.Rows[0][tb_DepartmentInfoData.DepartmentNum_FIELD] =
DepartmentNum;
                DepInfoD.Rows[0][tb_DepartmentInfoData.DepartmentName_FIELD]
=DepartmentName;
                DepInfoA.Changetb_DepartmentInfoData(DepInfoD);
            }
            catch (Exception ex)
            {
                throw ex;
            }
            finally
            {
                DepInfoA.Dispose();
            }
        }

        /// <summary>
        /// 批量删除学院信息
        /// </summary>
        public void DepartmentMDel(string[] DepartmentID)
        {
            //实例化一个处理事务的类
            Jsmstc.Core.DB.SqlServerTransaction tran =
             new Jsmstc.Core.DB.SqlServerTransaction();
            tb_DepartmentInfoAccess DepInfoA = new tb_DepartmentInfoAccess
```

```
(tran);
            try
            {
                for (int i = 0; i < DepartmentID.Length; i++)
                {
                    tb_DepartmentInfoData DepInfoD =
                DepInfoA.Gettb_DepartmentInfoByPrimaryKeys(DepartmentID[i]);
                    DepInfoD.Rows[0].Delete();
                    DepInfoA.Changetb_DepartmentInfoData(DepInfoD);
                }
                //一次性提交删除
                tran.Commit();
            }
            catch (Exception ex)
            {
                //如果发生异常，回滚
                tran.Rollback();
                throw ex;
            }
            finally
            {
                DepInfoA.Dispose();
            }
        }
    }
}
```

12.2.3 构建Web层——表现层的实现

（1）学院信息列表（DepartmentinfoList）

学院信息列表的设计界面如图 12-3 所示。页面中使用了一个自定义的服务器控件JmcGridView，它继承于ASP.NET的GridView控件，并对它进行了扩展定义，较原先的功能更加完善，其ID为gvList。

后台主要代码如下。

```
protected void Page_Load(object sender, EventArgs e)
 {
     if (!IsPostBack)  GetList();
 }
       /// <summary>
       /// 获取学院列表
       /// </summary>
       protected void GetList()
       {
           DepartmentinfoBLL DepBLL = new DepartmentinfoBLL();
           gvList.DataSource = DepBLL.DepartmentList();
           gvList.DataBind();
```

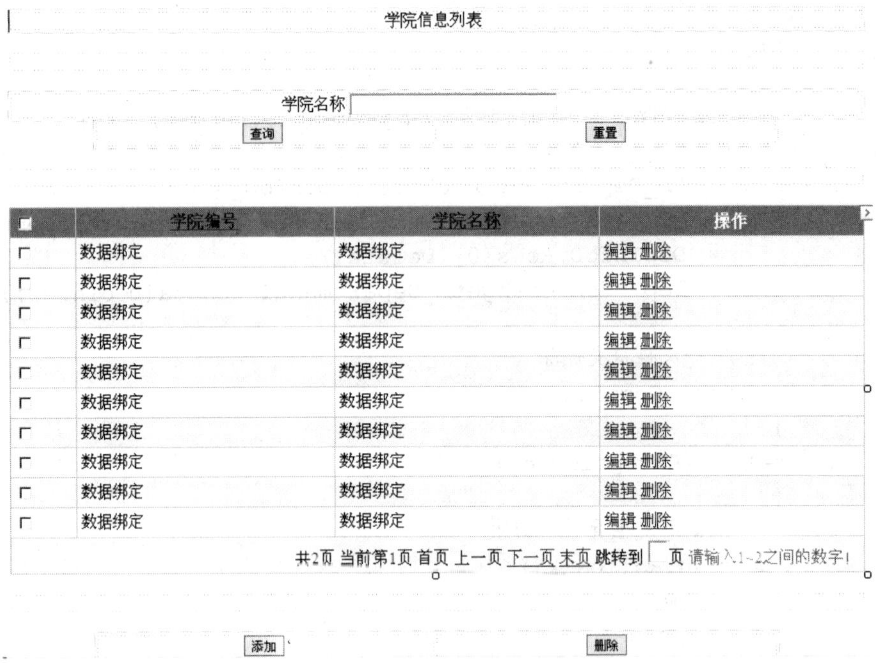

学院信息列表

学院名称

查询 重置

☐	学院编号	学院名称	操作
☐	数据绑定	数据绑定	编辑 删除
☐	数据绑定	数据绑定	编辑 删除
☐	数据绑定	数据绑定	编辑 删除
☐	数据绑定	数据绑定	编辑 删除
☐	数据绑定	数据绑定	编辑 删除
☐	数据绑定	数据绑定	编辑 删除
☐	数据绑定	数据绑定	编辑 删除
☐	数据绑定	数据绑定	编辑 删除
☐	数据绑定	数据绑定	编辑 删除
☐	数据绑定	数据绑定	编辑 删除

共2页 当前第1页 首页 上一页 下一页 末页 跳转到 页 请输入1~2之间的数字!

添加 删除

图 12-3 学院信息列表的界面设计

```
        }
        /// <summary>
        /// 分页
        /// </summary>
        protected void gvList_PageIndexChanging(object sender, GridView-
PageEventArgs e)
        {
            gvList.PageIndex = e.NewPageIndex;
            if (ViewState["column"] == null)
            {
                GetList();  //未排序前的原始数据绑定
            }
            //如果已经排序重新绑定数据
            else
            {
                listsort(ViewState["column"].ToString(),
ViewState[ViewState["column"].ToString()].ToString());
            }

        }
        /// <summary>
        /// 添加学院
        /// </summary>
        protected void btnAdd_Click(object sender, EventArgs e)
        {
            Response.Redirect(PageDef.Instance["Admin", "DepartmentinfoAdd"]);
        }
```

```
        /// <summary>
        /// 编辑和删除
        /// </summary>
        protected void gvList_RowCommand(object sender, GridViewCommand-
EventArgs e)
        {
            if (e.CommandName == "del")
            {
                DepartmentinfoBLL DepBLL = new DepartmentinfoBLL();
                DepBLL.DepartmentDel(e.CommandArgument.ToString());
                GetList();
            }
            if (e.CommandName == "Modify")
            {
                Response.Redirect(PageDef.Instance["Admin", "Department-
infoEdit"] + "?ID=" + e.CommandArgument.ToString());
            }
        }
        /// <summary>
        /// 查询复位
        /// </summary>
        protected void btnReset_Click(object sender, EventArgs e)
        {
            txtDepartmentName.Text = "";
        }

        /// <summary>
        /// 查询提交
        /// </summary>
        protected void btnQuery_Click(object sender, EventArgs e)
        {
            DepartmentinfoBLL DepBLL = new DepartmentinfoBLL();
            string strWhere = "DepartmentName like '%" + txtDepartmentName.
Text + "%'";
            gvList.DataSource = DepBLL.DepartmentByWhere(strWhere);
            gvList.DataBind();
            if (gvList.Rows.Count == 0)
                btnDel.Enabled = false;
            else

                btnDel.Enabled = true;


        }
        /// <summary>
        /// 删除多个学院
        /// </summary>
        protected void btnDel_Click(object sender, EventArgs e)
        {
```

```
            List<String> lstID = gvList.CheckedRowKeysOfAllPages;
            DepartmentinfoBLL DepBLL = new DepartmentinfoBLL();
            DepBLL.DepartmentDel(lstID);
            GetList();
        }
        //单击学院编号排序
        protected void lbtDepartmentNum_Click(object sender, EventArgs e)
        {
            ViewState["column"] = "departmentnum";
            if (ViewState["departmentnum"] == null)
            {
                ViewState["departmentnum"] = "Asc";
            }
            else if (ViewState["departmentnum"].ToString() == "Asc")
            {
                ViewState["departmentnum"] = "Desc";
            }
            else
            {
                ViewState["departmentnum"] = "Asc";
            }
            listsort("departmentnum", ViewState["departmentnum"].ToString());
        }
        //单击学院名称排序
        protected void lbtDepartmentName_Click(object sender, EventArgs e)
        {
            ViewState["column"] = "departmentname";
            if (ViewState["departmentname"] == null)
            {
                ViewState["departmentname"] = "Asc";
            }
            else if (ViewState["departmentname"].ToString() == "Asc")
            {
                ViewState["departmentname"] = "Desc";
            }
            else
            {
                ViewState["departmentname"] = "Asc";
            }
            listsort("departmentname", ViewState["departmentname"].
ToString());
        }
        //实现排序操作
        protected void listsort(string sortcolumn, string ordermode)
        {
            DepartmentinfoBLL DepBLL = new DepartmentinfoBLL();
            string str = "DepartmentName like '%" + txtDepartmentName.Text
+ "%'";
```

```
            gvList.DataSource=DepBLL.DepartmentInfoOrderby(str,
sortcolumn, ordermode);
            gvList.DataBind();
        }
```

（2）学院信息添加（DepartmentinfoAdd）

学院信息添加的设计界面如图 12-4 所示。为了确保输入的学院编号不为空且为数值型，页面中使用了非空数据验证控件和正则表达式验证控件。

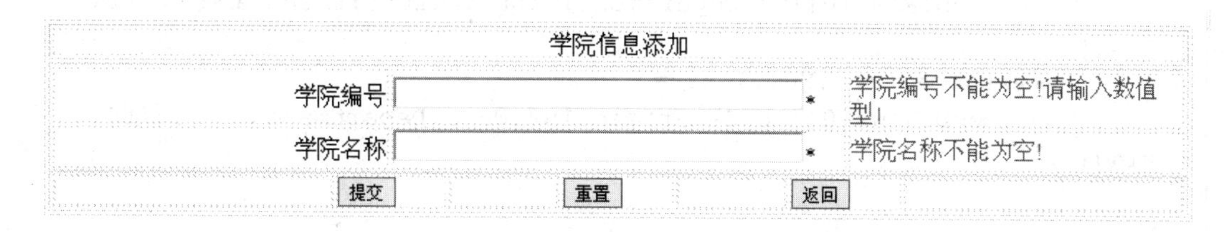

图 12-4　学院信息添加的页面设计

后台主要代码提交按钮的响应事件如下。

```
    protected void btnSubmit_Click(object sender, EventArgs e)
        {
            DepartmentinfoBLL DepBLL = new DepartmentinfoBLL();
            string strsql = " DepartmentNum='" + txtDepartmentNum.Text.Trim()
+ "'";
            DataTable dt = DepBLL.DepartmentByWhere(strsql);
            string strsq = " DepartmentName='" + txtDepartmentName.Text.
Trim() + "'";
            DataTable dh = DepBLL.DepartmentByWhere(strsq);
            if (dt.Rows.Count == 0 && dh.Rows.Count == 0)
            {
             DepBLL.DepartmentAdd(txtDepartmentNum.Text.Trim(),
txtDep- artmentName.Text.Trim());
                Response.Redirect(PageDef.Instance["Admin", "Department-
infoList"]);
            }
            else
                if (dh.Rows.Count == 0)
                    MsgBox.Alert("学院编号已存在，请不要重复加入");
                else
                    if (dt.Rows.Count == 0)
                      MsgBox.Alert("学院名称已存在,请不要重复加入");
                   else
                      MsgBox.Alert("学院编号和名称都已存在，请不要重复加入");
        }
```

（3）学院信息编辑（DepartmentinfoEdit）

学院信息编辑的设计界面与图 12-4 类似。后台主要代码如下。

```
//学院信息编辑页面初始化
protected void Page_Load(object sender, EventArgs e)
```

```
    {
        if (!IsPostBack)
          {
            string ID = Request.QueryString["ID"].ToString();
            ViewState.Add("ID", ID);
            DepartmentinfoBLL DepBLL = new DepartmentinfoBLL();
            tb_DepartmentInfoData DepD = DepBLL.DepartmentByKey(ID);
            txtDepartmentName.Text =
              DepD.Rows[0][tb_DepartmentInfoData.DepartmentName_FIELD].
ToString();
            txtDepartmentNum.Text =
              DepD.Rows[0][tb_DepartmentInfoData.DepartmentNum_FIELD].
ToString();
           }
    }
    //提交修改的信息，返回列表页面
    protected void btnSubmit_Click(object sender, EventArgs e)
    {
        DepartmentinfoBLL DepBLL = new DepartmentinfoBLL();
        DepBLL.DepartmentModify((string)ViewState["ID"],
        txtDepartmentNum.Text.Trim(),txtDepartmentName.Text.Trim());
        Response.Redirect(PageDef.Instance["Admin","Departmentin
foList"]);
    }
```

参考文献

REFERENCES

[1] 张恒，廖志芳. ASP.NET 网络程序设计教程. 北京：人民邮电出版社，2009.
[2] 黄国平. C#实用开发参考大全.北京：电子工业出版社，2008.
[3] 张耀廷，房大伟. ASP.NET 从入门到精通. 北京：清华大学出版社，2008.
[4] 孟先会. ASP.NET2.0 应用开发技术. 北京：人民邮电出版社，2006.
[5] 微软公司. Web 应用开发——ASP.NET2.0. 北京：高等教育出版社，2007.
[6] 奚江华. ASP.NET2.0 开发详解——使用 C#. 第 2 版. 北京：电子工业出版社，2008.
[7] 李天平. NET 深入体验与实践精要. 北京：电子工业出版社，2009.
[8] 宋海兰. ASP.NET3.5 项目开发实战. 北京：电子工业出版社，2009.
[9] 吉根林. Web 程序设计. 第 3 版. 北京：电子工业出版社，2011.